高职高专建筑装饰工程技术专业规划教材

建筑装饰工程监理

王艳红　李　鹏　主　编
殷丽峰　裴英安　副主编

中国建材工业出版社

图书在版编目(CIP)数据

建筑装饰工程监理/王艳红,李鹏主编. —北京:
中国建材工业出版社, 2013.8 (2020.3 重印)
高职高专建筑装饰工程技术专业规划教材
ISBN 978-7-5160-0471-5

Ⅰ.①建… Ⅱ.①王… ②李… Ⅲ.①建筑装饰—建
筑工程—施工监理—高等职业教育—教材 Ⅳ.①TU712

中国版本图书馆CIP数据核字(2013)第137538号

内 容 简 介

本书重点阐述了建筑装饰工程监理工作的“四控制、两管理、一协调”的主要内容以及基本方法,全过程、全方面地再现了施工现场监理工作的原则与程序。

本书以一个真实的建筑装饰工程为任务载体,以监理人员的日常工作为情境,以监理员的岗位职责作为课程构建标准。学生分组组建不同的监理项目部,以监理人员的不同角色进行教学组织与任务实施,最后每个项目部针对完成的每个任务进行评价。

本书适合作为高职高专建筑装饰工程技术、工程监理、室内装修设计等专业教材,也可作为装饰监理工程师的培训教材,还可作为相关技术专业人员的参考用书。

本书有配套课件,读者可登录我社网站免费下载。

建筑装饰工程监理
王艳红　李　鹏　主　编
殷丽峰　裴英安　副主编

出版发行:中国建材工业出版社
地　　址:北京市海淀区三里河路1号
邮　　编:100044
经　　销:全国各地新华书店
印　　刷:北京雁林吉兆印刷有限公司
开　　本:787mm×1092mm　1/16
印　　张:15.5
字　　数:386千字
版　　次:2013年8月第1版
印　　次:2020年3月第3次
定　　价:36.00元

本社网址:www.jccbs.com.cn
本书如出现印装质量问题,由我社发行部负责调换。联系电话:(010) 88386906

前　言

本书通过真实的监理工作环境，让学生接受真正的职业训练。在编写过程中，及时引入新技术、新材料、新设备和新工艺，有机地融入了2013年北京市建筑工程监理员（工民建）培训考核大纲的内容，注重理论与实践相结合，突出实用性，强调与职业岗位接轨，体现建筑装饰工程监理工作本位的思想，培养学生的职业行动能力，提高学生的操作和执业技能。

本书共分10个项目，主要内容包括建筑装饰工程监理概论、建筑装饰工程组织与协调、建筑装饰工程监理规划性文件、建筑装饰工程质量控制、建筑装饰工程进度控制、建筑装饰工程投资控制、建筑装饰工程安全控制、建筑装饰工程合同管理、建筑装饰工程监理资料编制及建筑装饰工程信息管理。

本书的编写人员全部是全国注册监理工程师，其中大部分人有着丰富的监理工作经验，这是本书得天独厚的优势，也是书中大部分编写内容来自施工现场的先天条件。我们时刻遵循着"现场怎么做，我们就怎么写"的编写原则，实现课堂与现场零距离对接。

本书适合作为高职高专建筑装饰工程技术、工程监理、室内装修设计等专业教材，也可作为装饰监理工程师的培训教材，还可作为相关技术专业人员的参考用书。

本书由王艳红和李鹏担任主编，殷丽峰和裴英安担任副主编，其中项目3、项目4和项目9由王艳红编写，项目5、项目8由李鹏编写，项目2、项目6和项目10由殷丽峰编写，项目1和项目7由裴英安编写，全书由王艳红统稿。

高职高专的教学改革势在必行，然而教材的滞后制约着改革的进程，我们编写人员谨以《建筑装饰工程监理》一书，为教学改革做一点贡献。在编写过程中得到了中国建材工业出版社的大力支持，在此一并对给予本书帮助的各位表示感谢。同时由于编者对工程监理专业的理解带有主观性和时间的限制，本书难免有不当之处，敬请各位同仁批评指正，教学相长！

编　者

2013年6月

目　录

项目1　建筑装饰工程监理概论 ………… 1

任务1　我国监理制度的发展 ………… 1

1.1　我国监理制度的发展概述 ………… 2

1.1.1　我国监理制度的发展过程 ………… 2

1.1.2　建设工程监理 ………… 2

任务2　编写我国装饰监理行业现状调研报告 ………… 4

1.2　建筑装饰工程监理 ………… 5

1.2.1　建筑装饰工程监理的基本知识 ………… 5

1.2.2　我国监理制度的现状 ………… 6

任务3　掌握监理企业资质管理 ………… 9

1.3　工程监理企业 ………… 10

1.3.1　监理企业概述 ………… 10

1.3.2　监理企业的资质管理 ………… 12

1.3.3　建筑装修工程监理企业与参建各方的关系 ………… 15

1.3.4　工程监理企业经营活动基本准则 ………… 16

项目2　建筑装饰工程组织与协调 ………… 20

任务1　编制项目监理机构组织结构图 ………… 20

2.1　组织的基本原理 ………… 21

2.1.1　组织结构 ………… 21

2.1.2　组织设计 ………… 21

2.1.3　项目监理机构 ………… 23

任务2　熟悉建筑装饰工程监理机构组织协调工作 ………… 28

2.2　建筑装饰工程监理组织协调 ………… 29

2.2.1　建筑装饰工程监理组织协调概述 ………… 29

2.2.2　建筑装饰工程监理机构组织协调的工作内容 ………… 29

2.2.3　建筑装饰工程监理组织协调的方法 ………… 33

任务3　编制项目监理机构人员岗位职责 ………… 34

2.3　监理人员 ………… 35

2.3.1　项目监理机构的人员配备及职责分工 ………… 35

2.3.2　监理人员的综合素质 ………… 38

项目3　建筑装饰工程监理规划性文件 ………… 43

任务1　编制项目监理大纲 ………… 43

3.1　建筑装饰工程监理大纲 ………… 44

3.1.1　建筑装饰工程监理大纲概述 ………… 44

3.1.2　建筑装饰工程监理大纲的编制 …… 44
任务2　编制项目监理规划 …… 48
3.2　建筑装饰工程监理规划 …… 48
3.2.1　建筑装饰工程监理规划概述 …… 48
3.2.2　建筑装饰工程监理规划的编制 …… 49
任务3　编制项目监理实施细则 …… 52
3.3　建筑装饰工程监理实施细则 …… 52
3.3.1　建筑装饰工程监理实施细则概述 …… 52
3.3.2　建筑装饰工程监理实施细则的编制 …… 53
项目4　建筑装饰工程质量控制 …… 58
任务1　了解建筑装饰工程质量控制的内涵 …… 58
4.1　建筑装饰工程质量与质量控制 …… 58
4.1.1　建筑装饰工程质量 …… 58
4.1.2　建筑装饰工程质量控制 …… 60
任务2　掌握项目监理机构质量控制内容 …… 64
4.2　建筑装饰工程质量控制 …… 64
4.2.1　建筑装饰工程质量控制的依据 …… 64
4.2.2　建筑装饰工程质量控制的措施 …… 65
4.2.3　建筑装饰工程质量控制检测 …… 67
4.2.4　建筑装饰工程施工图纸的监督 …… 68
4.2.5　建筑装饰工程质量控制的内容 …… 68
4.2.6　建筑装饰工程质量控制的程序 …… 69
4.2.7　建筑装饰工程质量控制的制度 …… 74
任务3　掌握项目监理机构质量验收方法 …… 75
4.3　建筑装饰工程施工质量验收 …… 75
4.3.1　建筑装饰工程施工质量验收的要求 …… 75
4.3.2　装饰工程质量验收的划分 …… 78
4.3.3　分项工程质量验收 …… 81
4.3.4　分部(子分部)工程质量验收 …… 82
任务4　掌握项目监理机构质量控制的实施 …… 83
4.4　建筑装饰工程质量控制实例 …… 84
4.4.1　抹灰工程 …… 84
4.4.2　门窗工程 …… 86
4.4.3　吊顶工程 …… 88
4.4.4　骨架隔墙工程 …… 91
4.4.5　饰面砖工程 …… 95
4.4.6　幕墙工程 …… 98
4.4.7　涂饰工程 …… 106
4.4.8　裱糊工程 …… 108
任务5　了解项目监理机构质量问题与事故处理方法 …… 110
4.5　建筑装饰工程质量问题与质量事故的处理 …… 110
4.5.1　质量问题与质量事故的成因分析 …… 110
4.5.2　质量问题与质量事故的处理程序与方法 …… 111

项目5　建筑装饰工程进度控制 …… 119
任务1　了解项目监理机构进度控制的内涵 …… 119
5.1　建筑装饰工程施工阶段进度控制 …… 119
5.1.1　进度控制的含义和影响因素 …… 119
5.1.2　施工进度控制的任务和职责 …… 120
任务2　掌握项目监理机构进度控制内容 …… 124
5.2　建筑装饰工程施工阶段进度控制的内容 …… 124
5.2.1　工程施工进度控制的工作程序 …… 124
5.2.2　工程施工进度控制的工作内容 …… 124
任务3　掌握项目监理机构进度的控制方法 …… 127
5.3　装饰工程施工进度检查、分析与调整 …… 128
5.3.1　进度计划的检查 …… 128
5.3.2　实际进度与计划进度的比较方法 …… 128
5.3.3　进度计划偏差的分析 …… 130
5.3.4　施工进度计划的调整 …… 130
5.3.5　进度控制的方法 …… 131
5.3.6　工程延期 …… 132
项目6　建筑装饰工程投资控制 …… 139
任务1　了解项目监理机构投资控制的内涵 …… 139
6.1　建筑装饰工程投资控制概述 …… 139
6.1.1　建筑装饰工程投资的概念 …… 139
6.1.2　我国现行建筑装饰工程投资构成 …… 140
6.1.3　建筑装饰工程投资控制 …… 143
任务2　项目监理机构投资控制措施 …… 144
6.2　建筑装饰工程投资控制的任务和措施 …… 145
6.2.1　建筑装饰工程投资控制的任务 …… 145
6.2.2　建筑装饰工程投资控制的措施 …… 146
任务3　掌握项目监理机构投资控制方法 …… 146
6.3　建筑装饰工程施工阶段投资控制 …… 147
6.3.1　建筑装饰施工阶段投资目标控制 …… 147
6.3.2　工程计量 …… 150
6.3.3　工程变更价款的确定 …… 152
6.3.4　工程结算 …… 153
6.3.5　投资偏差分析 …… 154
项目7　建筑装饰工程安全控制 …… 159
任务1　了解项目监理机构安全控制的内涵 …… 159
7.1　安全控制概述 …… 160
7.1.1　建筑装饰工程安全控制的特点 …… 160
7.1.2　建筑装饰工程安全控制的原则与要求 …… 160
任务2　掌握项目监理机构安全控制的实施 …… 161
7.2　建筑装饰工程安全控制的实施 …… 162
7.2.1　建筑装饰工程施工准备阶段的安全控制 …… 162
7.2.2　建筑装饰工程施工阶段的安全控制 …… 164

项目 8　建筑装饰工程合同管理 …… 173
任务 1　掌握装饰工程施工合同管理的内涵 …… 173
8.1　建筑装饰工程施工合同与合同管理 …… 174
8.1.1　建筑装饰工程施工合同 …… 174
8.1.2　工程合同常规管理 …… 176
任务 2　掌握项目监理机构处理索赔的方法 …… 181
8.2　建筑装饰工程施工索赔 …… 182
8.2.1　建筑装饰工程施工索赔概述 …… 182
8.2.2　建筑装饰工程施工索赔的处理 …… 185
8.2.3　建筑装饰工程索赔实例 …… 187
项目 9　建筑装饰工程监理资料编制 …… 194
任务 1　编写监理日志 …… 194
9.1　建筑装饰工程监理常规性文件 …… 195
9.1.1　监理日志 …… 195
任务 2　整理图纸会审纪录 …… 197
9.1.2　图纸会审及记录 …… 197
任务 3　编写监理例会记录及专题会议记录 …… 198
9.1.3　监理例会及专题会议纪要 …… 199
任务 4　编写旁站监理记录 …… 201
9.1.4　旁站监理记录 …… 201
任务 5　编写监理方工作联系单 …… 203
9.1.5　监理方工作联系单 …… 203
任务 6　编写监理通知 …… 204
9.1.6　监理通知 …… 205
任务 6　编写监理月报 …… 207
9.2　建筑装饰工程监理总结性文件 …… 207
9.2.1　监理月报 …… 207
任务 7　编写项目监理工作总结 …… 216
9.2.2　项目监理工作总结 …… 216
任务 8　编写工程质量评估报告 …… 217
9.2.3　工程质量评估报告 …… 218
项目 10　建筑装饰工程信息管理 …… 225
任务 1　了解项目监理机构信息管理的方法 …… 225
10.1　工程信息管理 …… 225
10.1.1　工程信息管理概述 …… 225
10.1.2　建筑装饰工程监理文件档案资料 …… 227
任务 2　了解项目监理机构资料管理的方法 …… 229
10.2　装饰工程监理文件档案资料管理 …… 230
10.2.1　装饰装修工程监理文件档案管理的工作内容 …… 230
10.2.2　装饰监理文件档案资料的组成 …… 231
10.2.3　监理常用表格 …… 232
参考文献 …… 240

项目1　建筑装饰工程监理概论

项目要点

工程监理是我国建筑法规定的强制推行的职业，从1988年试行工程建设监理制到现在的全国推广，监理制度在工程建设中起到了不可替代的作用。工程监理是智力密集型的服务，是强化质量管理、控制工程进度、提高投资效益及施工管理水平的有效方法。通过本项目学习，使学生理解在工程监理相关知识的基础上，着重理解建筑装修工程监理含义、特点及实施程序，熟悉我国装饰监理行业现状。同时了解我国监理企业及资质管理、明确监理企业与参建各方的关系。

任务1　我国监理制度的发展

任务介绍

工程监理是建筑行业的一个组成部分，是建筑市场中举足轻重的第三方，推行工程监理制度在《中华人民共和国建筑法》中正式给予明确。众所周知，我国实行工程监理制度取得了明显的社会、经济效益，本任务安排学生分组讨论，了解我国监理制度的发展历程，理解建设工程监理含义及作用，这对后续学习起着提纲挈领的作用。

任务目标

1. 知识目标

① 了解我国监理制度的发展过程；

② 理解建设工程监理含义及作用。

2. 能力目标

通过了解我国监理制度的发展过程，能明确建设工程监理的重要性及必要性。

任务要求

学生分组，由组长负责统筹安排，组织协调，安排任务，落实责任。查阅《建设工程质量管理条例》、《工程监理企业资质管理规定》、《建设工程监理规范》和《房屋建筑工程旁站监理管理办法（试行）》，了解我国监理制度的发展过程，讨论建设工程监理含义及作用，然后每组选派一人代表发言，其他组人员评论，最后教师点评。

相关知识

1.1 我国监理制度的发展概述

实行建设工程监理制度是我国建设领域的一项重大改革,是我国对外开放、国际交往日益扩大的结果。通过实行建设工程监理制度,我国建设工程的管理体制开始向社会化、专业化、规范化的先进管理模式转变。这种管理模式,在项目法人与承包商之间引入了建设监理单位作为中介服务的第三方,进而在项目法人与承包商、项目法人与监理单位之间形成了以经济合同为纽带,以提高工程质量和建设水平为目的的相互制约、相互协作、相互促进的一种新的建设项目管理运行机制。这种机制为提高建设工程的质量、节约建设工程的投资、缩短建设工程的工期创造了有利条件。

1.1.1 我国监理制度的发展过程

我国建设工程监理制自 1988 年推行以来,大致经过了三个阶段:工程监理试点阶段(1988—1993 年);工程监理稳步推行阶段(1993—1995 年);工程监理全面推行阶段(1996 年至今)我国建立制度的发展过程如下:

① 1988 年,建设工程监理制开始试点,5 年后逐步推行。

② 1992 年 2 月 1 日,施行《工程建设监理单位资质管理试行办法》。

③ 1993 年 5 月,我国建设监理行业基本成形,并走上自我约束、自我发展的道路。标志着我国建设监理制度走向稳步发展的新阶段,

④ 1997 年,《中华人民共和国建筑法》规定国家推行建设工程监理制度,从而使建设工程监理制度进入全面推行阶段。

⑤ 1999 年,我国的建设监理部门围绕着贯彻《建筑法》、《招标投标法》、《合同法》和《建设工程质量管理条例》及落实朱镕基总理关于监理工作的指示,狠抓了监理队伍的建设,强调监理工作的规范化,提高了监理人员的水平。

⑥ 2000 年 7 月,原建设部与中国建设监理协会共同组织召开了监理企业改制工作研讨会,与监理企业及各方人士共同研讨了监理企业改制的有关问题,还着手修改了《工程建设监理单位资质管理办法》。

⑦ 2008 年 5 月,中华人民共和国住房和城乡建设部、国家工商行政管理局联合发布《建设工程监理合同示范文本(征求意见稿)》。

经过 20 年的发展历程,监理制度已逐步走向成熟,在我国国民经济建设中发挥着重要作用。勇于创新的监理人正以崭新的面貌积极开拓国际工程服务市场,加快推进我国工程监理事业的国际化进程,为建设事业美好的明天做出贡献。

1.1.2 建设工程监理

1. 建设工程监理含义

建设工程监理是指具有相应资质的工程监理企业,接受建设单位的委托,承担其项目管理工作,并代表建设单位对承建单位的建设行为进行监控的专业化服务活动。

建设工程监理概念要点有:

① 建设工程监理的行为主体是具有相应资质的工程监理企业。

② 建设工程监理实施的前提是建设单位的委托和授权。

③ 建设工程监理的依据包括工程建设文件,有关的法律、法规、规章和标准、规范,建设工程委托监理合同和有关的建设工程合同。

④ 下列建设工程必须实行监理:

国家重点建设工程;

大中型公用事业工程;

成片开发建设的住宅小区工程;

利用外国政府或者国际组织贷款、援助资金的工程;

国家规定必须实行监理的其他工程。具体标准见《建设工程监理范围和规模标准规定》。

建设工程监理可以适用于工程建设投资决策阶段和实施阶段,但目前主要是建设工程施工阶段。

2. 建设工程监理作用

我国实施建设工程监理的时间虽然不长,但已经发挥出明显的作用,为政府和社会所承认。建设工程监理的作用主要表现在以下几方面:

(1)有利于提高建设工程投资决策科学化水平

在建设单位委托工程监理企业实施全方位、全过程监理的条件下,在建设单位有了初步的项目投资意向之后,工程监理企业可协助建设单位选择适当的工程咨询机构,管理工程咨询合同的实施,并对咨询结果(如项目建议书、可行性研究报告)进行评估,提出有价值的修改意见和建议;或者直接从事工程咨询工作,为建设单位提供建设方案。这样,不仅可使项目投资符合国家经济发展规划、产业政策、投资方向,而且可使项目投资更加符合市场需求。工程监理企业参与或承担项目决策阶段的监理工作,有利于提高项目投资决策的科学化水平,避免项目投资决策失误,也为实现建设工程投资综合效益最大化打下了良好的基础。

(2)有利于规范工程建设参与各方的建设行为

在建设工程实施过程中,工程监理企业可依据委托监理合同和有关的建设工程合同对承建单位的建设行为进行监督管理。由于这种约束机制贯穿于工程建设的全过程,采用事前、事中和事后控制相结合的方式,因此可以有效地规范各承建单位的建设行为,最大限度地避免不当建设行为的发生。即使出现不当建设行为,也可以及时加以制止,最大限度地减少其不良后果。应当说,这是约束机制的根本目的。另一方面,由于建设单位不了解建设工程有关的法律、法规、规章、管理程序和市场行为准则,也可能发生不当建设行为。在这种情况下,工程监理单位可以向建设单位提出适当的建议,从而避免发生建设单位的不当建设行为,这对规范建设单位的建设行为也可起到一定的约束作用。

当然,要发挥上述约束作用,工程监理企业首先必须规范自身的行为,并接受政府的监督管理。

(3)有利于促使承建单位保证建设工程质量和使用安全

工程监理企业对承建单位建设行为的监督管理,实际上是从产品需求者的角度对建设工程生产过程的管理,这与产品生产者自身的管理有很大的不同。而工程监理企业又不同于建设工程的实际需求者,其监理人员都是既懂工程技术又懂经济管理的专业人士,他们有能力及时发现建设工程实施过程中出现的问题,发现工程材料、设备以及阶段产品存在的问题,从而避免留下工程质量隐患。因此,实行建设工程监理制之后,在加强承建单位自身对工程质量管理的基础上,由工程监理企业介入建设工程生产过程的管理,对保证建设工程质量和使用安全有着重要作用。

(4)有利于实现建设工程投资效益最大化

建设工程投资效益最大化有以下三种不同表现:

① 在满足建设工程预定功能和质量标准的前提下,建设投资额最少。

② 在满足建设工程预定功能和质量标准的前提下,建设工程寿命周期费用(或全寿命费用)最少。

③ 建设工程本身的投资效益与环境、社会效益的综合效益最大化。

实行建设工程监理制之后,工程监理企业一般都能协助建设单位实现上述建设工程投资效益最大化的第一种表现,也能在一定程度上实现上述第二种和第三种表现。随着建设工程寿命周期费用思想和综合效益理念被越来越多的建设单位所接受,建设工程投资效益最大化的第二种和第三种表现的比例将越来越大,从而大大地提高我国全社会的投资效益,促进我国国民经济大步发展。

任务 2　编写我国装饰监理行业现状调研报告

任务介绍

推行建设工程监理制度,对完善我国的建设工程管理体制、提高建设工程管理水平、确保工程质量起到了相当积极而重要的作用。工程建设监理日益发挥出其重要的作用,人们对工程监理的重要性也有了一定程度的认可,国家对建筑监理的规范管理上有了较好的完善,但由于我国工程监理起步较晚,所以在很多方面还有不完善的地方,有许多问题需待解决,这样才能使得建设工程监理可持续发展。此外专业监理工程师的数量和质量不能满足监理工作需要,人员素质的差距在很大程度上是制约了我们监理行业竞争力。

任务目标

1. 知识目标

① 掌握装饰工程监理的特点、性质和作用;

② 熟悉装饰工程监理实施原则和程序;

③ 熟悉我国监理制度的现状。

2. 能力目标

① 能够理解装饰工程监理的性质、实施原则和程序;

② 能够分析目前监理制度的现状;

③ 基本明确监理工作任务。

任务要求

学生分组,由组长负责统筹安排,组织协调,安排任务,落实责任。查阅《建设工程质量管理条例》、《工程监理企业资质管理规定》、《建设工程监理规范》和《房屋建筑工程旁站监理管理办法(试行)》,掌握装饰工程监理的特点、性质和作用,正确分析目前监理制度的现状,然后各组交流讨论结果,提交我国装饰监理行业现状调研报告初稿,最后教师点评,课下完善调研报告,作为过程考核的一部分。

相关知识

1.2　建筑装饰工程监理

1.2.1　建筑装饰工程监理的基本知识

建筑装饰装修是以美学原理为依据，是艺术与技术的综合体。一定的装饰效果在相当大的程度上要依靠一定的技术手段来实现，因此需要利用各种装饰材料的特点，运用不断更新变化的设计技巧来实现这一项艺术性很强的作品。为此，沟通装饰设计、装饰材料与施工管理之间的关系，不断提高这方面的知识，掌握其内在施工关键性环节的管理以促进我们在装饰装修施工中有针对性，指导性的进行监理是非常重要的。同时通过监理更加促进建筑装饰装修应用技术的健康发展和建筑装饰装修工程质量的提高。

1. 建筑装饰工程监理

建筑装修工程监理是指针对建筑装饰装修工程项目，由社会化、专业化的工程建设监理单位接受业主的委托和授权，根据国家批准的建筑装饰工程项目文件、有关建筑工程及建筑装饰工程的法律、法规和工程建设监理合同以及其他工程建设合同所进行的旨在实现项目投资目的的微观监督管理活动。

现阶段建筑装饰工程监理的特点：

① 建筑装饰工程监理的服务对象具有单一性。

建筑装饰工程监理企业只接受建设单位的委托，即只为建设单位服务。它不能接受承建单位的委托为其提供管理服务。从这个意义上看，可以认为建筑装饰工程监理就是为建设单位服务的项目管理。

② 建筑装饰工程监理属于强制推行的制度。

③ 建筑装饰工程具有监督功能。

我国监理工程师在质量控制方面的工作所达到的深度和细度，应当说远远超过国际上建设项目管理人员的工作深度和细度，这对保证工程质量起了很好的作用。

④ 市场准入的双重控制。

我国对建设工程监理的市场准入采取了企业资质和人员资格的双重控制。要求专业监理工程师以上的监理人员要取得监理工程师资格证书，不同资质等级的建筑装饰工程监理企业至少要有一定数量的取得监理工程师资格证书并经注册的人员。

2. 建筑装饰工程监理性质

建筑装饰工程监理的性质包括：服务性、科学性、独立性和公正性。

① 服务性是运用规划、控制和协调方法，控制建筑装饰工程的投资、进度和质量，最终应当达到的基本目的是协助建设单位在计划的目标内将建设工程建成投入使用。

② 科学性要求建筑装饰工程监理企业应当由组织管理能力强、工程建设经验丰富的人员担任领导；应当有足够数量的、有丰富的管理经验和应变能力的监理工程师组成的骨干队伍；要有一套健全的管理制度；要有现代化的管理手段；要掌握先进的管理理论、方法和手段；要有积累足够的技术、经济资料和数据；要有科学的工作态度和严谨的工作作风，要实事求是、创造性地开展工作。

③ 独立性要求建筑装饰工程监理单位在委托监理的工程中，与承建单位不得有隶属关系

和其他利害关系;在开展工程监理的过程中,必须建立自己的组织,按照自己的工作计划、程序、流程、方法和手段,根据自己的判断,独立地开展工作。

④ 公正性要求工程监理企业客观、公正地对待监理的委托单位和承建单位。特别是当这两方发生利益冲突或者矛盾时,工程监理企业应以事实为依据,以法律和有关合同为准绳,在维护建设单位的合法权益时,不损害承建单位的合法权益。

3. 建筑装饰工程监理实施原则和程序

(1)建筑装饰工程监理实施原则

① 公正、独立、自主的原则。

② 权责一致的原则:监理工程师的职权,除了体现在业主与监理单位之间签订的委托监理合同之中,还应作为业主与承包单位之间建设工程合同的合同条件。

③ 总监理工程师负责制的原则:总监理工程师是工程监理的责任主体,是向业主、监理单位所负责任的承担者。总监理工程师是工程监理的权力主体,全面领导建设工程的监理工作。

④ 严格监理、热情服务的原则:监理工程师应对承建单位在工程建设中的建设行为进行严格的监督管理,监理工程师还应为业主提供热情的服务。

⑤ 综合效益的原则:监理工程师应既要对业主负责,谋求最大的经济效益,又要对国家和社会负责,取得最佳的综合效益。

(2)建筑装饰工程监理实施程序

① 确定项目总监理工程师,成立项目监理机构:监理单位应根据建设工程的规模、性质、业主对监理的要求,委派称职的人员担任项目总监理工程师。总监理工程师是建设工程监理工作的总负责人,他对内向监理单位负责,对外向业主负责。总监理工程师应根据监理大纲和签订的委托监理合同内容组建项目监理机构,并在监理规划和具体实施计划执行中进行及时的调整。

② 编制建设工程监理规划(详见项目3)。

③ 编制各专业监理实施细则(详见项目3)。

④ 规范化地开展监理工作:监理工作的规范化体现在工作的时序性、职责分工的严密性、工作目标的确定性。

⑤ 参与验收,签署建设工程监理意见:建设工程施工完成以后,监理单位应在正式验收前组织竣工预验收,并应参加业主组织的工程竣工验收,签署监理单位意见。

⑥ 向业主提交建设工程监理档案资料:监理单位向业主提交的监理档案资料应在委托监理合同文件中约定。

⑦ 监理工作总结:项目监理机构应及时从两个方面进行监理工作总结:向业主提交的监理工作总结;向监理单位提交的监理工作总结。

1.2.2 我国监理制度的现状

1996年以来,随着工程监理制度在我国工程建设领域逐步全面推进,建立了比较完善的工程建设监理法规体系,创立了比较系统的工程建设监理理论,构架起有立法、有组织、有制度的社会化建设监理制度,但当前无论是业主、施工单位还是监理企业内部都普遍存在着对工程建设监理工作认识上的一些误区,主要表现在以下几个方面。

1. 对工程监理的认识问题

(1)对工程监理的必要性和工作性质认识不足

① 部分业主认为监理单位是自己花钱委托聘请的,监理人员应该完全按照业主的意愿和

要求去开展工作。这显然与国家和住建部有关法律、法规及通知精神相违背。监理单位应该是建筑市场中一个独立的第三方，监理人员应该以独立、客观、公正、科学的态度和方法去处理在工程建设过程中所发生的各类问题，不得依附和偏袒任何一方。

② 部分施工单位认为监理人员的主要职责就是检查工程质量，而对施工单位的其他工作和事情则无权干涉。然而，按照现行的法规和条例规定，监理人员有选择工程总承包人的建议权，有选择工程分包人的认可权，有对工程建设有关事项包括工程规模、设计标准、规划设计、生产工艺设计和使用功能要求向委托人的建议权，有对施工组织设计、施工方案、开工审批的权力，有对施工测量成果、工程材料构配件和设备审查的权力等相关权力。

③ 有人认为，监理就是传统意义上的"监工"，应该整天在现场，把主要精力放在按照规范和设计图纸保证具体的施工操作质量上。而事实上，旁站监督和检查只是施工监理工作中的一种重要方法和手段，并不是监理的全部工作。监理的工作内容应包括"四控制、两管理、一协调"，即质量、安全、投资、进度四大目标控制，合同和信息管理，参建各单位间的关系协调。

(2)对监理责任判定不清的错误认识

部分业主认为，只要是委托了监理的工程，就不应该出问题，工程一旦出问题，就将责任归咎于监理人员。事实上，工程质量是施工单位干出来的，而不是监理单位"监"或"检" 来的。因为影响工程建设的潜在干扰因素很多，并不是监理工程师所能完全驾驭和控制的。监理工程师只能力争最大限度地减少或尽量避免干扰因素对建设目标的影响。但监理人员应对自身在工程建设过程中由于失职或未尽职的过错行为承担不作为责任，监理单位应对业主负责。

2. 工程监理的实际范围和授权存在局限性和狭隘性

(1)局限性

目前，很多业主把监理当做质量检查的工具，仅给监理人员授予施工阶段的质量控制权，不愿授予或部分授予监理投资、进度控制权(尤其是投资控制权)。业主出于自身的考虑，有些项目，监理即使被授予投资控制权，在实际工作过程中也是流于形式，离真正意义上的"控制"还相差甚远，但不同的授权范围会带来不同的监理效果。

① 只授予施工阶段质量控制权的工程，监理人员控制质量的难度就要高于实施全面监理的工程。这是因为业主未授予监理投资控制权，承包商拿工程款不需经过监理批准，不管工程质量优劣都一样能拿到钱，导致监理人员也不能很有效地对工程质量进行监控。倘若业主授予监理投资控制权，只对检验合格的工程签发付款通知书，监理人员就可以运用经济手段来约束施工单位的行为，从而更有效地保证工程质量。

② 实施局部监理的工程，进度控制往往不能落到实处。而工程进度加快，就意味着业主投入的资金周转就能加快，投资成本就能降低，从而提高投资效益。未实施全面监理的工程，其进度往往是失控的，也就影响了业主的投资效益。

③ 实施局部监理的工程，往往会降低监理人员多提投资控制的合理化建议的积极性。

(2)狭隘性

全方位、全过程的建设监理，应该是从项目的可行性研究、设计、施工直至项目交付使用的整个过程。然而从我国现阶段的建设监理工作状况来看，监理工作还仅仅局限于施工阶段，一方面是现阶段业主对监理工作尤其是设计监理工作的重要性没有足够的认识，另一方面，监理人员的业务素质和专业水平也制约着设计监理的全面推行。目前，从事监理工作的人员大多是搞施工出身，对设计工作较生疏，不能胜任设计监理工作。另外，从同前国家有关建设监理的相关法规、规定来看，也主要是针对施工阶段的，对设计阶段的监理工作则无明确的监理规范。使设计监理工作无章可循。设计工作是工程项目建设过程中一个极为重要的阶段。设计质量的高低，不仅决定着项目的使用功能和结构安全，同时也决定着项目投资效益的高低，而众多业主认为，搞设计有专门的设计院，没必要花钱委托监理。事实上，在很多情况下，设计结果不一定会十分完美。有些工程采用不同的设计方案，就会产生完全不同的经济效果，而监理则可以从某种程度上弥补这些不足。

(3)工程监理费收取的随意性

目前监理收费也是制约工程监理工作良性发展的一个重要因素。我国监理企业的监理收费实际收入严重低于国家标准。一方面，有些业主把监理费支出看成是一项经济负担，将监理费一压再压，使监理工作处于被动地位，严重影响监理工作的正常开展；另一方面，同行自相减价。有些监理公司由于成本小、费用少，在承接监理项目时自行压低监理费，以低价优势承揽工程。

(4)工程监理人员素质未跟上工作职责的要求

①"考上的不工作，工作的考不上"。在我国通过考试并注册上岗的监理人员只占一半左右，有一部分在设计院工作，有一部分从事教学工作，他们中大部分人在监理企业注册挂名，而未从事实际监理工作。也就是说，通过考试的人员实际并未从事监理工作，而实际从事监理工作的人并未通过考试，有些甚至未通过培训就上岗，企业注册监理的工程师与实际工作人员脱钩。

② 监理人员大多为转业而来，无"专业"监理人员。目前我国监理从业人员主要来源为设计单位的设计人员、施工单位的施工人员和基建单位的管理人员。搞设计出身的对图纸吃得透，但缺乏现场施工组织管理经验，不熟悉施工质量控制点；搞施工出身的施工经验丰富，但往往对图纸吃不透；基建单位的管理人员熟悉工程建设程序，组织协调能力较强，但解决实际技术问题的能力欠缺。

③ 现有监理人员流动性大，大多数监理人员为临时聘用:监理队伍中存在以上问题的主要原因一是由于真正符合监理从业要求的监理人员比较少，监理人才的培养远不能满足实际需求；二是监理企业对所聘用的人员把关不严，未进行严格筛选；三是目前我国监理人员的待遇偏低，不能吸引高素质的人才加入到这个行业中来；四是考试制度的影响，使会干的不一定能考上，能考上的不一定会干。因此，要想提高监理队伍的整体素质，一是从长远人手，今后在大专院校开设监理专业，培养一批精专业、懂法律、会管理、能协调的高素质监理人才；二是加大监管力度，严把监理人员上岗关，未经培训或培训不合格的坚决不允许上岗；三是提高并监督企业落实监理人员的待遇；四是要注重现有监理人员的再培训工作，抓好监理全员培训，加强总监、专业监理工程师和监理员经常性的专门培训。

(5)监理企业内部的管理问题

① 管理机构不健全。

部分监理企业虽然管理组织机构框图中各职能部门齐全，但实际工作中为了减少人员开支，除现场驻地工程师外，只有公司经理一人统管公司大小事务，往往就会影响企业的管理效能和水平。

② 监理工作程序不清。

严格按照国家规定及监理程序工作，是搞好项目监理工作的重要原则之一。而目前有些监理公司无严格的内部管理程序和制度，有些监理公司虽已通过ISO质量体系认证，也只是作为对外经营的一块招牌，程序文件如同虚设，实际监理工作中不按监理程序办事，监理工作的制度化、程序化、标准化、规范化程度不高。

③ 旁站监理工作不到位，现场记录不齐全、不真实。

要建立科学、严格的监理旁站制度，尤其对施工中涉及结构安全的关键部位、重要工序必须实行现场跟班监督，做好现场记录。建设单位应依据工程重要级别，要求监理单位提交监理旁站的工作范围和旁站部位，并上报旁站方案，监督旁站监理工作的实施，并应为监理单位正常开展旁站监理工作提供必要条件：施工单位应主动接受监理单位的旁站监理，并在旁站监理记录上签字认可；监理单位应建立和完善旁站监理制度，明确总监理工程师和专业监理人员及监理员的职责，定期检查旁站监理人员的到位情况、旁站监理记录和旁站监理工作质量。旁站监理人员对旁站监理工作应承担相应的监理责任。

④ 监理技术文件（监理规划、监理细则等）照抄照搬。

部分监理工程师在编写项目监理技术文件时，不能充分发挥自身主观能动性，不结合项目特点和工程具体情况，照抄照搬监理技术文件范本，起不到编写技术文件的作用和意义。

⑤ 监理工作责任制未落实，总监一身多职，难以真正起到总监的作用。

总监理工程师（项目总监）是监理单位在工程项目监理活动中的全权代表，是监理项目的责任主体，是实现监理项目的最高责任人，项目总监的作用不是一般专业监理工程师所能替代的。而由于目前我国监理行业中缺乏总监人才，部分监理企业让一个总监担任四五个甚至更多项目的总监，使总监难以发挥总监的作用，不能真正履行总监的职责，进而也影响到项目的监理效果。

任务3 掌握监理企业资质管理

任务介绍

工程监理企业欲参加某建筑装饰工程的监理投标工作，为承揽此装饰监理业务，不同等级标准的监理单位需针对此工程招标文件，思考是否满足建设方要求的装饰监理企业的资质。

任务目标

1. 知识目标

① 熟悉装饰工程监理概念；

② 掌握企业的资质管理；

③ 掌握监理企业与参建各方的关系。

2. 能力目标

① 明确工程监理企业的资质等级标准和业务范围；

② 理解监理企业与参建各方的关系，为处理和协调监理单位与参建各方关系打下基础。

任务要求

查阅《工程监理企业资质管理规定》（建设部令第102号）、《建设工程监理范围和规模标准规定》（中华人民共和国建设部令第86号）。

学生分组，组建不同等级资质的装饰监理企业，工程监理企业欲参加某建筑装饰工程的监理投标工作，为承揽此装饰监理业务，不同等级标准的监理单位需针对此工程招标文件，思考是否满足建设方要求的装饰监理企业的资质。

相关知识

1.3 工程监理企业

1.3.1 监理企业概述

工程监理企业是指从事工程监理业务并取得工程监理企业资质证书的经济组织。它是监理工程师的执业机构。

工程监理企业的组织形式：按照我国现行法律法规的规定，我国的工程监理企业有可能存在的企业组织形式包括：公司制监理企业、合伙监理企业、个人独资监理企业、中外合资经营监理企业和中外合作经营监理企业。

1. 公司制监理企业

监理公司是以盈利为目的，依照法定程序设立的企业法人。我国公司制监理企业有以下特征：

① 必须是依照《中华人民共和国公司法》的规定设立的社会经济组织。

② 必须是以盈利为目的的独立企业法人。

③ 自负盈亏，独立承担民事责任。

④ 是完整纳税的经济实体。

⑤ 采用规范的成本会计和财务会计制度。

我国监理公司的种类有两种，即监理有限责任公司和监理股份有限公司。

(1)监理有限责任公司

监理有限责任公司，是指由50个以下的股东共同出资，股东以其所认缴的出资额对公司行为承担有限责任，公司以其全部资产对其债务承担责任的企业法人。

监理有限责任公司有如下特征：

① 公司不对外发行股票，股东的出资额由股东协商确定。

② 股东交付股金后，公司出具股权证书，作为股东在公司中拥有的权益凭证，这种凭证不同于股票，不能自由流通，必须在其他股东同意的条件下才能转让，且要优先转让给公司原有股东。

③ 公司股东所负责任仅以其出资额为限，即把股东投入公司的财产与其个人的其他财产脱钩，公司破产或解散时，只以公司所有的资产偿还债务。

④ 公司具有法人地位。

⑤ 在公司名称中必须注明有限责任公司字样。

⑥ 公司股东可以作为雇员参与公司经营管理。通常公司管理者也是公司的所有者。

⑦ 公司账目可以不公开，尤其是公司的资产负债表一般不公开。

(2)监理股份有限公司

监理股份有限公司是指全部资本由等额股份构成，并通过发行股票筹集资本，股东以其所认购股份对公司承担责任，公司以其全部资产对公司债务承担责任的企业法人。设立监理股份有限公司可以采取发起设立或者募集设立方式。发起设立，是指由发起人认购公司应发行的全部股份而设立公司。募集设立,是指由发起人认购公司应发行股份的一部分,其余部分向社会公开募集而设立公司。

监理股份有限公司主要特征是:

① 公司资本总额分为金额相等的股份。股东以其所认购的股份对公司承担有限责任。

② 公司以其全部资产对公司债务承担责任。公司作为独立的法人,有自己独立的财产,公司在对外经营业务时,以其独立的财产承担公司债务。

③ 公司可以公开向社会发行股票。

④ 公司股东的数量有最低限制,应当有5个以上发起人,其中必须有过半数的发起人在中国境内有住所。

⑤ 股东以其所持有的股份享受权利和承担义务。

⑥ 在公司名称中必须标明股份有限公司字样。

⑦ 公司账目必须公开,便于股东全面掌握公司情况。

⑧ 公司管理实行两权分离。董事会接受股东大会委托,监督公司财产的保值增值,行使公司财产所有者职权;经理由董事会聘任,掌握公司经营权。

2. 中外合资经营监理企业与中外合作经营监理企业

(1)中外合资经营监理企业

中外合资经营监理企业是指以中国的企业或其他经济组织为一方,以外国的公司、企业、其他经济组织或个人为另一方,在平等互利的基础上,根据《中华人民共和国中外合资经营企业法》,签订合同、制定章程,经中国政府批准,在中国境内共同投资、共同经营、共同管理、共同分享利润、共同承担风险,主要从事工程监理业务的监理企业。其组织形式为有限责任公司。在合营企业的注册资本中,外国合营者的投资比例一般不得低于25%。

(2)中外合作经营监理企业

中外合作经营监理企业是指中国的企业或其他经济组织同国外企业、其他经济组织或者个人,按照平等互利的原则和我国的法律规定,用合同约定双方的权利义务,在中国境内共同举办的、主要从事工程监理业务的经济实体。

(3)中外合资经营监理企业与中外合作经营监理企业的区别

① 组织形式不同:合营企业的组织形式为有限责任公司,具有法人资格。合作企业可以是法人型企业,也可以是不具有法人资格的合伙企业,法人型企业独立对外承担责任,合作企业由合作各方对外承担连带责任。

② 组织机构不同:合营企业是合营双方共同经营管理,实行单一的董事会领导下的总经理负责制。合作企业可以采取董事会负责制,也可以采取联合管理制,既可由双方组织联合管理机构管理,也可以由一方管理,还可以委托第三方管理。

③ 出资方式不同:合营企业一般以货币形式计算各方的投资比例。合作企业是以合同规定投资或者提供合作条件,以非现金投资作为合作条件,可不以货币形式作价,不计算投资比例。

④ 分配利润和分担风险的依据不同:合营企业按各方注册资本比例分配利润和分担风险。合作企业按合同约定分配收益或产品和分担风险。

⑤ 回收投资的期限不同:合营企业各方在合营期内不得减少其注册资本。合作企业则允许外国合作者在合作期限内先行收回投资,合作期满时,企业的全部固定资产归中国合作者所有。

1.3.2 监理企业的资质管理

1. 工程监理企业的资质等级标准和业务范围

1)工程监理企业资质

工程监理企业资质是企业技术能力、管理水平、业务经验、经营规模、社会信誉等综合性实力指标。

对工程监理企业进行资质管理的制度是我国政府实行市场准入控制的有效手段。工程监理企业应当按照所拥有的注册资本、专业技术人员数量和工程监理业绩等资质条件申请资质,经审查合格,取得相应等级的资质证书后,才能在其资质等级许可的范围内从事工程监理活动。

工程监理企业的资质按照等级分为综合资质、专业资质和事务所资质。专业资质分甲级、乙级,其中房屋建筑、水利水电、公路合市政公用专业可设丙级,按照工程性质和技术特点分为14个专业工程类别,每个专业工程类别按照工程规模或技术复杂程度又分为三个等级。

2)工程监理企业的资质等级标准

(1)综合资质标准

① 具有独立法人资格且注册资本不少于600万元。

② 具有5个以上工程类别的专业甲级工程监理资质。

③ 注册监理工程师不少于60人,注册造价工程师不少于5人,一级注册建造师、一级注册建筑师、一级注册结构工程师或者其他勘察设计注册工程师合计不少于15人次。

④ 企业具有完善的组织结构和质量管理体系,有健全的技术、档案等管理制度。

⑤ 企业具有必要的工程试验检测设备。

⑥ 申请工程监理资质之日前2年内没有规定禁止的行为。

⑦ 申请工程监理资质之日前2年内没有因本企业监理责任造成重大质量事故。

⑧ 申请工程监理资质之日前2年内没有因本企业监理责任发生三级以上工程建设重大安全事故或者发生两起以上四级工程建设安全事故。

(2)专业资质标准

甲级:

① 具有独立法人资格且注册资本不少于300万元。

② 企业技术负责人应为注册监理工程师,并具有15年以上从事工程建设工作的经历或者具有工程类高级职称。

③ 注册监理工程师、注册造价工程师、一级注册建造师、一级注册建筑师、一级注册结构工程师或者其他勘察设计注册工程师合计不少于25人次;其中,相应专业注册监理工程师不少于《专业资质注册监理工程师人数配备表》(表1-1)中要求配备的人数,注册造价工程师不少于2人。

④ 企业近2年内独立监理过3个以上相应专业的二级工程项目,但是具有甲级设计资质或一级及以上施工总承包资质的企业申请本专业工程类别甲级资质的除外。

⑤ 企业具有完善的组织结构和质量管理体系,有健全的技术、档案等管理制度。

⑥ 企业具有必要的工程试验检测设备。

⑦ 申请工程监理资质之日前2年内没有规定禁止的行为。

⑧ 申请工程监理资质之日前2年内没有因本企业监理责任造成重大质量事故。

⑨ 申请工程监理资质之日前2年内没有因本企业监理责任发生三级以上工程建设重大安全事故或者发生两起以上四级工程建设安全事故。

乙级：

① 具有独立法人资格且注册资本不少于100万元。

② 企业技术负责人应为注册监理工程师，并具有10年以上从事工程建设工作的经历。

③ 注册监理工程师、注册造价工程师、一级注册建造师、一级注册建筑师、一级注册结构工程师或者其他勘察设计注册工程师合计不少于15人次。其中，相应专业注册监理工程师不少于《专业资质注册监理工程师人数配备表》（表1-1）中要求配备的人数，注册造价工程师不少于1人。

④ 有较完善的组织结构和质量管理体系，有技术、档案等管理制度。

⑤ 有必要的工程试验检测设备。

⑥ 申请工程监理资质之日前2年内没有规定禁止的行为。

⑦ 申请工程监理资质之日前2年内没有因本企业监理责任造成重大质量事故。

⑧ 申请工程监理资质之日前2年内没有因本企业监理责任发生三级以上工程建设重大安全事故或者发生两起以上四级工程建设安全事故。

表1-1　专业资质注册监理工程师人数配备表　（单位：人）

序号	工程类别	甲级	乙级	丙级
1	房屋建筑工程	15	10	5
2	冶炼工程	15	10	
3	矿山工程	20	12	
4	化工石油工程	15	10	
5	水利水电工程	20	12	5
6	电力工程	15	10	
7	农林工程	15	10	
8	铁路工程	23	14	
9	公路工程	20	12	5
10	港口与航道工程	20	12	
11	航天航空工程	20	12	
12	通信工程	20	12	
13	市政公用工程	15	10	5
14	机电安装工程	15	10	

注：表中各专业资质注册监理工程师人数配备是指企业取得本专业工程类别注册的注册监理工程师人数。

丙级：

① 具有独立法人资格且注册资本不少于50万元。

② 企业技术负责人应为注册监理工程师，并具有8年以上从事工程建设工作的经历。

③ 相应专业的注册监理工程师不少于《专业资质注册监理工程师人数配备表》（表1-1）中要求配备的人数。

④ 有必要的质量管理体系和规章制度。

⑤ 有必要的工程试验检测设备。

事务所资质标准：

① 取得合伙企业营业执照,具有书面合作协议书。

② 合伙人中有3名以上注册监理工程师,合伙人均有5年以上从事建设工程监理的工作经历。

③ 有固定的工作场所。

④ 有必要的质量管理体系和规章制度。

⑤ 有必要的工程试验检测设备。

3)业务范围

① 综合资质:可以承担所有专业工程类别建设工程项目的工程监理业务。

② 专业甲级资质:可承担相应专业工程类别建设工程项目的工程监理业务。

③专业乙级资质:可承担相应专业工程类别二级以下(含二级)建设工程项目的工程监理业务。

④ 专业丙级资质:可承担相应专业工程类别三级建设工程项目的工程监理业务。

⑤ 事务所资质:可承担三级建设工程项目的工程监理业务,但是国家规定必须实行强制监理的工程除外。

工程监理企业都可以开展相应类别建设工程的项目管理、技术咨询等业务。

2. 工程监理资质申请

工程监理资质申请,一般要到企业工商注册所在地的县级以上人民政府建设主管部门办理有关手续。

申请工程监理企业资质,应当提交以下材料:

① 工程监理企业资质申请表(一式三份)及相应电子文档。

② 企业法人、合伙企业营业执照。

③ 企业章程或合伙人协议。

④ 企业法定代表人、企业负责人和技术负责人的身份证明、工作简历及任命(聘用)文件。

⑤ 工程监理企业资质申请表中所列注册监理工程师及其他注册执业人员的注册执业证书。

⑥ 有关企业质量管理体系、技术和档案等管理制度的证明材料。

⑦ 有关工程试验检测设备的证明材料。

3. 工程监理企业资质审批程序

申请综合资质、专业甲级资质的,应当向企业工商注册所在地的省、自治区、直辖市人民政府建设主管部门提出申请。省、自治区、直辖市人民政府建设主管部门应当自受理申请之日起20日内审核完毕,并将审核意见和申请材料报国务院建设主管部门。国务院建设主管部门应当自省、自治区、直辖市人民政府建设主管部门受理申请材料之日起20日内完成审查,其中,涉及铁路、交通、水利、通信、民航等专业工程监理资质的,由国务院建设主管部门送国务院有关部门初审,国务院建设主管部门根据初审意见审批。

申请专业乙级、丙级资质和事务所资质由企业所在地省、自治区、直辖市人民政府建设主管部门审批。

4. 工程监理企业的资质管理

工程监理企业资质证书的有效期为5年。我国工程监理企业的资质管理确定的原则是“分级管理,统分结合”,按中央和地方2个层次进行管理。国务院建设主管部门负责全国工程监理企业资质的统一管理工作。涉及铁道、交通、水利、信息产业、民航等专业工程监理资质的，由国务院铁道、交通、水利、信息产业、民航等有关部门配合国务院建设主管部门实施资质管理工作。省、自治区、直辖市人民政府建设主管部门负责本行政区域内工程监理企业资质的统一管理工作。省、自治区、直辖市人民政府交通、水利、信息产业等有关部门配合同级建设主管部门实施相关资质类别工程监理企业资质的管理工作。

资质初审工作完成后，初审结果先在中国工程建设信息网上公示。经公示后，对于工程监理企业符合资质标准的，予以审批，并将审批结果在中国工程建设信息网上公告。

工程监理企业必须依法开展监理业务，全面履行委托监理合同约定的责任和义务。但在出现违规现象时，建设行政主管部门将根据情节给予必要处罚。违规现象主要有：

① 以欺骗手段取得"工程监理企业资质证书"。

② 超越本企业资质等级承揽监理业务。

③ 未取得"工程监理企业资质证书"而承揽监理业务。

④ 转让监理业务。

⑤ 挂靠监理业务。

⑥ 与建设单位或者施工单位串通，弄虚作假、降低工程质量。

⑦ 将不合格的建设工程、建筑材料、建筑构配件和设备按照合格签字。

⑧ 工程监理企业与被监理工程的施工承包单位以及建筑材料、建筑构配件和设备供应单位有隶属关系或者其他利害关系，并承担该项建设工程的监理业务。

1.3.3　建筑装修工程监理企业与参建各方的关系

建筑装修工程监理是指建筑装修工程受建设单位的委托，依据国家有关工程建设的法律、法规、批准的项目建设文件、施工合同及监理合同，对工程建设实行现场管理。其主要职责是进行工程建设合同管理，按照合同控制工程建设的投资、工期、安全和质量，协调各方面的工作关系。

1. 建筑装修工程监理单位与建设单位的关系

建设单位是项目建设的责任主体，对工程质量负总责，其主要职责是按项目建设的规模、投资总额、建设工期、工程质量，实行项目建设的全过程管理，办理工程建设用地、招标申请、质量监督手续、组织工程验收等。建立健全质量检查体系，解决工程建设中的有关问题，为施工单位创造良好的外部环境。

建设单位与建筑装修工程监理单位之间是委托与被委托、授权与被授权的合同关系。建设单位是工程项目建设的直接组织者和实施者，负有建设中征地、移民、协调地方关系等职责，对工程项目建设向国家、项目主管部门负责。监理单位依据监理合同，在建设单位授权范围内，公正监督管理施工承包合同，解决和报告合同实施过程中出现的各种情况，完成所负任务，保证工程按合同正常进展。一般情况下，建筑装修工程监理单位应是建设单位唯一的现场施工管理者，建设单位的决策和意见应通过监理单位贯彻执行，避免现场指挥系统的混乱。

2. 建筑装修工程监理单位与设计单位的关系

设计单位的主要职责是受建设单位的委托，向建设单位提供设计文件、图纸和其他资料，派驻设计代表参与工程项目的建设，进行设计交底和图纸会审，及时签发工程变更通知单，参与工程验收并提交设计报告。

在建设单位委托监理单位进行设计监理时，建筑装修工程监理单位与设计单位之间的关系是监理与被监理的关系;在没有委托设计监理时,是分工合作的关系。在监理过程中,建筑装修工程监理单位应及时按照合同和有关规定处理设计变更,设计单位的有关通知、图纸、文件等须通过监理单位下发到施工单位。施工单位需要修改设计时,也必须通过监理单位、建设单位向设计单位提出设计变更或修改。

3. 建筑装修工程监理单位与施工单位的关系

施工单位是工程项目的承建者,按照建设监理制度,在工程建设的三方关系中,监理单位与施工单位之间不是合同关系,他们之间不得签订任何合同或协议。他们二者之间的关系是通过施工合同确立的,合同中明确授权了监理单位监督管理的权力。监理单位依照国家、部门颁发的有关法律、法规、技术标准及批准的建设计划、施工合同等进行监理。施工单位在执行施工合同的过程中,必须自觉接受监理单位的监督、检查和管理,并为监理工作的开展提供合作与方便,按规定提供完整的技术资料。

4. 建筑装修工程监理单位与质量监督的关系

质量监督是由政府行政部门授权、代表政府对工程质量实行强制性监督的专职机构。其主要职责是复核监理、设计、施工及有关产品制造单位的资质,监督参建各方质量体系的建立和运行情况,监督设计单位的现场服务,认定工程项目划分,监督检查技术规程、规范和质量标准的执行情况及施工、监理、建设单位对工程质量的检验和评定情况。对工程质量等级进行核定,编制工程质量评定报告,并向验收委员会提出工程质量等级建议。

质量监督与监理单位都属于工程建设领域的监督管理活动,两者之间的关系是监督与被监督的关系。质量监督是政府行为,建设监理是社会行为。两者的性质、职责、权限、方式和内容有原则性的区别。从性质上看:质量监督是代表政府,从保障社会公共利益和国家法规执行角度对工程质量进行第三方认证,其工作体现了政府对建设项目管理的职责。建设监理是一种委托性的服务活动,是在建设单位授权范围内进行现场目标控制。从工作深度和广度上看:建设监理所进行的质量控制包括对项目质量目标详细规划,实施一系列主动控制措施。在控制过程中,既要做到全面控制,又要做到事前、事中、事后控制,这种控制持续在整个项目建设的过程中。质量监督主要在项目建设的施工阶段,对工程质量的监督、抽查和等级认定,把住工程质量关。从工作范围上看:建设监理的工作范围伸缩性较大,它因建设单位委托范围的大小而变化。如果是全过程、全方位的监理,其范围则远远大于质量监督。此时的建设监理包括整个建设项目的目标规划、动态控制、组织协调、合同管理、信息管理等一系列活动。质量监督只限于施工阶段的工程质量监督,工作范围变化较小,且相对稳定。

1.3.4 工程监理企业经营活动基本准则

工程监理企业从事建设工程监理活动,应当遵循“守法、诚信、公正、科学”的准则。

1. 守法

守法即遵守国家的法律法规。对于工程监理企业来说,即是要依法经营,主要体现在:

① 工程监理企业只能在核定的业务范围内开展经营活动:工程监理企业的业务范围,是指填写在资质证书中、经工程监理资质管理部门审查确认的主项资质和增项资质。核定的业务范围包括两方面:一是监理业务的工程类别;二是承接监理工程的等级。

② 工程监理企业不得伪造、涂改、出租、出借、转让、出卖“资质等级证书”。

③ 建设工程监理合同一经双方签订,即具有法律约束力,工程监理企业应按照合同的约定认真履行,不得无故或故意违背自己的承诺。

④ 工程监理企业离开原住所地承接监理业务,要自觉遵守当地人民政府颁发的监理法规和有关规定,主动向监理工程所在地的省、自治区、直辖市建设行政主管部门备案登记,接受其指导和监督管理。

⑤ 遵守国家关于企业法人的其他法律、法规的规定。

2. 诚信

诚信,即诚实守信用。这是道德规范在市场经济中的体现。它要求一切市场参加者在不损害他人利益和社会公共利益的前提下,追求自己的利益,目的是在当事人之间的利益关系和当事人与社会之间的利益关系中实现平衡,并维护市场道德秩序。诚信原则的主要作用在于指导当事人以善意的心态、诚信的态度行使民事权利,承担民事义务,正确地从事民事活动。

加强企业信用管理,提高企业信用水平,是完善我国工程监理制度的重要保证。信用管理制度主要有:

① 建立健全合同管理制度。

② 建立健全与业主的合作制度,及时进行信息沟通,增强相互间的信任感。

③ 建立健全监理服务需求调查制度,这也是企业进行有效竞争和防范经营风险的重要手段之一。

④ 建立企业内部信用管理责任制度,及时检查和评估企业信用的实施情况,不断提高企业信用管理水平。

3. 公正

工程监理企业在监理活动中既要维护业主的利益,又不能损害承包商的合法利益,并依据合同公平合理地处理业主与承包商之间的争议。工程监理企业要做到公正,必须做到以下几点:

① 要具有良好的职业道德。

② 要坚持实事求是。

③ 要熟悉有关建设工程合同条款。

④ 要提高专业技术能力。

⑤ 要提高综合分析判断问题的能力。

4. 科学

工程监理企业要依据科学的方案,运用科学的手段,采取科学的方法开展监理工作。工程监理工作结束后,还要进行科学的总结。实施科学化管理主要体现在:

① 科学的方案:工程监理的方案主要是指监理规划。其内容包括:工程监理的组织计划;监理工作的程序;各专业、各阶段监理工作内容;工程的关键部位或可能出现的重大问题的监理措施等。在实施监理前,要尽可能准确地预测出各种可能的问题,有针对性地拟定解决办法,制定出切实可行、行之有效的监理实施细则,使各项监理活动都纳入计划管理的轨道。

② 科学的手段:实施工程监理必须借助于先进的科学仪器才能做好监理工作,如各种检测、试验、化验仪器、摄录像设备及计算机等。

③ 科学的方法:监理工作的科学方法主要体现在监理人员在掌握大量的、确凿的有关监理对象及其外部环境实际情况的基础上,适时、妥帖、高效地处理有关问题,解决问题要用事实说话、用书面文字说话、用数据说话;要开发、利用计算机软件辅助工程监理。

项目小结

本项目主要介绍建筑工程装修监理的基本理论。主要包括建设工程监理的发展及其性质和作用;建筑装饰工程监理特点、实施程序及原则;建筑装饰工程监理的现状和问题;监理企业资质及管理办法,监理企业与参建单位之间的关系。学习本项目内容时,应注意多方查阅资料,查阅相关法律、法规、规范,深刻理解建筑工程装修监理工作内容及实施程序,从而为后续课程学习打下基础。

项目评价

建筑装饰工程监理概论评价表

姓名:			学号:		
组别:			组内分工:		
评价标准					
序号	具体指标	分值	组内自评分	组外互评分	教师点评分
1	我国监理制度的发展	20			
2	装饰监理基本知识	20			
3	监理的特点、性质和作用	20			
4	工程监理依据	20			
5	监理企业的资质管理	20			
6	合计	100			

项目练习

单选题

1. 为维护监理的公正性,监理单位必须保持(　　)。

A. 规范性　　B. 专业性　　C. 公正性　　D. 独立性

2. 因为要完成装饰工程监理的任务需要一些装饰专业知识,故监理工作本身也是一种(　　)的工作。

A. 规范性　　B. 专业性　　C. 公正性　　D. 独立性

3. 监理工程师职业道德中,“加强按照能力进行选择的观念”应列为(　　)方面的道德要求。

A. 能力　　B. 正直性　　C. 对他人公正　　D. 公正性

4. 下列建设工程不是必须实行监理的有(　　)。

A. 大中型公用事业工程

B. 成片开发建设的工业厂房

C. 利用外国政府或者国际组织贷款、援助资金的工程

D. 成片开发建设的住宅小区工程

5. 申请工程监理企业资质,不应当提交的材料是(　　)。

A. 工程监理企业资质申请表(一式三份)及相应电子文档

B. 企业法人、合伙企业营业执照

C. 企业法定代表人、企业负责人和技术负责人的身份证明、工作简历及任命(聘用)文件

D. 有关工程原材料的证明文件

6. 工程监理企业资质证书的有效期为(　　)年。

A. 1　　B. 3　　C. 5　　D. 7

7. 工程监理企业从事建设工程监理活动,应当遵循(　　)的准则。

A. 创新　　B. 诚信　　C. 公平　　D. 严肃

8. 监理企业的服务对象是(　　)。

A. 项目法人和承建单位　　B. 承建单位

C. 项目法人　　D. 政府管理部门

9. 下列监理工程师权利和义务中,属于监理工程师义务的是(　　)。

A. 使用注册监理工程师的称谓

B. 在本人执业活动所形成的工程监理文件上签字、加盖执业印章

C. 保管和使用本人的注册证书和执业印章

D. 依据本人能力从事相应的执业活动

10. 在中外合资经营监理企业的注册资本中,外国合营者的投资比例一般不得低于(　　)。

A. 25%　　B. 30%　　C. 40%　　D. 50%

【参考答案】

1. D　2. B　3. C　4. B　5. D　6. C　7. B　8. C　9. B　10. A

知识补充

1. 与建筑工程监理有关的法规

① 中华人民共和国建筑法(中华人民共和国主席令第91号)

② 中华人民共和国招标投标法(中华人民共和国主席令第21号)

③ 中华人民共和国合同法(中华人民共和国主席令第15号)(节选)

④ 建设工程质量管理条例(中华人民共和国国务院令第279号)

⑤ 建设工程安全生产管理条例(中华人民共和国国务院令第393号)

⑥ 建设工程监理范围和规模标准规定(中华人民共和国建设部令第86号)

⑦ 工程监理企业资质管理规定(中华人民共和国建设部令第158号)

2. 建设工程法律法规体系

建设工程法规体系主要包括三个层次内容,建设工程法律,建设工程行政法规,建设工程部门规章,《中华人民共和国建筑法》,《建设工程质量管理条例》《建设工程安全生产条例》。

3. 部分法律法规中涉及监理方面的内容

《中华人民共和国建筑法》(国家主席令第91号)、《中华人民共和国合同法》(国家主席令第15号)、《中华人民共和国刑法》、《建设工程质量管理条例》(国家主席令第279号)、《建设工程安全生产管理条例》(国家主席令第393号)、《建设工程监理规范》(GB 50319—2000)、《工程监理企业资质管理规定》(建设部令第102号)、《建设工程委托监理合同》(GF—2000—0202)、《房屋建筑工程施工旁站监理管理办法(试行)》(建市[2002]189号),还有如《建筑工程施工质量验收统一标准》GB 50300—2001、《建筑给水排水及采暖工程施工质量验收规范》GB 50242—2002、《通风与空调工程施工质量验收规范》GB 50243—2002、《建筑电气工程施工质量验收规范》GB 50303—2002、《电梯工程施工质量验收规范》GB 50310—2002、《智能建筑工程质量验收规范》GB 50339—2003、《建筑节能工程施工质量验收规范》GB 50411—2007等标准规范。

项目2　建筑装饰工程组织与协调

项目要点

组织理论是监理工程师必备的基础知识，组织管理的重要职能是建立精干、高效的监理组织，并使之得以运行，这是实现监理目标的前提条件。本项目从组织基本理论与组织设计原理出发，以建筑装饰工程项目监理机构的设立步骤及组织结构设计为重点，使学生掌握项目监理结构的成立及工作流程，理解项目监理机构与各相关各方的协调关系，熟悉总监理工程师、总监理工程师代表、专业监理工程师、监理员的工作职责。

任务1　编制项目监理机构组织结构图

任务介绍

甲房地产开发公司就某公共建筑装饰工程项目，与乙建筑公司签订了施工总承包合同，并通过招投标委托丙监理公司实施施工阶段的监理。经建设单位同意，乙建筑公司将工程划分为A1、A2标段，并将A2标段分包给丁施工单位。根据监理工作需要，监理单位设立了投资控制组、进度控制组、质量控制组、安全管理组、合同管理组和信息管理组六个职能管理部门，同时设立了A1和A2两个标段的项目监理组，并按专业分别设置了若干个专业监理小组，组成直线职能制项目监理组织机构。

任务目标

重要提示：

① 在完成此任务时，教师可提供一些相关技术资料及《建设工程监理规范》(GB 50319—2000)等。

② 此知识目标为监理员考试大纲的要求，教师在布置任务时应重点强调。

1. 知识目标

① 了解组织的基本原理；

② 了解组织设计的基本原则；

③ 掌握建立项目监理机构的步骤；

④ 掌握项目监理机构组织形式。

2. 能力目标

根据任务介绍，绘制监理单位直线职能制项目监理机构的组织结构图，说明其优缺点。

任务要求

① 学生分组，组建监理项目部，并进行监理项目部内部角色分工，委派称职的人员担任项目总监理工程师，成立项目监理机构。

② 查阅《建设工程监理规范》（GB 50319—2000），结合工程特点，各监理项目部讨论，修订整改，最后完成直线职能制项目监理组织机构的绘制。

③ 讨论、分析、总结项目监理机构组织形式的特点及适用范围。

④ 提交成果。

相关知识

2.1　组织的基本原理

委托监理合同签订后，监理企业法定代表人任命总监理工程师。总监理工程师根据监理大纲和委托监理合同的内容，负责组建项目监理机构。项目监理机构是工程监理企业派驻工程项目负责履行委托监理合同的组织机构。因此，监理工程师应懂得有关组织理论知识。

2.1.1　组织结构

组织是管理的一项重要职能，建立精干、高效的监理组织，并使之得以正常运行，是实现监理目标的前提条件。组织就是为了使系统达到它的特定的目标，使全体参加者经分工与协作以及设置不同层次的权力和责任制度而构成的群体以及相应的机构。作为生产要素之一，组织不能替代其他要素，也不能被其他要素所替代，但可以提高其他要素的使用效益。

组织结构是指组织内部构成和各部分间所确立的较为稳定的相互关系和联系方式，其基本内涵：

① 确定正式关系与职责的形式。

② 向组织各个部门或个人分派任务和各种活动的方式。

③ 协调各个分离活动和任务的方式。

④ 组织中权力、地位和等级关系。

1. 组织结构与职权的关系

组织中的职权是指组织中成员间的关系，而不是某一个人的属性。组织结构为职权关系提供了一定的格局，与职位以及职位间关系确立密切相关，因而职权的概念是与合法地行使某一职位的权力紧密相关的，而且是以下级服从上级的命令为基础的。

2. 组织结构与职责的关系

组织结构与组织中各部门、各成员职责的分派直接有关。在组织中，只要有职位就有职权，而只要有职权也就有职责。组织结构为职责的分配和确定奠定了基础，而组织的管理则是以机构和人员职责的分派和确定为基础的，利用组织结构可以评价组织各个成员的功绩与过错，从而使组织中的各项活动有效地开展起来。

3. 组织结构图

组织结构图是表明组织的正式职权和联系网络的图，是组织结构简化了的抽象模型。尽管它不能准确、完整地表达组织结构，如它不能说明一个上级对其下级所具有的职权的程度以及平级职位之间相互作用的横向关系，但仍不失为一种表示组织结构的好方法。

2.1.2　组织设计

组织设计就是对组织活动和组织结构的设计过程，有效的组织设计在提高组织活动效能方面起着重大的作用。组织设计的要点如下：

① 组织设计是管理者在系统中建立最有效相互关系的一种合理化的、有意识的过程。

② 该过程既要考虑系统的外部要素，又要考虑系统的内部要素。

③ 组织设计的结果是形成组织结构。

装饰装修项目监理机构的组织设计一般需考虑以下几项基本原则：

1. 集权与分权统一的原则

在项目监理机构设计中，集权是指总监理工程师掌握各项监理大权，各专业监理工程师只是其命令的执行者；分权是指在总监理工程师的授权下，各专业监理工程师在各自管理的范围内有足够的决策权，总监理工程师主要起协调作用。

在任何组织中都不存在绝对的集权和分权。项目监理机构是采取集权形式还是分权形式，要根据建设工程的特点，监理工作的重要性，总监理工程师的能力、精力及各专业监理工程师的工作经验、工作能力、工作态度等因素进行综合考虑。

2. 专业分工与协作统一的原则

对于项目监理机构来说，分工就是将监理目标，特别是投资控制、进度控制、质量控制、安全控制四大目标分成各部门以及各监理工作人员的目标、任务，明确干什么、怎么干。在分工中特别要注意以下三点：

① 尽可能按照专业化的要求来设置组织机构。

② 工作上要有严密分工，每个人所承担的工作，应力求达到较熟悉的程度。

③ 注意分工的经济效益。

在组织机构中还必须强调协作，就是明确组织机构内部各部门之间和各部门内部的协调关系与配合方法。在协作中应该特别注意以下两点：

① 主动协作。要明确各部门之间的工作关系，找出易出矛盾之点，加以协调。

② 有具体可行的协作配合办法。对协作中的各项关系，应逐步规范化、程序化。

3. 管理跨度与管理层次统一的原则

管理跨度是指一个上级管理者直接管理的下级人数。管理跨度越大，管理者需要协调的工作量越大，管理难度越大，因而必须确定合理的管理跨度。管理跨度与工作性质和内容、管理者素质、被管理者素质、授权程度等因素有关。

管理层次是指从组织的最高管理者到基层工作人员之间的等级层次数量。从最高管理者到基层工作人员权责逐层递减，人数却逐层递增。在项目监理机构中，管理层次的划分如表2-1所示。

表 2-1　项目监理机构管理层次

<table>
<tr><th colspan="2">层次</th><th>人员</th><th>职能</th><th>要求</th><th>权责与人数</th></tr>
<tr><td colspan="2">决策层</td><td>总监、总监代表及其助手</td><td>项目监理的策划、规划、组织协调、监控、评价等</td><td>精干、高效</td><td rowspan="4">由上到下
权责逐层递减
人数逐层增加</td></tr>
<tr><td rowspan="2">中间控制层</td><td>执行层</td><td rowspan="2">专业监理工程师</td><td>项目监理实施的具体组织、指挥、协调</td><td>实干精神、并且能坚决贯彻指令</td></tr>
<tr><td>协调层</td><td>参谋、咨询职能</td><td>较高的业务能力</td></tr>
<tr><td colspan="2">作业层（操作层）</td><td>监理员、检查员</td><td>具体业务的执行</td><td>熟练的作业技能</td></tr>
</table>

在组织机构的设计过程中，管理跨度与管理层次成反比例关系。即管理跨度加大，管理层次就减少；缩小管理跨度，管理层次就增加。项目监理机构设计应通盘考虑确定管理跨度之后，再确定管理层次。对装饰装修工程监理组织的建立要在限制管理跨度的前提下，适当划分层次。

4. 权责一致的原则

项目监理机构的管理跨度和管理层次确定之后，应根据每位工作人员的能力安排职位。明确责任，并授予相应的权力。

组织结构中的责任和权力是由工作岗位决定的，不同的岗位职务有着不同的责任和权力。在装饰装修组织结构中，既不能因为权大于责而瞎指挥、滥用权力，也不能因为责大于权而影响管理人员的积极性、主动性、创造性，使组织缺乏活力。只有权责一致，才能充分发挥人的积极性、主动性、创造性，增强组织活力。

5. 才职相称的原则

装饰装修项目监理机构中每个工作岗位都对其工作者提出了一定的知识和技能要求，只有充分考察个人的学历、知识、经验、才能、性格和潜力等，因岗设人，才能做到才职相称、人尽其才、才得其用、用得其所。

6. 经济效率原则

项目监理机构设计必须将经济性和高效率放在重要地位。力求以较少的人员、较少的管理层次、较少的时间实现组织的预期管理成效。高效率要求项目监理机构选用适宜的组织结构形式，实现有效的内部、外部协调。

7. 弹性原则

弹性是指项目监理机构具有一定的适应能力，一个项目监理机构既要有相对的稳定性，不能随心所欲地变动，又要随组织内部、外部条件和环境的变化，做出相应的调整以保证组织管理目标的实现。

2.1.3　项目监理机构

在建设项目施工监理准备阶段中，组织项目监理机构并确定岗位职责，配备监理设施和编写监理文件最为重要，这是开展监理工作前的物质和组织准备，而组建工程项目监理机构更是首要工作。

装饰装修工程项目监理机构是监理企业为履行委托监理合同，实施工程项目的监理工作而设立的临时组织机构。在组建项目监理机构时，一般按以下步骤进行（图 2-1）。

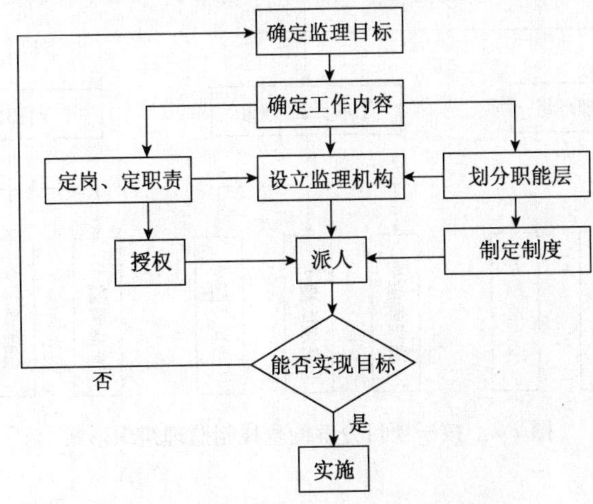

图 2-1　项目监理机构组建工作流程图

1. 确定监理目标

监理目标是项目监理机构设立的前提,应根据委托监理合同中确定的监理目标,明确划分为若干分解目标。

2. 确定工作内容

根据装饰装修监理目标和装饰装修委托监理合同中规定的监理任务,明确列出监理工作内容,并进行分类归并及组合。此组织工作应以便于监理目标控制为目的,并考虑被监理项目的规模、性质、工期、工程复杂程度以及工程监理企业自身技术业务水平、监理人员数量、组织管理水平等。

3. 组织结构设计

1)确定组织结构形式

由于工程项目规模、性质、建设阶段等的不同,可以选择不同的监理组织机构形式以适应监理工作需要。结构形式的选择应考虑有利于项目合同管理,有利于控制目标,有利于决策指挥,有利于信息沟通。视工程可采用组织形式有直线式、职能式、直线职能制和矩阵式等不同形式。

(1)直线制监理组织形式

这是最简单的组织形式,其特点是项目监理机构组织中各种职位是按垂直系统直线排列的,任何一个下级只接受唯一上级的命令。总监理工程师负责整体规划、组织和指导,并负责监理工作各方面的指挥和协调;各监理工程师分别负责各分解目标值的控制工作,具体指导现场监理工作。

直线制监理组织形式主要优点是组织机构简单,权力集中,命令统一,职责分明,决策迅速,隶属关系清晰。缺点是要求总监理工程师是“全能”人物,实际上是总监理工程师的个人管理。

在实际运用中,直线制监理组织形式有三种具体形式:

① 按子项目分解的直线制监理组织形式:适用于被监理项目能划分为若干相对独立的子项目的大、中型工程项目,如图 2-2 所示。

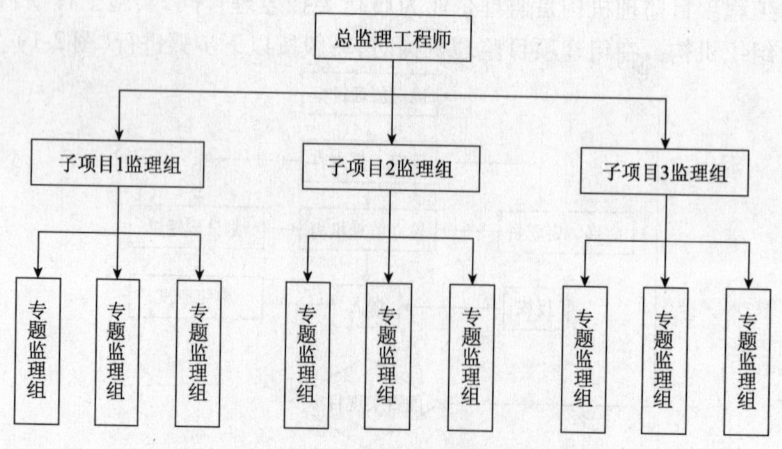

图 2-2　按子项目分解的直线制监理组织形式

② 按建设阶段分解的直线制监理组织形式:建设单位委托工程监理企业对建设工程实施全过程监理,项目监理机构可采用此种组织形式,如图 2-3 所示。

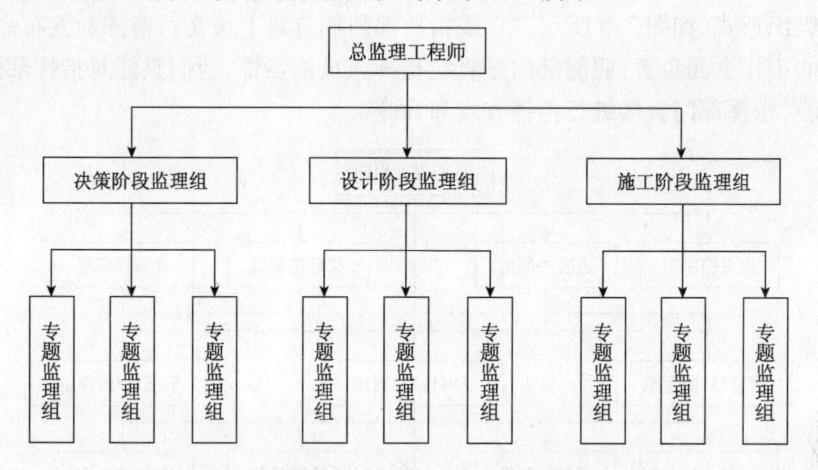

图 2-3　按建设阶段分解的直线制监理组织形式

③ 按专业内容分解的直线制监理组织形式,如图 2-4 所示。

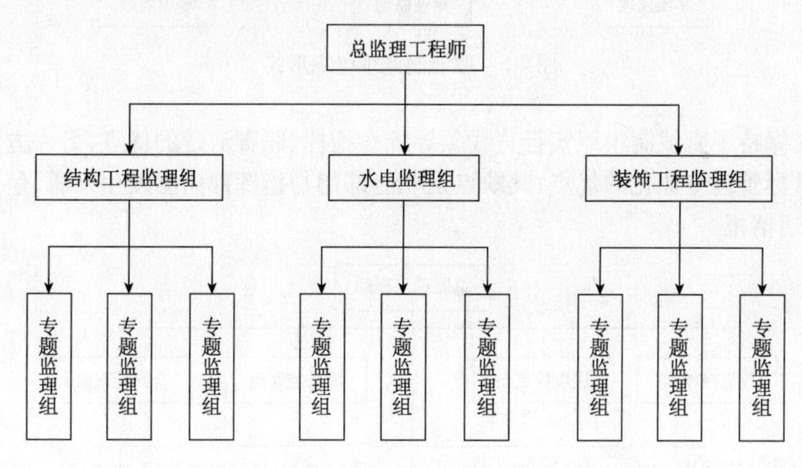

图 2-4　按专业内容分解的直线制监理组织形式

(2)职能制监理组织形式

职能制监理组织形式是把管理部门和人员分为两类:一类是以子项目监理为对象的直线指挥部门和人员;另一类是以投资控制、进度控制、质量控制及合同管理为对象的职能部门和人员。监理机构内的职能部门按总监理工程师授予的权力和监理职责有权对指挥部门发布指令。如图 2-5 所示,此种组织形式一般适用于大、中型建设工程,如果子项目规模较大时,也可以在子项目层设置职能部门。

这种组织形式的主要优点是加强了项目监理目标控制的职能化分工,能够发挥职能机构的专业管理作用,提高管理效率,减轻总监理工程师负担。但由于直线指挥部门人员受职能部门多头指令,如果这些指令相互矛盾,将使直线指挥部门人员在监理工作中无所适从。

(3)直线职能制监理组织形式

直线职能制监理组织形式是吸收了直线制监理组织形式和职能制监理组织形式的优点而形成的一种组织形式,如图 2-6 所示。直线指挥部门拥有对下级实行指挥和发布命令的权力,并对该部门的工作全面负责;职能部门是直线指挥人员的参谋,他们只能对指挥部门进行业务指导,而不能对指挥部门直接进行指挥和发布命令。

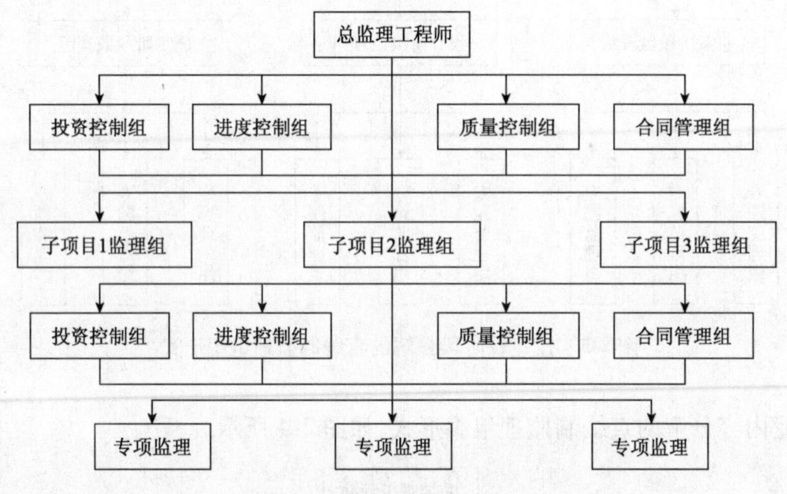

图 2-5　职能制监理组织形式

这种形式保持了直线制组织实行直线领导统一指挥、职责清楚的优点,另一方面又保持了职能制组织目标管理专业化的优点;其缺点是职能部门与指挥部门易发生矛盾,信息传递路线长,不利于互通情报。

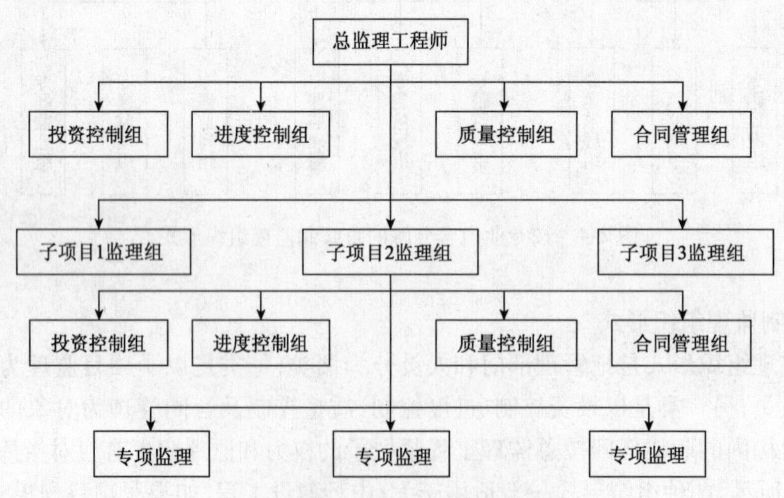

图 2-6　直线职能制监理组织形式

(4)矩阵制监理组织形式

矩阵制监理组织形式是由纵横两套管理系统组成的矩阵性组织结构,一套是纵向的职能系统,另一套是横向的子项目系统,如图 2-7 所示。这种组织形式的纵、横两套管理系统在监理工作中是相互融合关系。图2-7中虚线所绘的交叉点上,表示了两者协同以共同解决问题,如子项目1的质量验收是由子项目1监理组和质量控制组共同进行的。

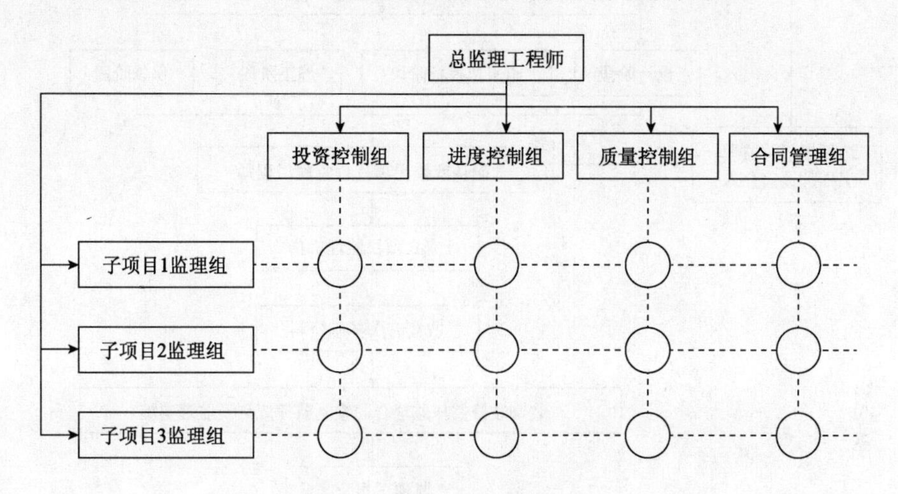

图2-7　矩阵制监理组织形式

这种形式的优点是加强了各职能部门的横向联系,具有较大的机动性和适应性,把上下左右集权与分权实行最优的结合,有利于解决复杂难题,有利于监理人员业务能力的培养。缺点是纵横向协调工作量大,处理不当会造成扯皮现象,产生矛盾。

2)确定管理层次

遵循由上至下、先确定管理跨度的原则,合理确定项目监理机构的管理层次。

3)划分职能部门

考虑监理工程项目具体需要、项目监理机构的资源以及工程项目合同结构等情况,可划分安全监理、质量控制、进度控制、投资控制、合同管理和信息管理等职能部门,也可考虑对应子项目成立职能部门。

4)制定岗位职责和考核标准

岗位职务及职责的确定要有明确的目的性,不可因人设事。根据责权一致的原则,应进行适当的授权,以承担相应的职责。应明确对各岗位的考核内容、考核标准和考核时间。

5)选派监理人员

根据监理工作的任务,选择相应的各层次人员,除应考虑监理人员个人素质外,还应考虑总体的合理性与协调性。

4. 制定工作流程和信息流程

为使装饰装修监理工作科学、有序进行,应按监理工作的客观规律性制定工作流程和信息流程,规范化地开展监理工作。工程建设监理工作分为设计阶段、施工招投标阶段、施工阶段及保修阶段,其监理工作流程如图2-8所示。也可分阶段编制设计阶段监理工作流程和施工阶段的监理工作流程。

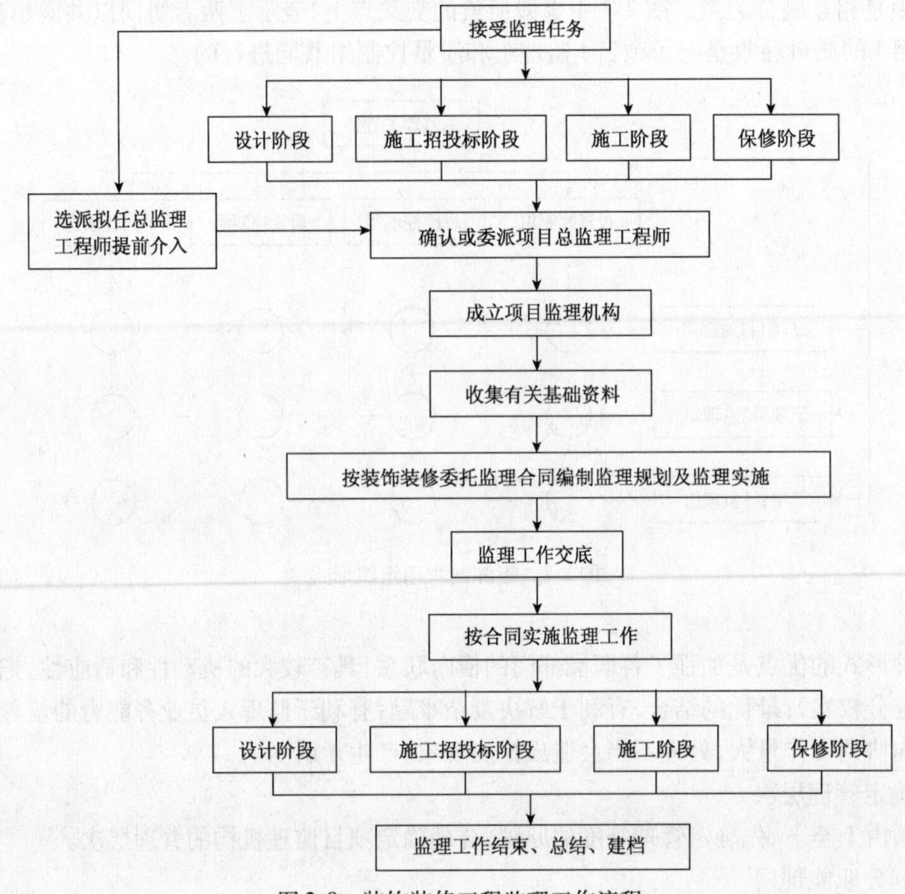

图 2-8　装饰装修工程监理工作流程

任务 2　熟悉建筑装饰工程监理机构组织协调工作

任务介绍

甲房地产开发公司就公共建筑装饰工程项目，与乙建筑公司签订了施工总承包合同，并通过招投标委托丙监理公司实施施工阶段的监理。项目机构成立后，拟对工程实施过程中有关进度、质量、承包商违约行为、合同争议等问题的协调进行交流。

任务目标

1. 知识目标

① 了解项目监理机构内部关系的协调；

② 掌握与设计单位、承包单位、业主之间的协调；

③ 理解与政府及其他单位的协调；

④ 掌握组织协调的方法及适用情况。

2. 能力目标

根据任务介绍，掌握组织协调的方法，并对工程常见协调问题进行分析。

任务要求

学生分组组成的各监理项目部，由总监理工程师负责统筹安排，组织各专业监理工程师协调工作，做到一人一岗，落实责任，查阅《建设工程监理规范》(GB 50319—2000)，结合工程特点，小组讨论，提交成果。

相关知识

2.2　建筑装饰工程监理组织协调

2.2.1　建筑装饰工程监理组织协调概述

协调是进行控制的重要手段，也是监理工程师的重要工作内容，整个工程建设的过程都应处于总监理工程师的协调之下。监理部应将自己置于协调工作的中心位置而积极发挥作用。

协调是一种没有具体指标的抽象工作，它没有具体的针对实体，只是处理各种界面的关系，将各单位、各有关人员的积极因素调动起来形成合力，达到项目三大计划目标。在建筑装饰装修施工(设计)阶段，其分包单位多，经常出现交叉并行施工、设计图纸不明、业主意图常变、供货厂家众多等情况，如何使业主、总承包、各分包、总设计、施工详图设计、材料与设备供应单位之间的关系理顺，在他们产生矛盾、纠纷的时候，做好调和、联合、谅解的工作，在涉及各方利益冲突时，寻找各方共同利益的结合点，化解矛盾和纠纷，使大家在项目总目标上做到步调一致，运行一体化。同时，在与政府有关部门(城管、绿化和治安等)、社会团体(协会、民间组织)、工程毗邻单位、居民之间的关系协调工作中，监理部尤其是总监理工程师在重要环节上要提醒参建单位事前做好工作，以利于各种问题的及时解决，保证项目的顺利实施。

任何一个工程的建设，涉及众多单位，我们将其分为两大类，相互间有合同关系的参建单位称为项目组织系统内单位，无合同关系但有管理、检查、交往关系的单位称为外围单位。监理工作中的协调范围仅限于项目组织系统内的关系，包括建设单位、设计单位、施工单位(含分包、供货商等)相互间的关系，监理部内部人员之间，监理部与本监理企业之间的协调工作也在范围之内，其外围单位的关系均由所涉及的各有关单位负责协调，协调工作更多的是落在总监理工程师的肩上。

2.2.2　建筑装饰工程监理机构组织协调的工作内容

1. 项目监理机构内部的协调

(1)项目监理机构内部人际关系的协调

项目监理机构是由人组成的工作体系，工作效率很大程度上取决于人际关系的协调程度，总监理工程师应首先抓好人际关系的协调，激励项目监理机构成员。

① 在人员安排上要量才录用，对项目监理机构各种人员，要根据每个人的专长进行安排，做到人尽其才。人员的搭配应注意能力互补和性格互补，人员配置应尽可能少而精，防止力不胜任和忙闲不均现象。

② 在工作委任上要职责分明。对项目监理机构内的每一个岗位，都应订立明确的目标和岗位责任制，应通过职能清理，使管理职能不重不漏，做到事事有人管，人人有专责，同时明确岗位职权。

③ 在成绩评价上要实事求是。谁都希望自己的工作做出成绩，并得到肯定，但工作成绩的取得，不仅需要主观努力，而且需要一定的工作条件和相互配合。要发扬民主作风，实事求

是评价,以免人员无功自傲或有功受屈,使每个人热爱自己的工作,并对工作充满信心和希望。

④ 在矛盾调解中要恰到好处。人员之间的矛盾总是存在的,一旦出现矛盾就应进行调解,要多听取项目监理机构成员的意见和建议,及时沟通,使人员始终处于团结、和谐、热情高涨的工作气氛之中。

(2)项目监理机构内部组织关系的协调

项目监理机构是由若干部门(专业组)组成的工作体系。每个专业组都有自己的目标和任务。如果每个子系统都从建设工程的整体利益出发,理解和履行自己的职责,则整个系统就会处于有序的良性状态,否则整个系统便处于无序的紊乱状态,导致功能失调,效率下降。

项目监理机构内部组织关系的协调可从以下几方面进行:

① 在目标分解的基础上设置组织机构,根据工程对象及委托监理合同所规定的工作内容,设置配套的管理部门。

② 明确规定每个部门的目标、职责和权限。最好以规章制度的形式做出明文规定。

③ 事先约定各个部门在工作中的相互关系。在工程建设中许多工作是由多个部门共同完成的,其中有主办、牵头和协作、配合之分,事先约定,才不至于出现误事、脱节等贻误工作的现象。

④ 建立信息沟通制度,如采用工作例会、业务碰头会、发会议纪要、工作流程图或信息传递卡等方式来沟通信息,这样可使局部了解全局,服从并适应全局需要。

⑤ 及时消除工作中的矛盾或冲突。总监理工程师应采用民主的作风,注意从心理学、行为科学的角度激励各个成员的工作积极性;采用公开的信息政策,让大家了解建设工程实施情况、遇到的问题或危机;经常性地指导工作,和成员一起商讨遇到的问题,多倾听他们的意见、建议,鼓励大家同舟共济。

(3)项目监理机构内部需求关系的协调

建设工程监理实施中有人员需求、试验设备需求、材料需求等,而资源是有限的,因此内部需求平衡至关重要。需求关系的协调可从以下环节进行:

① 对监理设备、材料的平衡。建设工程监理开始时,要做好监理规划和监理实施细则的编写工作,提出合理的监理资源配置,要注意抓住期限上的及时性、规格上的明确性、数量上的准确性和质量上的规定性。

② 对监理人员的平衡。要抓住调度环节,注意各专业监理工程师的配合。一个工程包括多个分部分项工程,复杂性和技术要求各不相同,这就存在监理人员配备、衔接和调度问题。如装饰工程中吊顶工程与设备安装工程之间的交叉配合等。监理力量的安排必须考虑到工程进展情况,做出合理的安排,以保证工程监理目标的实现。

2. 与业主的协调

监理实践证明,监理目标的顺利实现和与业主协调的好坏有很大的关系。我国长期的计划经济体制使得业主合同意识差,随意性大,主要体现在:一是沿袭计划经济时期的基建管理模式,搞“大业主,小监理”,在一个建设工程上,业主的管理人员要比监理人员多或管理层次多,对监理工作干涉多,并插手监理人员应做的具体工作;二是不把合同中规定的权力交给监理单位,致使监理工程师有职无权,发挥不了作用;三是科学管理意识差,在建设工程目标确定上压工期、压造价,在建设工程实施过程中变更多或时效不按要求,给监理工作的质量、进度、投资控制带来困难。因此,与业主的协调是监理工作的重点和难点。监理工程师应从以下几方面加强与业主的协调:

① 监理工程师首先要理解建设工程总目标，理解业主的意图。对于未能参加项目决策过程的监理工程师，必须了解项目构思的基础、起因和出发点，否则可能对监理目标及完成任务有不完整的理解，会给他的工作造成很大的困难。

② 利用工作之便做好监理宣传工作，增进业主对监理工作的理解，特别是对建设工程管理各方职责及监理程序的理解；主动帮助业主处理建设工程中的事务性工作，以自己规范化、标准化、制度化的工作去影响和促进双方工作的协调一致。

③ 尊重业主，让业主一起投入建设工程全过程。尽管有预定的目标，但建设工程实施必须执行业主的指令，使业主满意。对业主提出的某些不适当的要求，只要不属于原则问题，都可先执行，然后利用适当时机、采取适当方式加以说明或解释；对于原则性问题，可采取书面报告等方式说明原委，尽量避免发生误解，以使建设工程顺利实施。

3. 与承包商的协调

监理工程师对质量、进度和投资的控制都是通过承包商的工作来实现的。所以做好与承包商的协调工作是监理工程师组织协调工作的重要内容。

(1)坚持原则，实事求是，严格按规范、规程办事，讲究科学态度

监理工程师在监理工作中应强调各方面利益的一致性和建设工程总目标；监理工程师应鼓励承包商将建设工程实施状况、实施结果和遇到的困难和意见向他汇报，以寻找对目标控制可能的干扰。双方了解得越多越深刻，监理工作中的对抗和争执就越少。

(2)协调不仅是方法、技术问题，更多的是语言艺术、感情交流和用权适度问题

有时尽管协调意见是正确的，但由于方式或表达不妥，反而会激化矛盾。高超的协调能力则往往能起到事半功倍的效果，令各方面都满意。

(3)施工阶段协调工作的主要内容

① 与承包商项目经理关系的协调。从承包商项目经理及其工地工程师的角度来说，他们最希望监理工程师是公正、通情达理并容易理解别人的；希望从监理工程师处得到明确而不是含糊的指示，并且能够对他们所询问的问题给予及时的答复；希望监理工程师的指示能够在他们工作之前发出。他们可能对本本主义者以及工作方法僵硬的监理工程师最为反感。这些心理现象，作为监理工程师来说，应该非常清楚。一个既懂得坚持原则，又善于理解承包商项目经理的意见，工作方法灵活，随时可能提出或愿意接受变通办法的监理工程师肯定是受欢迎的。

② 进度问题的协调。由于影响进度的因素错综复杂，因而进度问题的协调工作也十分复杂。实践证明，有两项协调工作很有效：一是业主和承包商双方共同商定一级网络计划，并由双方主要负责人签字，作为工程施工合同的附件；二是设立提前竣工奖。由监理工程师按一级网络计划节点考核，分期支付阶段工期奖。如果整个工程最终不能保证工期，由业主从工程款中将已付的阶段工期奖扣回并按合同规定予以罚款。

③ 质量问题的协调。在质量控制方面应实行监理工程师质量签字认可制度。对没有出厂证明、不符合使用要求的原材料、设备和构件，不准使用；对工序交接实行报验签证；对不合格的工程部位不予验收签字，也不予计算工程量，不予支付工程款。在建设工程实施过程中，设计变更或工程内容的增减是经常出现的，有的是合同签订时无法预料和明确规定的。对于这种变更，监理工程师要认真研究，合理计算价格，与有关方面充分协商，达成一致意见，并实行监理工程师签证制度。

④ 对承包商违约行为的处理。在施工过程中，监理工程师对承包商的违约行为进行处理是

一件很慎重而又难免的事情。当发现承包商采用一种不适当的方法进行施工或是用了不符合合同规定的材料时,监理工程师除了立即制止外,可能还要采取相应的处理措施。遇到这种情况,监理工程师应该考虑的是自己的处理意见是否是监理权限以内的,根据合同要求,自己应该怎么做等等。在发现质量缺陷并需要采取措施时,监理工程师必须立即通知承包商。监理工程师要有时间期限的概念,否则承包商有权认为监理工程师对已完成的工程内容是满意或认可的。

⑤ 合同争议的协调。对于工程中的合同争议,监理工程师应首先采用协商解决的方式,协商不成时才由当事人向合同管理机关申请调解。只有当对方严重违约而使自己的利益受到重大损失且不能得到补偿时才采用仲裁或诉讼手段。如果遇到非常棘手的合同争议问题,不妨暂时搁置等待时机,另谋良策。

⑥ 对分包单位的管理。主要是对分包单位明确合同管理范围,分层次管理。将总包合同作为一个独立的合同单元进行投资、进度、质量控制和合同管理,不直接和分包合同发生关系。对分包合同中的工程质量、进度进行直接跟踪监控,通过总包商进行调控、纠偏。分包商在施工中发生的问题,由总包商负责协调处理,必要时,监理工程师帮助协调。当分包合同条款与总包合同发生抵触,以总包合同条款为准。此外,分包合同不能解除总包商对总包合同所承担的任何责任和义务。分包合同发生的索赔问题,一般由总包商负责,涉及总包合同中业主义务和责任时,由总包商通过监理工程师向业主提出索赔,由监理工程进行协调。

⑦ 处理好人际关系。在监理过程中,监理工程师处于一种十分特殊的位置。业主希望得到独立、专业的高质量服务。而承包商则希望监理单位能对合同条件有一个公正的解释。因此,监理工程师必须善于处理各种人际关系,既要严格遵守职业道德,礼貌而坚决地拒收任何礼物,以保证行为的公正性。也要利用各种机会增进与各方面人员的友谊与合作,以利于工程的进展。否则,便有可能引起业主或承包商对其可信赖程度的怀疑。

4. 与设计单位的协调

监理单位必须协调与设计单位的工作,以加快工程进度,确保质量,降低消耗。

① 真诚尊重设计单位的意见,在设计单位向承包商介绍工程概况、设计意图、技术要求、施工难点等时,注意标准过高、设计遗漏、图纸差错等问题,并将其解决在施工之前。施工阶段,严格按图施工,结构工程验收、专业工程验收、竣工验收等工作,约请设计代表参加。若发生质量事故,认真听取设计单位的处理意见。

② 施工中发现设计问题,应及时按工作程序向设计单位提出,以免造成大的损失。若监理单位掌握比原设计更先进的新技术、新工艺、新材料、新结构、新设备时,可主动与设计单位沟通。为使设计单位有修改设计的余地而不影响施工进度,协调各方达成协议,约定一个期限,争取设计单位、承包商的理解和配合。

③ 注意信息传递的及时性和程序性。监理工作联系单、工程变更单传递,按规定的程序进行传递。这里要注意的是,在施工监理的条件下,监理单位与设计单位都是受业主委托进行工作的,两者之间并没有合同关系,所以监理单位主要是和设计单位做好交流工作,协调要靠业主的支持。设计单位应就其设计质量对建设单位负责,因此《建筑法》指出:工程监理人员发现工程设计不符合建筑工程质量标准或者合同约定的质量要求的,应当报告建设单位要求设计单位改正。

5. 与政府部门及其他单位的协调

一个建设工程的开展还存在政府部门及其他单位的影响,如政府部门、金融组织、社会团体、新闻媒介等,它们对建设工程起着一定的控制、监督、支持、帮助作用,这些关系若协调不好,建设工程实施也可能严重受阻。

(1)与政府部门的协调

① 工程质量监督站是由政府授权的工程质量监督的实施机构,对委托监理的工程,质量监督站主要是核查勘察设计单位、施工单位和监理单位的资质,监督这些单位的质量行为和工程质量。监理单位在进行工程质量控制和质量问题处理时,要做好与工程质量监督站的交流和协调。

② 重大质量、安全事故,在承包商采取急救、补救措施的同时,应敦促承包商立即向政府有关部门报告情况,接受检查和处理。

③ 建设工程合同应送公证机关公证,并报政府建设管理部门备案。协助业主的征地、拆迁、移民等工作要争取政府有关部门支持和协作。现场消防设施的配置,宜请消防部门检查认可;要敦促承包商在施工中注意防止环境污染,坚持做到文明施工。

(2)协调与社会团体的关系

一些大中型建设工程建成后,不仅会给业主带来效益,还会给该地区的经济发展带来好处,同时给当地人民生活带来方便,因此必然会引起社会各界关注。业主和监理单位应把握机会,争取社会各界对建设工程的关心和支持。这是一种争取良好社会环境的协调。

对本部分的协调工作,从组织协调的范围看是属于远外层的管理。根据目前的工程监理实践,对远外层关系的协调,应由业主主持,监理单位主要是协调近外层关系、如业主将部分或全部远外层关系协调工作委托监理单位承担,则应在委托监理合同专用条款中明确委托的相应工作和报酬。

2.2.3　建筑装饰工程监理组织协调的方法

1. 会议协调法

会议协调法是建设工程监理中最常用的一种协调方法,实践中常用的会议协调法包括第一次工地会议、监理例会、专业性监理会议等。

(1)第一次工地会议

第一次工地会议是建设工程尚未全面展开前,履约各方相互认识、确定联络方式的会议,也是检查开工前各项准备工作是否就绪并明确监理程序的会议。第一次工地会议应在项目总监理工程师下达开工令之前举行,会议由建设单位主持召开,监理单位、总承包单位的授权代表参加,也可邀请分包单位参加,必要时邀请有关设计单位人员参加。

(2)监理例会(详见项目9)

(3)专业性监理会议

除定期召开工地监理例会以外,还应根据需要组织召开一些专业性协调会议,例如加工订货会、业主直接分包的工程内容承包单位与总包单位之间的协调会、专业性较强的分包单位进场协调会等,均由监理工程师主持会议。

2. 交谈协调法

在实践中,并不是所有问题都需要开会来解决,有时可采用“交谈”这一方法。交谈包括面对面的交谈和电话交谈两种形式。

无论是内部协调还是外部协调,这种方法使用频率都是相当高的。其作用在于:

① 保持信息畅通。由于交谈本身没有合同效力及其方便性和及时性,所以建设工程参与各方之间及监理机构内部都愿意采用这一方法进行。

② 寻求协作和帮助。在寻求别人帮助和协作时，往往要及时了解对方的反应和意见，以便采取相应的对策。另外，相对于书面寻求协作，人们更难于拒绝面对面的请求。因此，采用交谈方式请求协作和帮助比采用书面方法实现的可能性要大。

③ 及时发布工程指令。在实践中，监理工程师一般都采用交谈方式先发布口头指令。这样，一方面可以使对方及时地执行指令，另一方面可以和对方进行交流，了解对方是否正确理解了指令。随后，再以书面形式加以确认。

3. 书面协调法

当会议或者交谈不方便或不需要时，或者需要精确地表达自己的意见时，就会用到书面协调的方法。书面协调方法的特点是具有合同效力，一般常用于以下几方面：

① 不需双方直接交流的书面报告、报表，指令和通知等。

② 需要以书面形式向各方提供详细信息和情况通报的报告、信函和备忘录等。

③ 事后对会议记录、交谈内容或口头指令的书面确认。

4. 访问协调法

访问协调法主要用于外部协调中，有走访和邀访两种形式。走访是指监理工程师在建设工程施工前或施工过程中，对与工程施工有关的各政府部门、公共事业机构、新闻媒介或工程毗邻单位等进行访问，向他们解释工程的情况，了解他们的意见。邀访是指监理工程师邀请上述各单位（包括业主）代表到施工现场对工程进行指导性巡视，了解现场工作。因为在多数情况下，这些有关方面并不了解工程，不清楚现场的实际情况，如果进行一些不恰当的干预，会对工程产生不利影响。这个时候，采用访问法可能是一个相当有效的协调方法。

5. 情况介绍法

情况介绍法通常是与其他协调方法紧密结合在一起的，它可能是在一次会议前，或是一次交谈前，或是一次走访或邀访前向对方进行的情况介绍。形式上主要是口头的。有时也伴有书面的。介绍往往作为其他协调的引导，目的是使别人首先了解情况。因此，监理工程师应重视任何场合下的每一次介绍，要使别人能够理解你介绍的内容、问题和困难、你想得到的协助等。

总之，组织协调是一种管理艺术和技巧，监理工程师尤其是总监理工程师需要掌握领导科学、心理学、行为科学方面的知识和技能，如激励、交际、表扬和批评的艺术、开会的艺术、谈话的艺术、谈判的技巧等。只有这样，监理工程师才能进行有效的协调。

任务3　编制项目监理机构人员岗位职责

任务介绍

丙监理公司成立公共建筑装饰工程项目监理机构后，为有效开展监理工作，总监理工程师安排项目监理组负责人分别编制 A1、A2 标段两个监理规划。在报送的监理规划中，项目监理人员的部分职责分工如下：

① 投资控制组负责审核工程款支付申请，并签发工程款支付凭证，但竣工结算需由总监理工程师签认。

② 合同管理组负责调解建设单位与施工单位的合同争议、处理工程索赔。

③ 进度控制组负责审查施工进度计划及其执行情况，并由该组负责人审批工程延期。

④ 质量控制组负责审批项目监理实施细则。

⑤ A1、A2两个标段项目监理组负责分别组织、指导、检查和监督本标段监理人员的工作，及时调换不称职的监理人员。

任务目标

1. 知识目标

① 理解项目监理机构的人员配备；

② 掌握项目监理机构人员的职责分工；

③ 理解监理工程师应具备的素质。

2. 能力目标

① 能够正确区分总监理工程师、监理工程师、监理员的工作职责；

② 能够理解监理工程师应具备的素质。

任务要求

学生分组组成的各监理项目部，由总监理工程师负责统筹安排，组织各专业监理工程师，协调工作，做到一人一岗，落实责任，查阅《建设工程监理规范》(GB 50319—2000)，结合工程特点，小组讨论项目监理机构人员的职责分工，提交成果。

相关知识

2.3　监理人员

2.3.1　项目监理机构的人员配备及职责分工

1. 项目监理机构的人员配备

项目监理机构中配备监理人员的数量和专业应根据监理的任务范围、内容、期限以及工程的类别、规模、技术复杂程度、工程环境等因素综合考虑，并应符合委托监理合同中对监理深度和密度的要求，能体现项目监理机构的整体素质，满足监理目标控制的要求。

1)项目监理机构的人员结构

项目监理机构应具有合理的人员结构，包括以下两方面的内容：

(1)合理的专业结构

合理的专业结构即项目监理机构应由与监理工程的性质及业主对工程监理的要求相适应的各专业人员组成，也就是各专业人员要配套。

一般来说，项目监理机构应具备与所承担的监理任务相适应的专业人员。但是，当监理工程局部有某些特殊性，或业主提出某些特殊的监理要求而需要采用某种特殊的监控手段时，如局部的钢结构、网架等质量监控需采用无损探伤、X光及超声探测仪，水下及地下混凝土桩基需采用遥测仪器探测等，此时将这些局部的专业性强的监控工作另行委托给有相应资质的咨询机构来承担，也应视为保证了人员合理的专业结构。

(2)合理的技术职务和职称结构

为了提高管理效率和经济性，项目监理机构的监理人员应根据建设工程的特点和建设工程监理工作的需要确定其技术职称和职务结构。合理的技术职称结构表现在高级职称、中级职称和初级职称有与监理工作要求相称的比例。一般来说，决策阶段和设计阶段的监理，具有高级职称及中级职称的人员在整个监理人员构成中应占绝大多数。施工阶段的监理，可有较多的初级职称人员从事实际操作，如旁站、填记日志、现场检查和计量等。这里说的初级职称指助理工程师、助理经济师、技术员、经济员，还可包括具有相应能力的实践经验丰富的工人。

2）项目监理机构监理人员数量的确定

（1）影响项目监理机构人员数量的主要因素

① 工程建设强度。工程建设强度是指单位时间内投入的建设工程资金的数量，用下式表示：

工程建设强度 = 投资/工期

其中，投资和工期是指由监理单位所承担的那部分工程的建设投资和工期。一般投资费用可按工程估算、概算或合同价计算，工期是根据进度总目标及其分目标计算。显然，工程建设强度越大，需投入的项目监理人数越多。

② 建设工程复杂程度。

根据一般工程的情况，工程复杂程度涉及以下各项因素：设计活动多少、工程地点位置、气候条件、地形条件、工程地质、施工方法、工程性质，工期要求、材料供应、工程分散程度等。

根据上述各项因素的具体情况，可将工程分为若干工程复杂程度等级。不同等级的工程需要配备的项目监理人员数量有所不同。例如，可将工程复杂程度按五级划分：简单、一般、一般复杂、复杂、很复杂。工程复杂程度定级可采用定量办法：对构成工程复杂程度的每一因素通过专家评估，根据工程实际情况给出相应权重，将各影响因素的评分加权平均均后根据其值的大小确定该工程的复杂程度等级。例如，将工程复杂程度按 10 分制计评，则平均分值 1 ~ 3 分、3 ~ 5 分、5 ~ 7 分、7 ~ 9 分者依次为简单工程、一般工程、一般复杂工程和复杂工程，9 分以上为很复杂工程。

显然，简单工程需要的项目监理人员较少，而复杂工程需要的项目监理人员较多。

③ 监理单位的业务水平。

每个监理单位的业务水平和对某类工程的熟悉程度不完全相同，在监理人员素质、管理水平和监理的设备手段等方面也存在差异，这都会直接影响到监理效率的高低。高水平的监理单位可以投入较少的监理人力完成一个建设工程的监理工作，而一个经验不多或管理水平不高的监理单位则需投入较多的监理人力。因此，各监理单位应当根据自己的实际情况制定监理人员需要量定额。

④ 项目监理机构的组织结构和任务职能分工。

项目监理机构的组织结构情况关系到具体的监理人员配备，务必使项目监理机构任务职能分工的要求得到满足。必要时，还需要根据项目监理机构的职能分工对监理人员的配备做进一步的调整。

有时监理工作需要委托专业咨询机构或专业监测、检验机构进行，当然项目监理机构的监理人员数量可适当减少。

（2）项目监理机构人员数量的确定方法

根据监理工程师的监理工作内容和工程复杂程度等级测定，编制项目监理机构监理人员需要量定额，根据项目监理机构情况决定每个部门各类监理。

项目监理机构的监理人员数量和专业配备应随工程施工进展情况做相应的调整，从而满足不同阶段监理工作的需要。

2. 项目监理机构各类人员的基本职责

监理人员的基本职责应按照工程建设阶段和建设工程的情况确定。

施工阶段,按照《建设工程监理规范》的规定,项目总监理工程师、总监理工程师代表,专业监理工程师和监理员应分别履行以下职责:

(1)总监理工程师职责

① 确定项目监理机构人员的分工和岗位职责;

② 主持编写项目监理规划、审批项目监理实施细则,并负责管理项目监理机构的日常工作;

③ 审查分包单位的资质,并提出审查意见;

④ 检查和监督监理人员的工作,根据工程项目的进展情况可进行人员调配,对不称职的人员应调换其工作;

⑤ 主持监理工作会议,签发项目监理机构的文件和指令;

⑥ 审定承包单位提交的开工报告、施工组织设计、技术方案、进度计划;

⑦ 审核签署承包单位的申请、支付证书和竣工结算;

⑧ 审查和处理工程变更;

⑨ 主持或参与工程质量事故的调查;

⑩ 调解建设单位与承包单位的合同争议、处理索赔、审批工程延期;

⑪ 组织编写并签发监理月报、监理工作阶段报告、专题报告和项目监理工作总结;

⑫ 审核签认分部工程和单位工程的质量检验评定资料,审查承包单位的竣工申请,组织监理人员对待验收的工程项目进行质量检查,参与工程项目的竣工验收;

⑬ 主持整理工程项目的监理资料。

总监理工程师不得将下列工作委托总监理工程师代表:

① 主持编写项目监理规划、审批项目监理实施细则;

② 签发工程开/复工报审表、工程暂停令、工程款支付证书、工程竣工报验单;

③ 审核签认竣工结算;

④ 调解建设单位与承包单位的合同争议、处理索赔;

⑤ 根据工程项目的进展情况进行监理人员的调配,调换不称职的监理人员。

(2)总监理工程师代表职责

① 负责总监理工程师指定或交办的监理工作;

② 按总监理工程师的授权,行使总监理工程师的部分职责和权力。

(3)专业监理工程师职责

① 负责编制本专业的监理实施细则:

② 负责本专业监理工作的具体实施;

③ 组织、指导、检查和监督本专业监理员的工作,当人员需要调整时,向总监理工程师提出建议;

④ 审查承包单位提交的涉及本专业的计划、方案、申请、变更,并向总监理工程师提出报告;

⑤ 负责本专业分项工程验收及隐蔽工程验收;

⑥ 定期向总监理工程师提交本专业监理工作实施情况报告,对重大问题及时向总监理工程师汇报和请示;

⑦ 根据本专业监理工作实施情况做好监理日记；

⑧ 负责本专业监理资料的收集、汇总及整理，参与编写监理月报；

⑨ 核查进场材料、设备、构配件的原始凭证、检测报告等质量证明文件及其质量情况，根据实际情况认为有必要时对进场材料、设备、构配件进行平行检验，合格时予以签认；

⑩ 负责本专业的工程计量工作，审核工程计量的数据和原始凭证。

(4)监理员职责

① 在专业监理工程师的指导下开展现场监理工作；

② 检查承包单位投入工程项目的人力，材料、主要设备及其使用、运行状况，并做好检查记录；

③ 复核或从施工现场直接获取工程计量的有关数据并签署原始凭证；

④ 按设计图及有关标准，对承包单位的工艺过程或施工工序进行检查和记录，对加工制作及工序施工质量检查结果进行记录；

⑤ 担任旁站工作，发现问题及时指出并向专业监理工程师报告；

⑥ 做好监理日记和有关的监理记录。

2.3.2 监理人员的综合素质

工程监理企业的职责是受建设工程项目建设单位的委托对建设工程进行监督和管理。具体从事监理工作的监理人员，不仅要对工程项目的建设过程进行监督管理，提出指导性的意见，而且要能够组织、协调与建设工程有关的各方共同实现工程目标。这就要求监理人员，尤其监理工程师是一种复合型人才，既要具备一定的工程技术或工程经济方面的专业知识，还要有一定的组织协调能力。对监理工程师素质的要求，主要体现在以下几个方面：

1. 复合型的知识结构和丰富的工程建设实践经验

作为一名监理工程师，至少应掌握一种专业工程的有关理论知识，没有专业理论知识的人无法担任监理工程师岗位工作。除此之外，监理工程师还应学习、掌握一定的建设工程经济、法律和组织管理等方面的理论知识，从而成为一专多能的复合型人才，肩负起在工程建设领域中的使命。

工程建设中的实践经验主要包括以下几个方面：

① 工程建设地质勘测实践经验；

② 工程建设规划设计实践经验；

③ 工程建设设计实践经验；

④ 工程建设施工实践经验；

⑤ 工程建设设计管理实践经验；

⑥ 工程建设施工管理实践经验；

⑦ 工程建设构件、配件加工、设备制造实践经验；

⑧ 工程建设经济管理实践经验；

⑨ 工程建设招标投标等中介服务的实践经验；

⑩ 工程建设立项评估、建成使用后的评价分析实践经验；

⑪ 工程建设监理工作实践经验。

工程建设实践经验就是理论知识在工程建设中的成功应用，在工程建设中出现的失误，往往与经验不足有关。因此，应重视工程建设的实践经验。

2. 良好的品德和职业道德

监理工程师应热爱本职工作，具有科学的工作态度，具有廉洁奉公、为人正直、办事公道的高尚情操，能够听取各方意见、冷静分析问题。监理工程师还应严格遵守自己的职业道德守则：

① 维护国家的荣誉和利益，按照"守法、诚信、公正，科学"的准则执业；

② 执行有关工程建设的法律、法规，标准、规范、规程和制度，履行委托监理合同规定的义务和职责；

③ 努力学习专业技术和建设监理知识，不断提高业务能力和监理水平；

④ 不以个人名义承揽监理业务；

⑤ 不同时在两个或两个以上工程监理企业注册和从事监理活动，不在政府部门和施工、材料设备的生产供应等单位兼职；

⑥ 不为所监理项目指定承包商、建筑构配件、设备、材料生产厂家和施工方法；

⑦ 不收受被监理单位的任何礼金；

⑧ 不泄露所监理工程各方认为需要保密的事项；

⑨ 坚持独立自主地开展工作。

三、健康的体魄和充沛的精力

尽管建设工程监理是一种高智能的技术服务，以脑力为主，但为了胜任繁忙、严谨的监理工作，监理工程师也须有具有健康的身体和充沛的精力。所以，我国规定年满65周岁的监理工程师就不再予以注册。

项目小结

本项目主要介绍建筑装饰工程的组织机构，即项目监理机构的监理的组建、工作流程及运行原理。监理单位在获得监理业务，履行委托监理合同的同时，必须建立项目监理机构，配备专业齐全、数量足够、业务能力强的监理人员，实行总监理工程师负责制，实现监理目标。通过本项目学习，要深刻理解如何建立项目机构、熟悉各类监理人员的责任、监理工程师应具备的基本素质，并能理解运用组织协调的工作方法，处理监理工作过程中出现的问题。

项目评价

建筑装饰工程组织与协调评价表

姓名：			学号：		
组别：			组内分工：		
评价标准					
序号	具体指标	分值	组内自评分	组外互评分	教师点评分
1	掌握组织结构	20			
2	了解组织设计	20			
3	掌握组织协调	20			
4	理解监理人员配备及掌握职责分工	20			
5	理解监理人员的综合素质	20			
6	合计	100			

项目练习

一、不定项选择题(每题有一个或一个以上正确答案)

1. 下列关于组织结构基本内涵的表述中,不正确的是(　　)。

A. 主要解决组织中的工作流程设计　　B. 协调各个分离活动和任务的形式

C. 确定组织中权利、地位和等级关系　　D. 向组织各部门分配任务的方式

2. 组织构成一般是上小下大的形式,由(　　)等关系密切,相互制约的因素组成。

A. 管理部门　　B. 管理层次　　C. 管理跨度　　D. 管理制度

E. 指挥协调

3. 下列关于项目监理机构组织形式的表述中,正确的是(　　)。

A. 职能制监理组织形式最适用于小型建设工程

B. 职能制监理组织形式具有较大的机动性和适应性

C. 直线职能制组织形式的缺点是职能部门与指挥部门易产生矛盾

D. 矩阵制监理组织形式的优点之一是其中任何一个下级只接受唯一上级的指令

4. 监理组织机构中,拥有职能部门的监理组织形式有(　　)。

A. 直线制和职能制　　B. 职能制和矩阵制

C. 直线制和直线职能制　　D. 矩阵制和直线制

5. 配备项目监理机构人员数量时,主要考虑的影响因素有(　　)等。

A. 监理单位业务范围　　B. 监理人员专业结构

C. 工程复杂程度　　D. 工程建设强度

E. 监理单位业务水平

6. 工程建设强度是影响监理机构人员数量的主要因素之一,其数值(　　)。

A. 与投资成正比,与工期成反比　　B. 与工期成正比,与投资成反比

C. 与投资和工期成正比　　D. 与投资和工期成反比

7. 项目监理机构的工作效率很大程度上取决于人际关系的协调,总监理工程师在进行项目监理机构内部人际关系的协调时,可从(　　)等方面进行。

A. 部门职能划分　　B. 监理设备调配　　C. 工作职责委任　　D. 人员使用安排

E. 信息沟通制度

8. 在建设工程监理过程中,要保证项目参与方围绕建设工程开展工作,使项目目标顺利实现,监理单位最重要也最困难的工作是(　　)。

A. 合同管理　　B. 组织协调　　C. 目标控制　　D. 信息管理

9. 建设工程组织协调方法中,最具合同效力的是(　　)。

A. 访问协调法　　B. 书面协调法　　C. 情况介绍法　　D. 交谈协调法

10. 建设工程监理组织协调中,主要用于外部协调的方法是(　　)。

A. 会议协调法　　B. 交谈协调法　　C. 书面协调法　　D. 访问协调法

二、案例分析

某工程监理合同签订后,监理单位负责人对该项目监理工作提出以下5点要求:

① 监理合同签订后的30天内应将项目监理机构的组织形式、人员构成及总监理工程师的任命书面通知建设单位;② 监理规划的编制要依据:建设工程的相关法律、法规,项目审批

文件、有关建设工程项目的标准、设计文件、技术资料，监理大纲、委托监理合同文件和施工组织设计；③ 监理规划中不需编制有关安全生产监理的内容，但需针对危险性较大的分部分项工程编制监理实施细则；④ 总监理工程师代表应在第一次工地会议上介绍监理规划的主要内容，如建设单位未提出意见，该监理规划经总监理工程师批准后可直接报送建设单位；⑤ 如建设单位设计方案有重大修改，施工组织设计、方案等发生变化，总监理工程师代表应及时主持修订监理规划的内容，并组织修订相应的监理实施细则。

总监理工程师提出了建立项目监理组织机构的步骤（图2-9），并委托给总监理工程师代表以下工作：① 确定项目监理机构人员岗位职责，主持编制监理规划；② 签发工程款支付证书，调解建设单位与承包单位的合同争议。

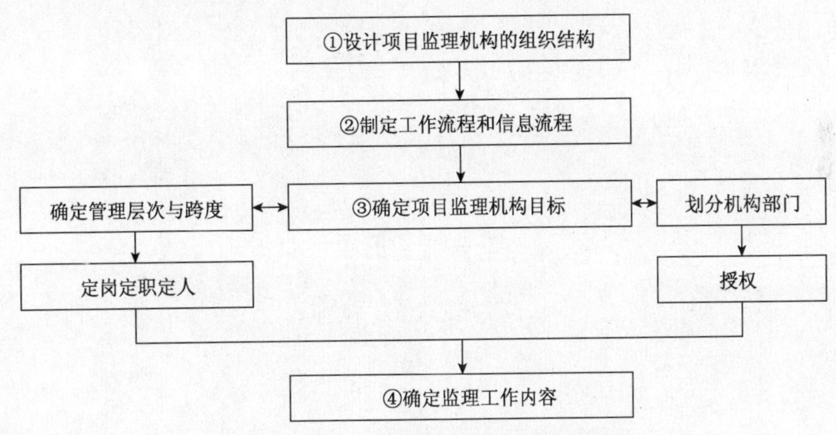

图2-9　建立项目监理组织机构步骤框图

在编制的项目监理规划中，要求在监理过程中形成的部分文件档案资料如下：① 监理实施细则；② 监理通知单；③ 分包单位资质材料；④ 费用索赔报告及审批；⑤ 质量评估报告。

问题：

1. 指出监理单位负责人所提要求中的不妥之处，写出正确作法。

2. 写出图2-9中①~④项工作的正确步骤。

3. 指出总监理工程师委托总监理工程师代表工作的不妥之处，写出正确作法。

（以上案例引自2009全国注册监理工程师考试案例分析真题）

【参考答案】

一、不定项选择题（每题有一个或一个以上正确答案）

1. A　2. ABC　3. C　4. B　5. CDE　6. A　7. CD　8. B　9. B　10. D

二、案例分析

1. 指出监理单位负责人所提要求中的不妥之处，写出正确作法。

① 30天内不妥，应在10天内；

② 施工组织设计作为监理规划编制依据不妥，应将有关建设工程合同文件作为编制依据；

③ 监理规划中不需编制有关安全生产监理的内容不妥，在监理规划中应编制安全生产监理的相关内容；

④ 监理规划经总监理工程师批准后直接报送不妥,应经监理单位技术负责人审核批准后报送;监理规划在第一次工地会议后提交建设单位不妥,应在第一次工地会议前提交。

⑤ 修订监理规划由总监理工程师代表主持不妥,应由总监理工程师主持。

2. 写出建立项目监理组织机构步骤框图中①~④项工作的正确步骤。

确定项目监理机构目标→确定监理工作内容→设计项目监理机构的组织结构分)→制定工作流程和信息流程。

3. 指出总监理工程师委托总监理工程师代表工作的不妥之处,写出正确作法。

① 主持编制监理规划不妥,应由总监理工程师主持编制监理规划

② 签发工程款支付证书、调解建设单位与承包单位的合同争议不妥,应由总监理工程师签发、调解。

项目3　建筑装饰工程监理规划性文件

项目要点

建筑装饰工程监理规划性文件是指导监理工作的纲领性文件,包括监理大纲、监理规划及监理实施细则。为完成某公共建筑装饰工程的监理工作,本项目以编制项目监理大纲、编制项目监理规划及编制项目监理实施细则为主要任务,以指导监理工程师的常规监理工作。

任务1　编制项目监理大纲

任务介绍

丙监理单位项目监理组织机构成立以后,为进一步完成某公共建筑装饰工程的监理业务,监理项目部需针对此工程的装饰监理工作特点,编制监理大纲。

任务目标

1. 知识目标

① 熟悉项目监理大纲的作用;

② 熟悉项目监理大纲的编制程序;

③ 掌握建设工程监理大纲的主要内容;

④ 了解项目监理大纲的编制要求和依据。

2. 能力目标

根据招标文件的要求,具有编制监理大纲的能力。

任务要求

① 学生分组组成的各监理项目部,由总监理工程师负责统筹安排,组织各专业监理工程师,协调工作,做到一人一岗,落实责任,编制装饰监理大纲。

② 查阅《建设工程监理规范》(GB 50319—2000)及《建筑装饰装修工程质量验收规范》(GB 50210—2001)等技术资料,有条件的可参考相关装饰工程的监理大纲,然后草拟目录,编制监理大纲,小组讨论初稿,修订整改,最后提交成果。

重要提示:

在完成此任务时,教师可提供一些相关技术资料及《建设工程监理规范》(GB 50319—2000)等。

相关知识

3.1 建筑装饰工程监理大纲

3.1.1 建筑装饰工程监理大纲概述

1. 认识装饰监理大纲

监理大纲即监理方案，它是监理单位在业主开始委托监理的过程中，尤其是建设方在监理招标过程中，为承揽到监理业务而编制的监理方案性文件。

2. 装饰监理大纲的作用

一是为承揽监理业务，进行评标工作；二是为项目部编制装饰监理规划的依据。

3. 装饰监理大纲的内容

装饰监理大纲的内容应根据监理招标文件的要求而确定，同时每个装饰工程的特点不同，因此监理大纲的内容不是千篇一律的，其形式也可以不拘一格。一般情况下，应包括以下内容（但不仅限于以下内容）：

（1）工程概况

简要介绍工程的名称、性质、规模、各参建单位。

（2）装饰监理工作范围

此部分是界定装饰监理工作的前提条件，要严格根据《建设工程委托监理合同》，明确监理工作范围与内容，包括施工准备阶段与施工阶段的监理工作内容以及监理工作目标。

（3）监理组织机构及人员配置

此部分是执行监理工作的重要物质基础保障，要建立监理组织机构，健全各类监理人员的岗位职责，合理进行人员配置，明确监理工程师的分项责任。

（4）自备监理仪器和设备监理

根据装饰监理工程的特点和要求，为保证监理工作有效、准确地进行，项目监理部应自备必要的仪器、工具和设备，并随工程进展需要及时进场，对工程质量进行检验。

（5）工作程序

此部分应重点阐述“四控两管一协调”的监理工作程序及安全文明施工监理工作程序。

（6）监理质量保证措施

在装饰监理大纲中，监理工作的质量要求及保证措施是极为重要的。

（7）监理工作内容

此部分是监理大纲的核心内容，有重点阐述工程质量管理的目标及保证措施。

（8）本工程特点、难点分析及监理工作重点

此部分应详细描述重难点工程质量控制监理实施方案。

3.1.2 建筑装饰工程监理大纲的编制

1. 装饰监理大纲的编制程序

鉴于它的重要性，因此装饰监理大纲应由监理单位的技术部门人员编制，最好包括拟定的总监理工程师。总监理工程师在参与编制监理大纲的情况下，有利于监理规划的编制，最后由监理单位的总工程师审核通过后，方可向建设单位呈递。

2. 装饰监理大纲的编制要求

① 装饰监理大纲是体现为建设方提供监理服务的方案性文件，要求装饰监理单位在编制监理大纲时，应在技术部门、经营部门等密切配合下编制。

② 装饰监理大纲的编制要体现装饰监理单位自身的管理水平、业务水平及技术装备，编制的内容既要满足最大可能地中标，又要一定的可行性，因为监理单位一旦中标，投标文件将作为监理合同的一部分，对监理单位履行合同具有约束效力。

③ 装饰监理大纲的编制应紧密依据监理招标文件及建设方的要求。

3. 装饰监理大纲的编制依据

① 某公共建筑装饰工程监理招标文件；

② 某公共建筑装饰工程施工图纸；

③ 北京市《建设工程监理规程》DBJ01—41—2002；

④ 北京市《建筑安装工程资料管理规程》DBJ01—51—2003；

⑤《建筑装饰装修工程质量验收规范》(GB 50210—2001)；

⑥《中华人民共和国建筑法》、《中华人民共和国质量管理条例》和《建设工程安全生产管理条例》等关于工程建设的法律、法规和规范。

4. 装饰监理大纲目录实例

某公共建筑装饰工程监理大纲

目　录

第一章　工程概况
1.1　工程概况
1.2　编制依据
第二章　装饰监理工作范围
2.1　装饰监理工作依据
2.2　装饰监理工作范围
2.3　装饰监理工作内容
2.3.1　装饰施工准备阶段的监理工作内容
2.3.2　装饰施工阶段的监理工作内容
2.4　装饰监理工作目标
2.4.1　工程质量控制目标
2.4.2　工程进度控制目标
2.4.3　工程投资控制目标
2.4.4　安全文明施工控制目标
2.5　各类监理人员的岗位职责
2.5.1　总监理工程师的岗位职责
2.5.2　总监理工程师代表的岗位职责
2.5.3　专业监理工程师的岗位职责
2.5.4　造价监理工程师的岗位职责
2.5.5　信息管理员的岗位职责
2.5.6　监理员的岗位职责

2.5.7　监理安全员的岗位职责

第三章　监理组织机构及人员配置

3.1　监理组织机构

3.2　人员配置

3.3　监理工程师的分项责任

第四章　自备监理仪器和设备

4.1　监理自备工程质量检测仪器、工具和设备

4.2　监理自备办公设备

第五章　装饰监理工作程序

5.1　制定监理部监理工作规划和监理准备工作

5.2　施工准备工作阶段的监理工作程序

5.3　工程开工准备的监理工作程序

5.3.1　设计交底和图纸会审

5.3.2　审查和批准施工组织设计(施工方案)

5.3.3　第一次工地会议

5.3.4　核查开工条件

5.4　工程质量控制工作程序

5.4.1　工程质量控制的一般程序

5.4.2　材料、构配件和设备质量的控制程序

5.4.3　工序交接和隐蔽工程检查验收程序

5.4.4　测量放线的报验程序

5.4.5　工程质量缺陷和事故的处理程序

5.4.6　工程质量的中间验收和竣工验收程序

5.5　工程进度控制工作程序

5.5.1　进度控制的一般程序

5.5.2　进度计划的编制和审查程序

5.5.3　进度计划的实施监督和检查程序

5.5.4　进度计划的调整程序

5.6　工程投资控制工作程序

5.6.1　投资控制的一般程序

5.6.2　工程计量程序

5.6.3　工程支付程序

5.7　安全文明施工监理工作程序

5.8　合同管理工作程序

5.8.1　合同管理的一般程序

5.8.2　工程变更的管理程序

5.8.3　工程暂停及复工的管理程序

5.8.4　费用索赔的管理程序

5.8.5　工程延期的管理程序

5.8.6　工程分包管理程序

5.8.7　工程分包监理工作程序
5.9　组织协调工作程序
5.9.1　现场协调的一般程序
5.9.2　第一次工地会议
5.9.3　每周监理例会
5.9.4　临时协调会议
5.10　信息和监理报表管理工作程序
5.10.1　信息管理的一般程序
5.10.2　监理日志
5.10.3　监理月报
5.10.4　监理用表
5.10.5　工程质量评估报告和监理总结报告
第六章　监理质量保证措施
6.1　装饰监理工作的质量要求
6.2　装饰监理工作质量的保证措施
6.2.1　组织措施
6.2.2　技术措施
6.2.3　合同措施
6.2.4　经济措施
第七章　装饰监理工作内容
7.1　工程质量管理的目标及保证措施
7.2　工程进度管理的目标及保证措施
7.3　工程投资管理的目标及保证措施
7.4　工程安全文明施工管理的目标及保证措施
7.5　工程过程中综合协调工作的目标及保证措施
7.6　工程信息管理的目标及保证措施
第八章　本工程特点、难点分析及监理工作重点
8.1　工程特点、难点
8.1.1　工程特点
8.1.2　工程难点
8.2　监理重点
8.2.1　以质量控制为中心、争创优质工程是监理工作的中心
8.2.2　施工质量控制
8.2.3　投资控制
8.2.4　进度控制
8.2.5　安全控制与文明施工管理
8.3　重难点工程质量控制监理实施方案
8.3.1　幕墙工程监理实施方案
8.3.2　居民区施工组织的监理实施方案

8.4　投资控制的对策
8.4.1　施工准备阶段的投资控制
8.4.2　开工准备的投资控制
8.4.3　施工阶段的投资控制
8.4.4　竣工结算的投资控制

任务2　编制项目监理规划

任务介绍

丙监理单位的监理项目部编制监理大纲以后,项目部为了进一步切实开展各项监理工作,根据委托监理合同,在装饰监理大纲的基础上,结合某公共建筑装饰工程的现场特点和现有的技术文件,编制装饰监理规划。

任务目标

> **重要提示:**
> 掌握监理规划、监理实施细则的作用、编审程序及主要内容是北京市建筑工程监理员(工民建)培训考核大纲的要求。

1. 知识目标

① 熟悉项目监理规划的作用;
② 熟悉项目监理规划的编制程序;
③ 掌握建设工程监理规划的主要内容;
④ 了解项目监理规划的编制要求和依据。

2. 能力目标

根据委托监理合同及监理大纲的要求,具有编制监理规划的能力。

任务要求

① 学生分组组成的各监理项目部,由总监理工程师负责统筹安排,组织各专业监理工程师,协调工作,做到一人一岗,落实责任,编制装饰监理规划。

② 首先查阅委托监理合同,领会监理大纲的主要精髓,有条件的可参考相关装饰工程的监理规划,然后草拟目录,编制监理规划,小组讨论初稿,修订整改,最后提交成果。

相关知识

3.2　建筑装饰工程监理规划

3.2.1　建筑装饰工程监理规划概述

1. 认识装饰监理规划

监理规划监理单位在与建设单位签订装饰委托监理合同后,由总监理工程师主持、相关专业监理工程师参加,根据委托监理合同,在监理大纲的基础上,结合某公共建筑装饰工程的具体要求,广泛收集装饰工程信息和资料的前提下编制的指导整个监理项目部开展装饰监理工作的纲领性技术文件。

2. 装饰监理规划的作用

① 装饰监理规划是指导监理项目部全面开展装饰监理工作的依据；

② 装饰监理规划建设监理主管部门对监理单位监督管理的依据；

③ 装饰监理规划是建设单位确认监理单位履行合同的依据；

④ 装饰监理规划是监理单位内部考核的依据；

⑤ 装饰监理规划是对装饰监理大纲的深化，是监理单位重要的存档资料。

3. 装饰监理规划的内容

由于监理规划是在明确委托监理关系，建立监理项目部后，在更详细掌握相关资料的基础上编制的，因此其内容与深度应比监理大纲更具体。一般包括如下内容（但不仅限于以下内容）：

① 工程概况：介绍工程的名称、地点、性质、规模、各参建单位、工期和质量要求等；

② 装饰监理工作范围；

③ 装饰监理工作内容：此部分是包括对本工程监理单位应尽的义务，以及施工准备阶段、施工阶段、验收阶段监理工作的“四控、两管、一协调”；

④ 监理工作目标；

⑤ 监理工作依据；

⑥ 项目监理机构的组织形式；

⑦ 项目监理机构人员配备计划；

⑧ 项目监理机构人员岗位职责；

⑨ 监理工作程序；

⑩ 监理工作的方法和措施；

⑪ 监理的协调工作；

⑫ 监理工作制度；

⑬ 监理设施。

3.2.2　建筑装饰工程监理规划的编制

1. 装饰监理规划的编制程序

监理规划应由项目总监理工程师主持，相关专业监理工程师参加的情况下编制，并由监理单位技术主管部门的人员审核，批准后提交建设单位，由建设单位监督实施。

监理单位技术负责人审核监理规划主要审核以下几方面：

(1) 监理范围、工作内容及监理目标的审核

依据监理招标文件和监理委托合同，审核其是否了解建设单位对该装饰工程的建设意图、监理范围、监理工作内容是否包括了全部委托合同的任务，监理目标是否与合同要求和建设单位意图相一致。

(2) 项目监理机构组织结构的审核

审核监理结构组织形式、管理模式是否合理，派驻现场的监理人员的专业与数量是否满足工作需求。

(3) 工作计划的审核

在工程进展中各个阶段的工作实施计划是否合理、可行，审核其在每个阶段中如何控制建设工程目标与组织协调的方法。

(4)质量、进度、投资控制方法与措施的审核

这一点是审核的重点,主要看其如何应用组织、技术、经济、合同等措施保证目标的实现,方法是否科学可行。

(5)监理工作制度的审核

主要审核监理的内外工作制度是否健全。

2. 装饰监理规划的编制要求

① 基本构成内容应当力求统一。

② 具体内容应具有针对性。

③ 监理规划应当遵循建设工程的运行规律。

④ 监理规划一般要分阶段编写。

⑤ 监理规划的表达方式应当格式化、标准化。

3. 装饰监理规划的编制依据

① 某公共建筑装饰工程施工图纸;

② 某公共建筑装饰工程监理大纲;

③ 北京市《建设工程监理规程》DBJ01—41—2002;

④ 北京市《建筑安装工程资料管理规程》DBJ01—51—2003;

⑤《建筑装饰装修工程质量验收规范》(GB50210—2001);

⑥ 中华人民共和国《建筑法》、《中华人民共和国质量管理条例》和《建设工程安全生产管理条例》等关于工程建设的法律、法规和规范。

⑦ 其他装饰工程图集、标准、规范、规程等。

4. 装饰监理规划目录实例(仅供参考)

某公共建筑装饰工程监理规划

目　录

1　建设工程概况

2　监理工作范围

3　监理工作内容

3.1　对本工程监理单位应尽的义务、责任

3.1.1　监理单位义务

3.1.2　监理单位责任

3.2　主要内容为:“四控、两管、一协调”

3.3　各阶段的监理工作内容

3.3.1　施工准备阶段监理工作内容

3.3.2　施工阶段监理工作内容

3.3.3　验收阶段的监理工作内容

3.4　本工程监理管理工作的重点

3.4.1　工期控制管理

3.4.2　对工程设计变更和工程洽商的控制和处理

3.4.3　现场施工监理相关监督方案的制订与实施

3.4.4　施工准备阶段的监理工作

3.4.5　积极主动地协调参建各方的关系
3.4.6　工程保修期监理
4　监理工作目标
4.1　工程质量控制目标
4.2　工程进度控制目标
4.3　工程造价控制目标
4.4　施工安全管理目标
4.5　合同、信息管理目标
4.6　环保、文明施工目标
4.7　监理服务目标
4.7.1　监理项目部管理目标
4.7.2　顾客满意率
4.7.3　对相关方施加影响控制
4.7.4　安全环保目标
4.7.5　工程控制目标
5　监理工作依据
6　项目监理机构的组织形式
7　项目监理机构人员配备计划
7.1　项目监理部人员组成
7.2　项目监理部资源配置一览表
8　项目监理机构人员岗位职责
8.1　总监理工程师职责
8.2　总监理工程师代表职责
8.3　专业监理工程师职责
8.4　监理员职责
9　监理工作程序
9.1　监理工作程序
9.2　分包单位资质审查基本程序
9.3　工程材料、构配件和设备质量控制工作程序
9.4　工程延期管理基本程序
9.5　工程暂停及复工管理的基本程序
9.6　分项、分部签认工作程序
9.7　进度控制工作程序
9.8　工程变更管理基本程序
9.9　合同管理程序框图
9.10　费用索赔管理的基本程序
9.11　违约处理基本程序
9.12　单位工程验收基本程序

10 监理工作的方法和措施
10.1 实施工程监理的主要手段
10.2 监理工作方案
11 监理的协调工作程序
12 监理工作制度
13 监理设施

任务3 编制项目监理实施细则

任务介绍

监理规划审核通过后，落实各专业监理工程师的责任和工作内容，针对某公共建筑装饰工程的具体情况编制出更具有实施性和操作性的装饰监理实施细则。

任务目标

> **重要提示：**
> 此知识目标为监理员考试大纲的要求，教师在布置任务时应重点强调。

1. 知识目标

① 掌握监理实施细则与规划的关系；
② 熟悉监理实施细则的编制程序；
③ 熟悉监理实施细则中相关内容的编制；
④ 掌握监理实施细则的主要内容；
⑤ 了解监理实施细则的编制依据。

2. 能力目标

在监理规划的基础上，具有编制监理实施细则的能力。

任务要求

① 学生分组组成的各监理项目部，由总监理工程师负责统筹安排，组织各专业监理工程师，协调工作，做到一人一岗，落实责任，编制装饰监理实施细则。

② 在监理规划的基础上，结合幕墙工程的监理工作，草拟装饰监理实施细则目录，进而编制监理实施细则，小组讨论初稿，修订整改，最后提交成果。

相关知识

3.3 建筑装饰工程监理实施细则

3.3.1 建筑装饰工程监理实施细则概述

1. 认识装饰监理实施细则

装饰监理实施细则简称装饰监理细则，它是在监理规划的基础上，由项目监理结构的专业监理工程师针对工程中某一专业或某一方面的监理工作编制，并由总监理工程师批准实施的操作性文件。

装饰监理实施细则与装饰监理规划是相互联系的，编制装饰监理实施细则时，一定要在装饰监理规划的指导下进行，它们之间的依据性关系如表3-1所示。

表3-1　装饰监理规划与装饰监理实施细则的依据性关系

监理文件	编制对象	编制人员	审批人	编制时间	作用	关联性
装饰监理规划	项目整体	总监理工程师主持专业监理工程师参加	监理单位技术负责人	监理委托合同签订并接收到设计文件后	指导开展监理工作的纲领性文件	① 均为构成项目监理系列文件的组成文件； ② 存在依据性关系； ③ 随着项目的进展均需要不断补充完善和修改； ④ 均为完成项目监理服务工作编制的文件
装饰监理实施细则	某一专业或某一方面的监理工作	各专业监理工程师	总监理工程师	相应工程施工开始前	针对某一专业或某一方面的监理工作开展的操作性文件	

2. 装饰监理实施细则的作用

(1)是开展装饰监理工作的技术依据

在装饰工程实施过程中，存在影响质量、进度与投资的诸多因素。为了防患于未然，装饰监理工程师必须依据相关的施工验收标准，对可能出现偏差的施工工序编制具体的监理工作措施，做到事前控制。

(2)规范施工行为，实现监理规划的目标

装饰工程的某一个工序可以有很多种做法，但标准做法只有一个，那就是国家标准做法，在实际施工过程中总会有这样那样不规范的做法，因此需要一个详细的监督实施方案，来规范各施工工艺，从而达到监理规划的目标。

(3)明确各专业的分工和职责，协调施工过程中的矛盾

针对装饰工程施工交叉工种多，施工顺序相互影响等特点，监理实施细则可考虑影响不同专业工种间的上述问题，就会使施工能够连续不间断地进行，减少停工、窝工等现象。

3. 装饰监理实施细则的内容

① 专业工程的特点。

② 监理工作的流程。

③ 监理工作的控制要点及目标值。

④ 监理工作的方法及措施。

在监理工作实施过程中，监理实施细则应根据实际情况进行补充、修改和完善。

3.3.2　建筑装饰工程监理实施细则的编制

1. 装饰监理实施细则的编制程序

装饰监理实施细则由总监理工程师组织相关专业监理工程师，针对装饰工程中某一专业或某一方面监理工作而编制的，并由总监理工程师审核通过后上报建设方。

2. 装饰监理实施细则的编制要求

对大中型或专业性较强的装饰工程项目，各专业监理工程师应编制监理实施细则。监理实施细则要符合建设工程监理规划的要求，并结合装饰工程的专业特点，做到详细具体，可操

作性强。对于小型或专业性较简单的装饰工程项目，可只编制较为详细的监理规划，不用编制监理实施细则。

3. 装饰监理实施细则的编制依据

① 某公共建筑装饰工程施工图纸；

② 某公共建筑装饰工程监理规划；

③《建筑装饰装修工程质量验收规范》(GB 50210—2001)；

④ 北京市《建筑安装工程资料管理规程》(DBJ01—51—2003)；

⑤《建筑装饰装修施工工艺标准手册》；

⑥《中华人民共和国建筑法》、《中华人民共和国质量管理条例》和《建设工程安全生产管理条例》等关于工程建设的法律、法规和规范；

⑦ 某公共建筑装饰工程施工组织设计及专项施工方案；

⑧ 其他装饰工程图集、标准、规范和规程等。

项目小结

监理大纲、监理规划与监理实施细则是监理方资料的核心部分，也是监理方工作的依据与指南，本项目训练学生根据不同角色，认真把握监理大纲、监理规划与监理实施细则的主要内容和作用，严格依据《建设工程监理规程》DBJ01—41—2002 及其配套专业规范规定的要求，具体初步编制监理大纲、监理规划与监理实施细则的能力。

项目评价

建筑装饰工程监理规划性文件评价表

姓名：			学号：		
组别：			组内分工：		
评价标准					
序号	具体指标	分值	组内自评分	组外互评分	教师点评分
1	监理大纲的科学性	20			
2	监理规划的适宜性	20			
3	监理规划的可行性	20			
4	监理实施细则的针对性	20			
5	监理实施细则的可行性	20			
6	合计	100			

项目练习

单选题

1. 监理规划是编制(　　)的依据。

A. 监理大纲　　B. 监理合同

C. 监理实施细则　　D. 监理投标书

2. 监理大纲必须由(　　)审核通过后，方可向建设单位呈递。

A. 总监理工程师　　B. 建设单位的总工程师

C. 总监理工程师代表　　D. 监理单位的总工程师

3. 监理实施细则的编制时间为(　　)。

A. 监理委托合同签订并接收到设计文件前

B. 监理委托合同签订并接收到设计文件后

C. 相应工程施工开始前

D. 相应工程施工开始后

4. 监理规划是(　　)考核的依据。

A. 监理项目部内部

B. 监理单位内部

C. 监理项目部外部

D. 监理单位外部

5. 监理实施细则由项目监理结构的专业监理工程师针对工程中的(　　)监理工作编制，并由总监理工程师批准实施的操作性文件。

A. 某一专业

B. 某一工序

C. 某一检验批

D. 某一分项工程

6. 下列文件中，由总监理工程师负责组织编制的是(　　)。

A. 监理细则

B. 监理规划

C. 监理大纲

D. 监理投标书

7. 关于建设工程监理规划编写的说法，正确的是(　　)。

A. 监理规划的编写必须满足业主的要求，且宜粗不宜细

B. 监理规划编写应留有审批时间，以便监理单位负责人对监理规划进行审批

C. 监理工作的组织、控制、方法、措施等是监理规划中必不可少的内容

D. 监理规划的内容应按监理投标阶段和监理合同实施阶段分别编制

8. 根据《建设工程监理规范》，总监理工程师不得委托给总监理工程师代表的职责是(　　)。

A. 审查和处理工程变更

B. 主持或参与工程质量事故的调查

C. 主持整理工程项目的监理资料

D. 审批工程延期

9. 根据《建设工程监理规范》，监理规划应(　　)。

A. 在签订委托监理合同后开始编制，并应在召开第一次工地会议前报送建设单位

B. 在签订委托监理合同后开始编制，并应在工程开工前报送建设单位

C. 在签订委托监理合同及收到设计文件后开始编制，并应在召开第一次工地会议前报送建设单位

D. 在签订委托监理合同及收到设计文件后开始编制，并应在工程开工前报送建设单位

10. 根据《建设工程监理规范》，工程项目质量控制的重点部位、关键工序应由(　　)协商后共同确认。

A. 建设单位与承包单位

B. 项目监理机构与承包单位

C. 建设单位与监理单位

D. 建设单位与项目监理机构

【参考答案】

1. C　2. D　3. C　4. B　5. A　6. B　7. C　8. D　9. C　10. B

知识补充

一、监理规划编制与审批制度

1. 目的

为了规范监理规划的编制与审批，保证监理规划编制质量，根据《建设工程监理规范》规定，特制定本制度。

2. 编制

2.1 监理规划在签订委托监理合同及收到设计文件后，在总监理工程师的主持下编制。

2.2 各专业监理工程师首先根据合同、监理大纲、工程建设强制性标准、设计文件、施工合同编制本专业的监理规划部分，交总监理工程师汇总。

2.3 监理规划的编制内容和格式应符合监理规范要求，内容应有针对性，做到控制目的明确、职责分工清晰、控制措施有效、工作程序合理，监理规划中要求包含安全监理方案内容。

2.4 监理规划经总监理工程师签字后，上报公司。

3. 审批

3.1 公司技术负责人组织有关业务部门进行审查，必要时邀请相关专业的技术专家参加。

3.2 工程管理部汇总审查意见，将审查意见反馈至项目监理部。

3.3 修改完毕后，报公司技术负责人审批。

3.4 在召开第一次工地会议前由总监理工程师将审批后的监理规划报送建设单位或业主。

3.5 当工程有较大变动时，项目总监理工程师应重新组织修改，并按原审批程序进行审批。

4. 效力

监理规划经公司技术负责人批准后，作为该项目监理部全面开展监理工作的指导性文件，不得随意改动。

二、监理实施细则编制与审批制度

1. 目的

为了规范工程项目监理实施细则的编制与审批，保证监理实施细则编制内容符合工程的专业实际情况，根据《建设工程监理规范》的规定，特制定本制度。

2. 编制范围

2.1 对中型及以上或专业性较强的工程项目和安全监理工作，监理部应编制监理实施细则。

3. 编制依据及要求

3.1 编制监理实施细则的依据必须正确，包括：已批准的监理规划；与专业工程相关的标准、设计文件和技术资料；施工组织设计等。

3.2 监理实施细则应符合监理规划的要求，并应结合工程项目的专业特点，做到详细具体、具有可操作性。

3.3 监理实施细则应涵盖以下内容：

① 专业工程的特点及工程的技术重点、难点；

② 监理工作的流程；

③ 监理工作的控制要点及目标值；

④ 监理工作的方法及措施。

3.4　监理实施细则应在相应工程施工开始前编制完成。

4. 编制与审批

4.1　监理实施细则由专业监理工程师编写，经总监理工程师批准。

4.2　在监理工作实施过程中，监理实施细则应根据实际情况进行补充、修改和完善。

5. 备案及保存

监理实施细则由项目监理部存档保管，并报公司备案。

项目4　建筑装饰工程质量控制

项目要点

建筑装饰工程质量控制是监理工作的目标控制之一，"百年大计、质量第一"是监理工作永恒的主题，因此质量控制是监理工作的重中之重。本项目以某公共建筑装饰工程质量控制的内涵为切入点，以掌握项目监理机构质量控制的实施与质量验收方法为主要任务，贯彻建筑装饰工程质量控制"以人为本"的指导思想。

任务1　了解建筑装饰工程质量控制的内涵

任务介绍

质量控制是丙监理公司项目部在进行监理工作中，日常的首要工作，通过本任务的训练，使学生了解某公共建筑装饰工程质量及质量控制的内涵。

任务目标

1. 知识目标

① 了解建筑装饰工程质量的内涵；

② 了解建筑装饰工程质量控制的内涵。

2. 能力目标

根据监理规划的要求，能理解建筑装饰工程质量及质量控制的内涵。

任务要求

学生分组组成的各监理项目部，由总监理工程师负责统筹安排，组织各专业监理工程师，协调工作，做到一人一岗，落实责任。可在课下上网搜索相关资料和翻阅工具书，课上各抒己见，深刻领会建筑装饰工程质量及质量控制的内涵。任务完成后，以小组为单位，交流学习成果，交流方式不限，提出学习中遇到的问题及其解决措施。

相关知识

4.1　建筑装饰工程质量与质量控制

4.1.1　建筑装饰工程质量

1. 建筑装饰工程质量定义

(1)质量定义

根据 GB/T 19000 - ISO 9000(2000)标准术语和定义，质量是指"一组固有特性满足要求的程度"。

(2)建筑装饰工程质量定义

建筑装饰工程质量是指工程满足业主需要的,且符合国家法律、法规、技术规范标准、设计文件及合同规定的综合要求。建筑装饰工程质量应具有艺术性、适用性、耐久性、安全性、可靠性、经济性、与环境系统性等要求。

2. 影响建筑装饰工程质量的因素

在众多因素中,人(Man)、机械(Machine)、材料(Material)、方法(Method)与环境(Environment),在现场简称为"人机料法环",即4M1E,是影响建筑装饰工程质量的主要因素。

(1)人员素质

人是建筑装饰工程的决策者、操作者,也是管理者,因此人员的素质,即人的文化水平、技术水平、决策能力、管理能力、组织能力、操作能力、控制能力、身体素质及职业道德水平都对建筑装饰工程质量产生重要影响。特别是监理人员,是建筑装饰工程质量的最后也是最重要的控制者,其素质的高低尤为举足轻重。我国建筑行业实行经营资质管理和各类专业从业人员持证上岗制度是保证人员素质的重要管理手段。

高职学生毕业后,初次就业的岗位是监理员岗位,这要经过培训考试,合格后取得证书,方可上岗工作。此考试严格按照统一的考试大纲执行。

当毕业生在监理岗位中工作七年以后,可以通过社会化评审参加工程师评审,通过后3年可以参加一年一度的全国监理工程师执业资格考试,通过"建设工程合同管理"、"建设工程质量、投资、进度控制"、"建设工程监理基本理论与相关法规"和"建设工程监理案例分析"四门考试,合格后取得"监理工程师执业资格证书",经注册后,即成为监理工程师,履行相关义务,享受相应权利。监理工程师还要接受继续教育,在每一注册有效期内(3年)应当达到国务院建设主管部门规定的继续教育要求。继续教育作为注册监理工程师逾期初始注册、延续注册和重新申请注册的条件之一。它分为必修课和选修课,在每一注册有效期内各为48学时。

以上的这些规定促进监理工程师与时俱进,知识更新,最终保证监理工程师的素质。

我国《建筑法》还规定,建筑工程责任终身制,以上措施是保证建筑装饰工程质量最重要的因素。

(2)机械设备

机械设备分两大类:一是指组成工程实体及配套的工艺设备和机具,如电梯、通风设备等,它们直接影响工程的使用质量;二是指施工过程中使用的机具设备,包括各种施工安全设施、各类测量仪器等,它们是施工质量的保证。

(3)工程材料

工程材料是指构成工程实体的各类建筑材料、构配件及半成品等,它们是建筑装饰工程的物质基础,因此工程材料是否正确选用、产品是否合格、材质是否经过检验、保管是否得当等,均会直接影响建筑装饰工程的质量。

(4)方法

方法是指工艺方法、操作方法及施工方案。在工程施工中,施工方案是否合理可行,施工工艺是否先进科学,施工操作是否正确得当,将会对建筑装饰工程质量产生重大影响。因此在施工过程中应不断推陈出新,尽量采用新技术、新工艺和新方法。

(5)环境条件

环境条件是指对工程质量特性起重要作用的因素,例如:工程技术环境、工程作业环境、工程管理环境、周边环境等。加强环境管理,改进作业条件,把握技术环境,辅以相关措施,是控制环境对建筑装饰工程质量的重要保证。

3. 建筑装饰工程质量的特点

一个建筑物就是一件艺术品,好坏取决于建筑装饰工程,建筑装饰工程的质量具有如下特点:

(1)影响因素多

影响建筑装饰工程质量的因素归纳起来为主观因素和客观因素,主观因素包括人员素质、施工方法、施工工艺、工期、工程造价等;客观因素包括天气等,如玻璃幕墙玻璃板块注胶要求温度在 15 ~ 30℃之间,相对湿度不宜低于 50%。

(2)质量波动大

由于建筑装饰工程施工时,如因材料规格使用错误、施工方法不当、操作未按规范进行、机械设备过度磨损或出现故障、设计计算有误等,同时由于人员素质不同,会导致工程质量容易产生波动且波动较大。

(3)隐蔽性较强

建筑装饰工程施工周期较长,交叉作业多,中间产品多、隐蔽工程多,因此质量存在隐蔽性。如在施工中不及时进行质量检查,完工后只能从表面上检查,很难发现质量问题,这无疑是一个质量隐患。

(4)终检的局限性

建筑装饰工程施工完毕后,不可能像其他产品那样仅仅依靠终检来判断其质量,或对不合格零件更换,建筑装饰工程的最终验收无法完全进行工程质量的检验,存在一定的局限性,因此监理工程师必须在施工过程中进行质量控制,将隐患控制在萌芽时,防患于未然。

(5)评价方法的特殊性

建筑装饰工程共有 10 个子分部工程,每一个子分部工程分成若干个分项工程,每一个分项工程又分成若干个检验批,检验批的质量是工程质量检验的基础,检验批质量合格与否取决于几个主控项目和几个一般项目的抽样检验结果。隐蔽工程在隐蔽前一定要检查合格后验收,并做好记录,涉及结构安全的试件以及相关材料,应按规定进行见证取样检测,涉及结构安全和使用功能的重要子分部工程要进行抽样检测。工程质量是在施工单位按合格质量标准自检合格的基础上,由监理工程师(或建设单位项目负责人)组织有关单位、人员进行检验确认验收是否合格。这充分体现了"验评分离、强化验收、完善手段、过程控制"的原则。

4.1.2 建筑装饰工程质量控制

1. 建筑装饰工程质量控制定义

建筑装饰工程质量控制是指为满足工程项目的质量要求,工程建设各参建方采取的一系列作业技术和管理活动。

监理工程师对工程质量的控制是其监理业务的主要内容,通常分为两个含义:

(1)质量检验

质量检验是指采用科学、合理的抽样检测手段对建筑装饰工程施工各阶段形成的质量进行检查,将检查获取的质量数据与规定的质量标准相比较,以此来判定质量的好坏程度。质量检验后，针对不合格的材料、半成品、成品及检验批工程等要求整改到位后再次报验，直至合格为止。质量检验方法有资料检查、外观检查和无损探测等。

（2）全面质量控制

全面质量控制是指为达到规定的建筑装饰工程质量标准而进行的系统控制。它突出防检结合，预防为主。全面质量控制的基本工作方法是P（plan）计划、D（do）实施、C（check）检查、A（action）处置四个程序循环。通过PDCA循环周而复始的动态管理，从而形成螺旋式上升趋势，不断提高质量。

2. 建筑装饰工程质量控制基本原理

（1）动态控制

建筑装饰工程质量系统的运行是一个动态过程，通过对质量数据的采集、质量目标比较、信息反馈、找偏、纠偏等周期性的循环过程来控制质量，并实现质量目标，具体如图4-1所示。

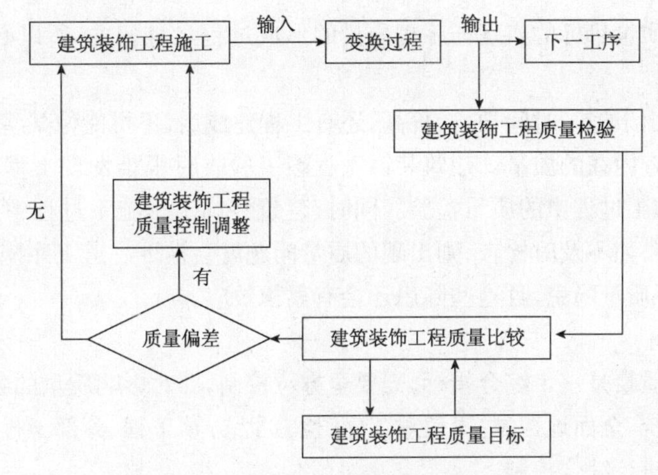

图4-1　建筑装饰工程质量动态控制图

在这个建筑装饰工程质量动态控制图中，输入是指建筑装饰工程各参建方、建筑装饰材料、施工机具、施工工艺、环境与资金；变换过程是指建筑装饰工程施工过程中实体与信息的变化过程；输出是指建筑装饰工程所实现的质量或质量信息；质量检验是指运用质量检测方法对已完工程质量进行评估；通过实际质量数据与质量目标进行比较，找出偏差，并分析其原因，采取纠偏措施。

建筑装饰工程质量的动态控制体现在两个方面。一是由于建筑装饰工程质量是一个较为庞大的系统工程，且质量影响因素多、波动大，因而偏差是经常存在的，需要不断地进行控制；二是建筑装饰工程在较长的施工阶段中，需持续地收集质量数据、检验实际质量与质量目标之间的偏差，找出原因，采取措施，最终达到质量目标。

（2）主动控制与被动控制相结合

建筑装饰工程质量控制的目的是达到质量目标，可分为主动控制与被动控制。

主动控制是指预先分析建筑装饰工程质量存在偏差的可能性和程度，找出原因，采取积极的预防措施，从而减少偏差。它是一种事前控制，主要根据已建同类工程实施情况的综合分析结果，结合本公共建筑装饰工程的具体情况和特点，将教训上升到经验，用以指导工程的实施，起到未雨绸缪的作用。

主动控制是面对未来的控制，它可以解决传统控制过程中存在的影响，尽可能地避免偏差，降低偏差发生的概率及严重性，因此是一种较为有效的质量控制方法。

被动控制是指从建筑装饰工程质量输出结果中发现偏差，并分析其原因，研究制定纠偏措施，从而减少偏差。它是一种事中和事后控制，其特点是如果实际值与目标值之间无偏差或所出现的偏差在允许范围内，可不采取措施，系统依旧运行，反之则采取纠偏措施。

被动控制是面对现实的控制，虽然目标偏差已成事实，但通过被动控制，仍然可以使建筑装饰工程质量恢复到计划状态，至少可减少偏差的严重性，起到亡羊补牢的作用，因此也是一种有效的质量控制方法，应予以足够的重视，努力提高其控制效率。

在建筑装饰工程质量控制的过程中，应综合考虑资金、工期、施工技术水平等因素的情况下，将主动控制与被动控制紧密结合起来，以此达到工程质量目标。

（3）全过程控制

建筑装饰工程质量目标的实现与工程质量的形成过程息息相关，所以必须对工程质量进行全过程控制。

建筑装饰工程由于施工时间长、造价高，还有工程建成后，不可能像某些工业产品那样，可以拆卸或解体来检查内在的质量。建筑装饰工程竣工验收时很难发现工程内在的、隐蔽的质量缺陷，必须加强施工过程中的质量检验。同时，建筑装饰工程施工过程中工序交叉多、中间产品多、隐蔽工程多，如不及时检查，则出现的质量问题就会被下一道工序掩盖，将不合格产品误认为合格品，留下质量隐患，且这些隐患还会有累积效应。

（4）全方位控制

建筑装饰工程质量是一个综合指标，需要全方位控制，即对影响质量的各因素和不同种类的质量特性进行系统、全面地控制，不仅对工序、检验批、分项工程、分部工程质量分别控制，又要从项目整体出发进行综合控制。

对建筑装饰工程质量进行全方位控制应从以下几个方面入手：

① 根据建筑装饰工程质量特性要求不同，需区别对待。我们先弄清工程质量特性的重要性等级，对于影响大的质量特性要重点进行检测和控制，采取有效的监理措施，保证质量满足要求。表4-1所示为工程质量特性的重要性等级。

表4-1　工程质量特性的重要性等级

质量特性的重要性等级	评定因素					
	对适应性影响	对安全性影响	对耐久性影响	对维修性影响	国家法规及标准对其要求的程度	返修可能造成的经济损失
A级（关键）	严重影响使用功能，或必然造成使用故障	容易造成安全事故或人身伤害事故	对耐久性有严重影响或需经常进行检修	不能返修或返修很困难	较严格（规范或标准中用词为“必须”或“严禁”的项目）	损失严重
B级（重要）	影响使用功能，或很可能产生使用故障	有可能造成安全事故或人身伤害事故	对耐久性有影响或短期使用即需返修和加固	返修困难	较严格（规范或标准中用词为“应”或“不应”的项目）	损失较大

续表

质量特性的重要性等级	评定因素					
	对适应性影响	对安全性影响	对耐久性影响	对维修性影响	国家法规及标准对其要求的程度	返修可能造成的经济损失
C级（较重要）	对使用功能有一定影响，用户使用感觉不便或使用一段时间就会发生故障	除特殊情况外，一般不大可能造成安全事故或人身伤害事故	对耐久性稍有影响	返修有一定困难	不够严格（规范或标准中用词为“宜”或“不宜”的项目）	有一定损失
D级（次要）	不会影响使用功能可能仅影响外形、美观等要求	不会造成安全事故或人身伤害事故	对耐久性基本无影响	返修容易	有一定放宽程度（规范或标准中用词为“应尽量”、“可”的项目）	损失较小

② 对影响建筑装饰工程质量目标的所有因素进行分析，合理建立质量控制点，特别是加强对质量保证体系的控制。影响建筑装饰工程质量目标的因素可分为人、机、料、法、环，如表4-2所示。

表4-2　影响建筑装饰工程质量目标的因素

影响质量目标的因素	内　　容
人（工作主体）	建筑装饰工程各参与方人员的素质及资质；人员的质量意识；领导者及其组织能力
机（工作手段）	施工机械的性能是否满足工程需要；机械的可操作性、完好性；机械的保养
料（工作对象）	原材料、产品、半成品、构配件的质量与设计图纸的相符性；材料的适应性；质量保证资料的齐全性
法（工作方法）	装饰施工方案的可行性；施工工艺的先进性、合理性；施工技术交底的落实；现场的施工操作
环（工作环境）	装饰工程技术环境；装饰工程管理环境；装饰工程工作环境

3. 建筑装饰工程质量控制的原则

工程质量控制是监理工程师在工程施工全过程中，依据施工图纸，坚持“规范、规定、严格要求，一丝不苟，实事求是，公正合理、热情服务”的原则，以分项工程为基础实行对人员、机械设备、原材料、施工工艺等方面进行全方位动态跟踪检查，做到有控管理，实现工程质量总目标。

工程质量控制的具体原则：

① 以施工图纸、施工验收规范、规程、工程质量验评标准为依据，督促承包单位全面实现施工合同中约定的质量目标。

② 对工程项目施工全过程实施质量控制，并以预控为重点。

③ 对工程项目的“人、机、料、法、环”等因素进行全面的质量控制，监督承包单位的质量管理体系、技术管理体系和质量保证体系落实到位，并正常发挥作用。

④ 严格要求承包单位执行材料试验、设备检验及施工试验制度。

⑤ 坚持不合格的建筑材料、构配件和设备不准使用于工程。

⑥ 坚持本工序质量不合格或未进行验收不予签认,下一道工序不得施工。

⑦ 以工序质量保证分项工程质量;以分项工程质量保证分部工程质量;以分部工程质量保证单位工程质量。

任务2　掌握项目监理机构质量控制内容

任务介绍

通过本任务的实训,结合某公共建筑装饰工程实际情况,掌握质量控制的内容。

任务目标

1. 知识目标

① 了解建筑装饰工程质量控制的依据;

② 熟悉建筑装饰工程质量控制的措施;

③ 掌握建筑装饰工程质量控制的内容与程序。

2. 能力目标

根据监理实施细则的要求,掌握建筑装饰工程质量控制的内容与程序。

任务要求:学生分组组成的各监理项目部,由总监理工程师负责统筹安排,组织各专业监理工程师,协调工作,做到一人一岗,落实责任。可在课下上网搜索相关资料和翻阅工具书,课上各抒己见,掌握建筑装饰工程质量控制的内容与程序。任务完成后,以小组为单位,展示学习成果,展示方式不限,提出学习中遇到的问题及其解决措施。

相关知识

4.2　建筑装饰工程质量控制

4.2.1　建筑装饰工程质量控制的依据

1. 合同文件

建筑装饰工程施工合同文件和委托监理合同文件中分别规定了参建各方在质量控制方面的权利与义务,有关各方必须履行在合同中的承诺。对于监理方,既要履行委托监理合同的条款,又要督促建设方、监督承包方、设计方履行相关的质量控制条款。

2. 设计文件

"照图施工"是建筑装饰工程施工阶段质量控制的一项重要原则。所以,经批准的设计图纸和技术说明书等设计文件,是质量控制的重要依据。同时在施工前,监理方负责组织相关参建单位进行图纸会审,并参加由建设方组织的设计交底。

图纸会审的目的有二:其一是使各参建方熟悉图纸,了解工程特点和设计意图,找出需要解决的技术难题,制定解决方案;二是解决图纸存在的问题,减少图纸中的差错,将图纸中的质量隐患消灭在萌芽阶段。

设计交底的目的是对施工方及监理方正确贯彻设计意图,使其加深对设计文件特点、难点、疑点的理解,掌握关键部位的质量要求,确保工程质量。

3. 国家及政府有关部门颁布的质量管理方面的法律、法规性文件

①《中华人民共和国建筑法》(1997年11月1日中华人民共和国主席令第91号发布)；

②《中华人民共和国合同法》(1999年3月15日第九届全国人民代表大会第二次会议通过)；

③《中华人民共和国招标投标法》(1999年8月30日中华人民共和国主席令第21号发布)；

④《建设工程质量管理条例》(2000年1月30日中华人民共和国国务院令第279号发布)；

⑤《建设工程安全生产管理条例》(2003年11月24日中华人民共和国国务院令第393号发布)；

此外，还有其他行业的政府主管部门和省、市、自治区的相关部门根据建筑装饰行业及地方特点，制定和颁发了法规性文件。

4. 有关质量检验与控制的专门性技术法规性文件

这一类包括相关的标准、规范、规程或规定。

其中技术标准包括国家标准、行业标准、地方标准和企业标准。它们是建立和维护正常的生产和工作秩序应遵守的准则，也是衡量工程、设备和材料质量的尺度。比如：装饰工程质量检验及验收标准；装饰材料、半成品或构配件的技术检验和验收标准等。

技术规程或规范是执行技术标准，保证施工有序地进行，为有关人员制定的行动的准则，它常与质量的形成有密切关系，应严格遵守。

各种相关质量方面的规定是由有关主管部门根据需要而发布的带有方针性的文件。它对于保证标准和规程、规范的实施和改善实际存在的问题，具有指令性和及时性的特点。

5. 监理单位质量体系文件

监理单位质量体系文件是指监理单位自身质量控制体系中，对工作质量的规定和要求的相关文件。例如，监理规划、监理实施细则等。

4.2.2　建筑装饰工程质量控制的措施

质量控制主要采用"预控、程控、终控"的阶段控制方法，在实施质量控制时首先抓"预控"、实现"预防为主"。在施工全过程中实施全过程的质量控制。以施工及验收规范、工程验评标准为依据，督促承包单位全面实现工程项目合同约定的质量目标。在工程完工后，实施"终控"，系统地查阅质检报表和抽检结果，检查签证，对有疑点或漏检部位的复检和补检进行控制。

1. 质量控制以事前控制为主(预控)

① 审核投标单位资质，协助发包人组织参加招投标工作，控制不够资质的施工单位，使其不得进入施工现场。

② 审核签发施工必需的设计文件、技术标准、规程规范等质量文件和工程图纸，并组织设计交底。

③ 审核承包单位的质量保证体系；审查分包单位的资质；审查施工人员资质；审查各类人员情况是否与投标书一致。

④ 审查批准施工承包单位提交的施工方案、施工组织设计及保证施工质量的技术措施。

⑤ 组织向施工承包单位现场移交有关测量网点；审查施工承包单位提交的测量实施报告；审查施工现场布设的平面、高程控制调整；请有资质的测量单位进行复测抽检。

⑥ 检查施工承包单位的试验室或委托试验室的资格和计量认证文件。未经认证的试验室，不能承担试验任务。

⑦ 审查施工承包单位提出的材料配合比试验、工艺试验,确定各项施工参数的试验及其各项试验的质量保证措施。

⑧ 审查进场材料的质量证明文件及施工承包单位规定进行复检的结果,必要时监理单位进行抽检试验。不符合合同及国家有关规定的材料及半成品不得使用,且应限期清理出场。

⑨ 审查施工承包商进场的机械的型号、配套和数量,是否与投标书中的一致以及设备完好率,以尽可能避免施工机械设备对工程质量的影响。

⑩ 审查施工承包单位采购的永久设备(如电梯)是否符合设计规定,并参加设备出厂验收及设备到货后的开箱检验。

⑪ 检查施工前的其他准备工作是否完备,避免可能影响施工质量问题的发生。

⑫ 严格督促检查施工承包单位的质量保证体系的落实,并坚决实行"三检制"。即班组初检、工队复检、项目部终检,并按规定的格式做好记录,填好初检、复检、终检表格。

2. 施工过程中的质量控制(程控)

① 对施工全过程进行全面监控,及时纠正违规操作,消除质量隐患,跟踪质量问题,验证纠正效果。检查监督施工承包单位严格按照审批的设计图纸放样和施工,按规程规范施工,对影响工程施工质量的潜在因素,进行控制和管理。采取必要的检查、量测、观察、试验等手段来验证施工质量。

② 检查监督施工承包单位严格执行上道工序不经检查签证不得进行下道工序。严格检查"三检制"的记录和表格,并例行抽检抽测。

③ 检查督促施工承包单位严格按照审批的施工组织设计和施工技术设计提出的施工方法和施工工艺进行施工。

④ 以检验批为基础,严格控制分项及分部工程的质量验收,这是控制工程质量的重点、中心、基础。

⑤ 对施工的全过程进行质量跟踪检查监督,隐蔽工程、关键部位、重要工序采取"旁站监理"的方式,对可能影响质量的问题及时指令施工承包单位采取补救措施。

⑥ 做好监理日志,随时记录施工中有关质量方面的问题,并对发生质量问题的现场及时拍照或录像。

⑦ 发现问题后,及时发出有关施工的"施工单位违规警告通知单",对于严重问题,发布"工程暂停指令单"和"工程返工指令单"。因质量事故和缺陷问题而停工的项目,必须待产生事故或问题的原因已经查清,事故或问题已经处理,预防产生事故或问题的措施已经落实,事故的责任者已追究后,监理单位才可以发布复工令。

⑧ 组织并主持定期或不定期的质量分析会,通报施工质量情况,协调有关单位间的施工活动,以消除影响质量的各种外部干扰因素。

⑨ 检查施工单位所用的原材料、工序施工过程及施工工地设置试验室,并制定监督试验计划,对有疑点的部分,通知试验室进行抽检和核验,严格执行现场有见证取样制度。

3. 工程总体质量控制阶段(终控)

① 审查施工承包单位提交的竣工报告及附件,全面系统地查阅有关质量方面的测量资料、质检报表和抽检成果,检查签证,对有疑点的部位进行复检和补检。

② 检查施工单位的施工质量自检成果手续是否齐全,标准是否统一,数据是否有误,以及审查质量等级评定结果是否符合规定。

③ 按规定组织和主持分部工程验收，协助发包人组织单位工程的验收。对隐蔽工程、关键部位、重要工序，必要时组织预控验收。

④ 项目的竣（交）工验收，由发包人单位组织和主持，监理单位协助工作。

⑤ 协助发包人编写合同项目的竣工验收报告以及重要阶段验收报告。

⑥ 检查督促施工承包单位整理保存签证验收项目的质量文件。所有验收、签收资料，在合同项目整体验收后，按档案要求整理后移交给发包人单位。

⑦ 对验收工程项目按规定标准作出质量评定。

⑧ 编写竣工工程质量评估报告，作为“监理工作报告”的一部分。

4. 质量保证期的质量控制工作及其控制措施

① 工程项目验收中，提出的质量缺陷或问题以及需要加强监测的部位，监理单位应指令缺陷责任单位负责处理和承担监测工作的单位开展工作。

② 审查批准缺陷处理方案，并报发包人单位备案。

③ 检查督促施工承包单位按期完成缺陷处理工作，定期检查分析监测资料，审查承包单位提出的补强加固意见，报发包人单位批准。

④ 协助发包人组织和主持保修期满的验收，并签发《单位工程保修期终止证明书》。

⑤ 对施工承包单位提交的质量事故报告进行审查，对重大质量事故协助发包人进行调查，提出处理意见，并监督质量事故的处理。

⑥ 建立健全自身的质量控制组织机构，明确组织机构中质量控制方面的职责，负责质量控制工作。

⑦ 采用数理统计的方法对工程质量进行经常性分析，并反映在工程监理月报中。对工程质量事故应及时报发包人单位。

4.2.3　建筑装饰工程质量控制检测

为了控制工程质量达到合同规定的目标，结合本工程特点，现场监理工程师采用如下方法和手段加强工程质量的抽查、检测和确认：

① 工程开工前要求承建单位对用于本工程的测量仪器、试验设备进行校准、检定和测试。对于由发包人提供的测量基准点，要求承建单位进行复核后才能使用，复核有疑异的基准点，应会同监理工程师进一步复测核准，施工放样要报验批准认证。

② 检查承建单位用于本工程的原材料、成品、半成品的出厂合格证及材质证明，按有关标准进行检查验收，必要时监理部要对其进行抽查试验，做出评价，批准在相应的工程部位上使用。

③ 每个工序开工前和完工后的测量，都必须经过监理工程师的抽查、复测并签字认可，作为该项工程计量结算的依据。

④ 有关各分项工程项目施工质量控制标准、监理实施细则，待监理工程师进场后，依据相关规范、设计文件、施工合同以及监理合同等文件的规定编报项目法人审定后实施。

⑤ 检测检验计划：

监理过程中，按照规程规范规定的项目、频率对原材料、半成品、成品等实施见证检验与平行检验。现场配备必要的测量、试验取样设备仪器，对建筑物几何尺寸、施工部位现场测量，原材料、半成品检验采取现场取样。

本工程委托试验单位为 XXXX 检测有限公司。

其他原材料检验采用跟踪检验,如对原材料心存怀疑,则采取平行检验,检验数量根据实际情况测算。非常规试验检测项目如采取平行检验,根据工程项目建设需要,报经发包人批准后实施。

4.2.4 建筑装饰工程施工图纸的监督

一个完美建筑装饰工程的实现,必须在精确的施工图纸的指导下才能得以实现,建筑装饰工程施工图纸是在原主体结构设计图纸的基础上的深化设计,它是施工与监理的指导和指南,应经过原设计单位的签字认可,方可投入使用。

在工程开工前,对建设单位提供的有关各种图纸等资料,经过监理工程师审查、签字同意后,方能进行施工。

4.2.5 建筑装饰工程质量控制的内容

① 审查设计/施工图纸,组织各专业监理人员熟悉图纸,掌握关键部位,参与设计交底工作,进行现场交验并验收承包人施工放样,审查承包人提交的复测结果。

② 对施工组织设计或技术方案,按照保证质量、确保工期和降低成本的原则,提出审查意见并及时通知承包人,并向业主提出书面报告;如果由于拟提出的建议会提高工程造价、延长工期,应当事先取得业主的同意。

③ 控制关键工序施工力量的投入,要求承包人按合理工序及合理的工艺流程组织施工,监督和检查承包人建立健全质量保证体系。

④ 在开工前和施工过程中,检查用于工程的材料、设备,检查承包商的质量控制自检方法,批复施工技术和标准试验,必要时做对比试验,对于不符合合同要求的材料,有权拒绝使用,通知承包人停止使用或更换;对于永久性工程,在材料隐蔽部分覆盖之前,进行检查和计量;控制重要外购成品件或半成品件的质量。

⑤ 签发合同项目开工令及各分部工程开工通知。

⑥ 对于不符合规范和质量标准的工序、分部工程和不安全的施工作业,有权通知承包人暂时停止整个工程或任何部分工程的施工,进行整改或返工,承包人整改合格,经业主审核同意后签发复工令。

⑦ 对承包人的检验、测试工作进行全面监理;有权利用承包人或自备的测试仪器设备,对工程质量进行检验,凭数据对工程质量进行监理。

⑧ 按施工程序旁站,对每道工序、每个部位进行质量检查和现场监督,对重要工程跟班检查,对质量符合施工合同规定的部分和全部工程予以签认;对不符合质量要求的工程,有权要求承包人返工或采取其他补救措施,以达到合同规定的技术要求。

⑨ 审查并在得到业主确认后批准承包人拟定的工程施工方案及主要施工工艺;检查施工方法,审批特殊技术处理措施和特殊施工工艺。

⑩ 审核竣工验收申请报告,向业主转报并提交相关报告,签发竣工证书及工程缺陷责任终止证书;参加业主组织的竣工验收工作;配合业主的工程接收工作。

⑪ 调查、处理工程质量缺陷和事故,与设计单位、承包人一起提出改进措施和方法,出现重大质量事故时,督促承包人采取有关措施以避免损失或破坏进一步扩大,并监督承包人按规定上报业主及有关部门。

⑫ 督促承包人认真执行缺陷责任期的工作计划,对已竣工工程中出现的缺陷、病害调查其原因并确定相应责任,指示承包人寻找某项缺陷或对项目监理认为可能有缺陷的任何工程部分进行剥露和试验。

4.2.6　建筑装饰工程质量控制的程序

1. 施工准备阶段监理质量控制程序图(图4-2)

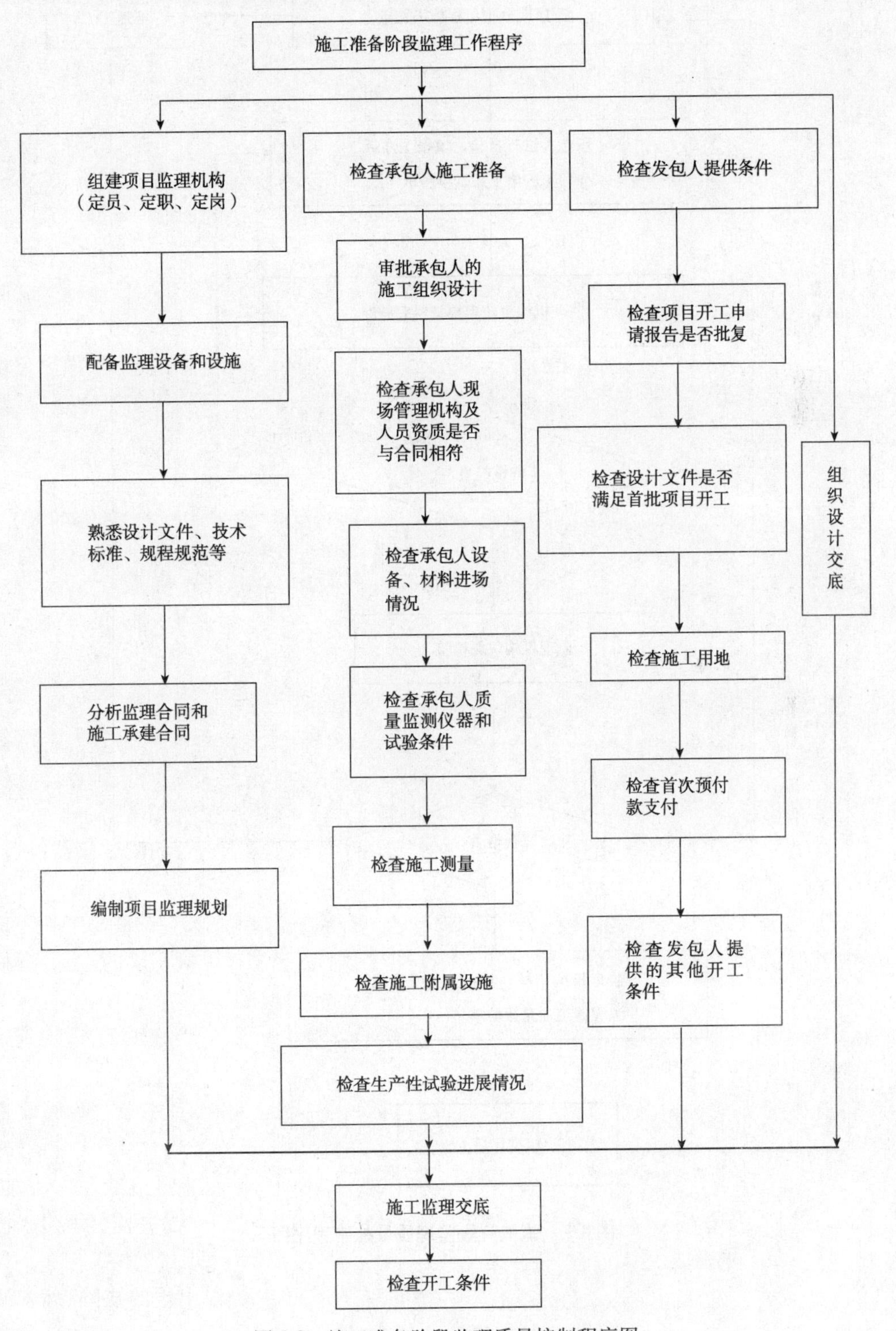

图4-2　施工准备阶段监理质量控制程序图

2. 施工阶段(工序或分项工程)质量控制工作程序图(图4-3)

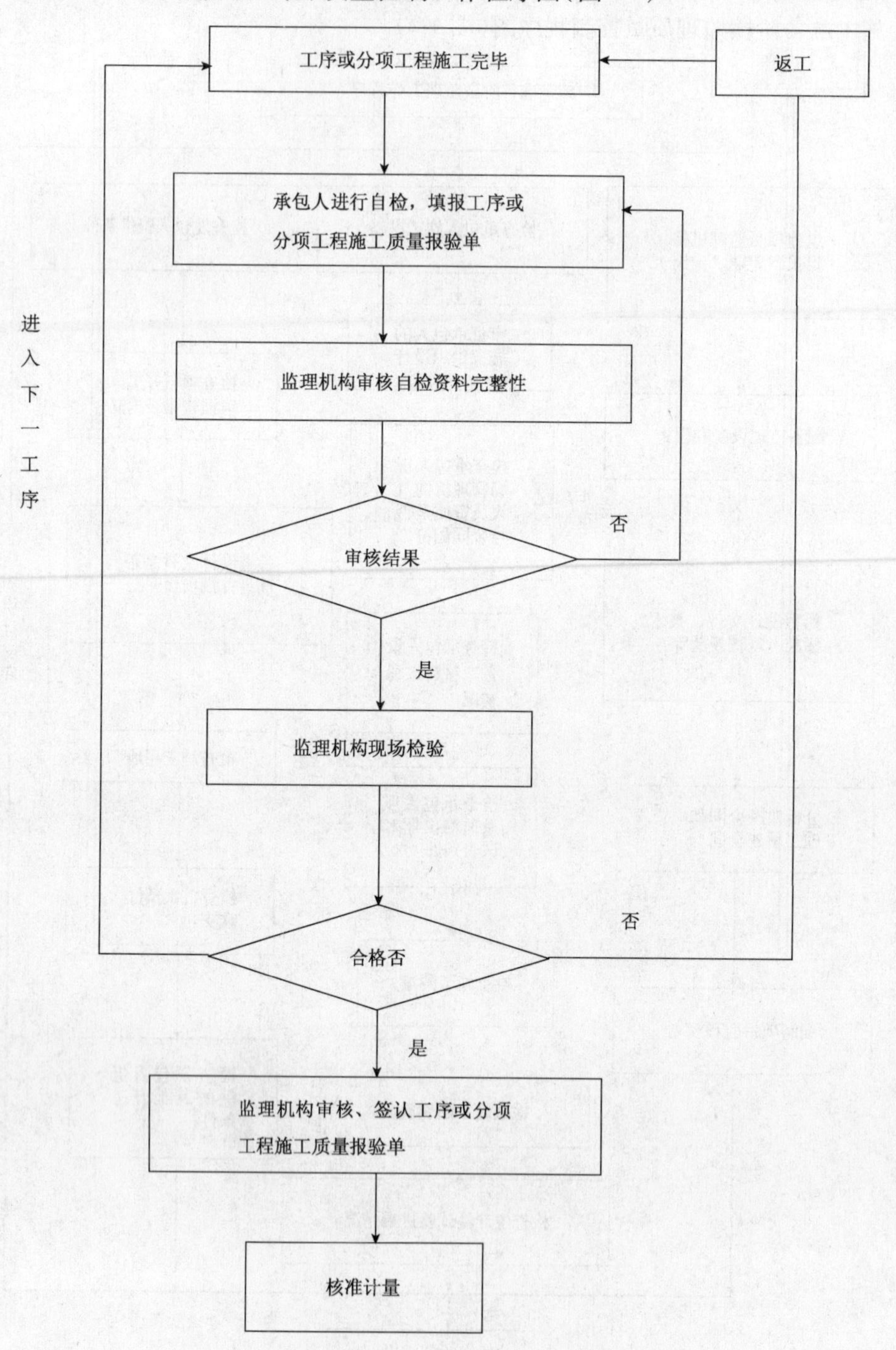

图4-3　施工阶段监理质量控制程序图

3. 原材料及设备质量签认程序图（图4-4）

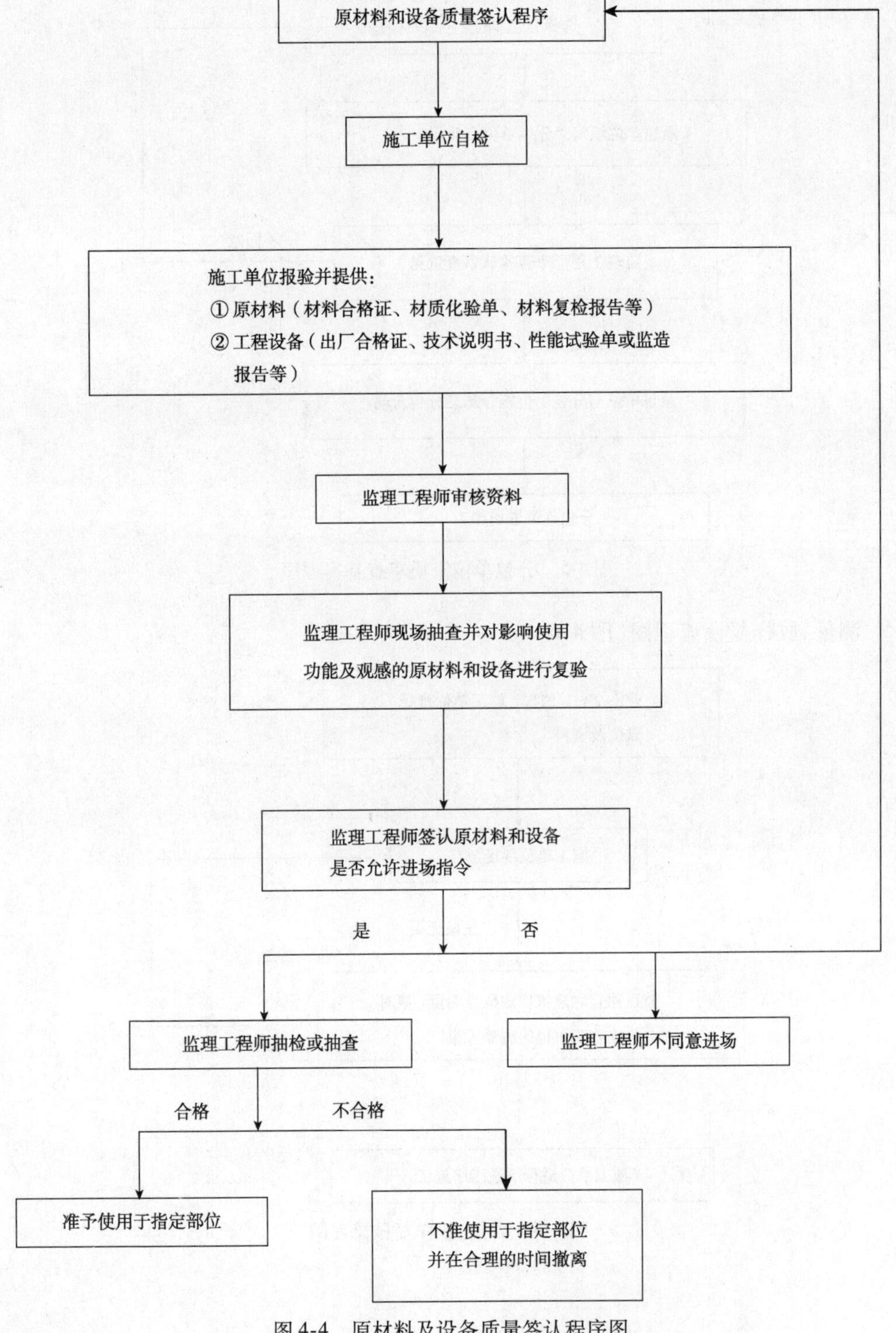

图4-4　原材料及设备质量签认程序图

4. 分包单位资质审查基本程序(图 4-5)

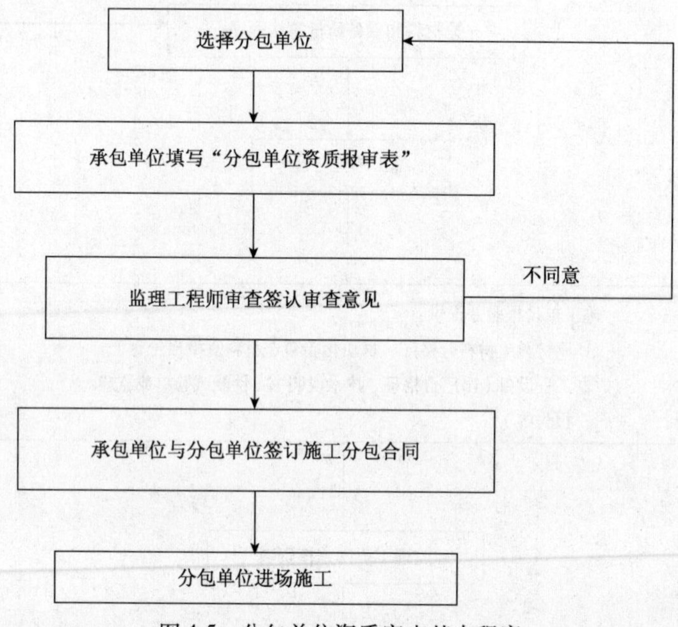

图 4-5　分包单位资质审查基本程序

5. 测量、放样复核流程图(图 4-6)

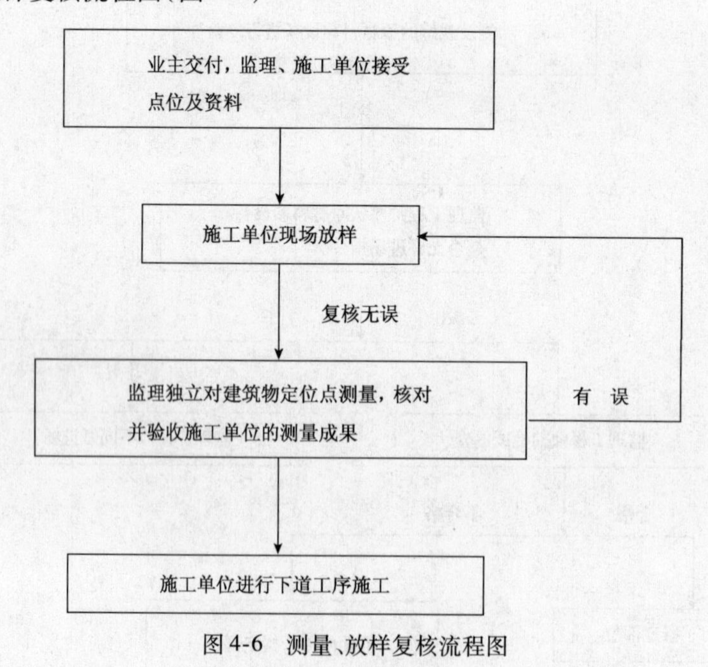

图 4-6　测量、放样复核流程图

6. 工程质量事故处理程序(图4-7)

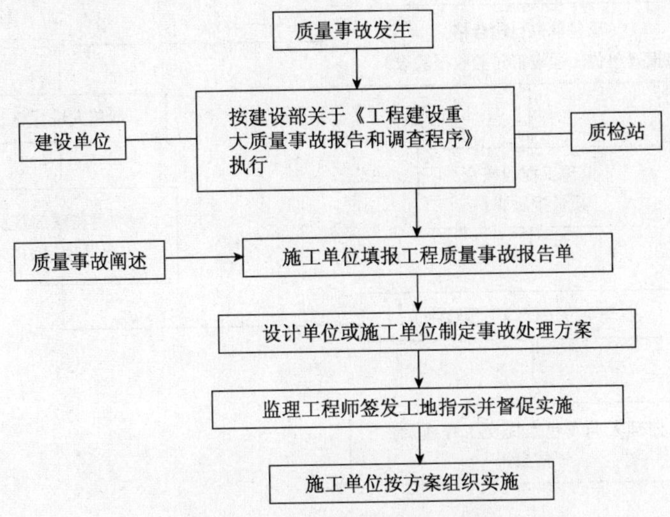

图4-7　工程质量事故处理程序

7. 分部工程签认基本程序(图4-8)

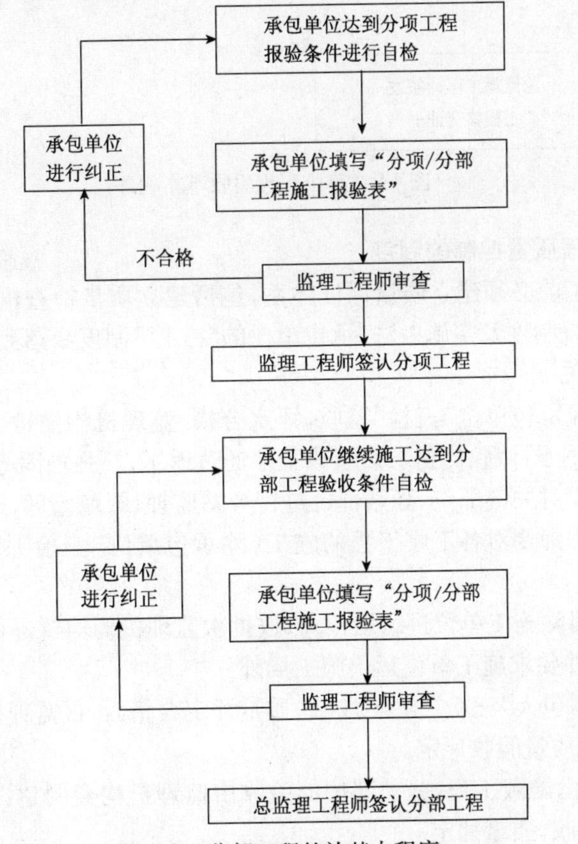

图4-8　分部工程签认基本程序

8. 单位工程验收基本程序(图 4-9)

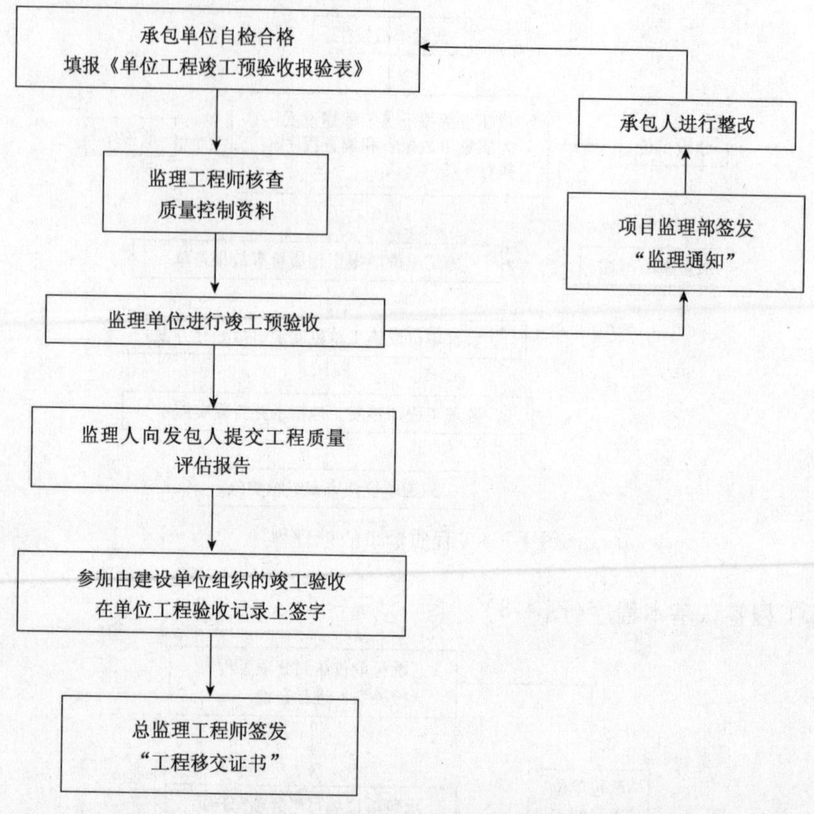

图 4-9　单位工程验收基本程序

4.2.7　建筑装饰工程质量控制的制度

① 承包单位开工前必须建立质量保证体系,包括建立质量检查机构,配备有资质的质检人员,并制定质量检查制度及实施办法,承包单位的“三检”制度要落到实处,每检都要切实负起责任来,严把质量关。

② 每个工序未经承包单位“三检”验收、评定合格,监理机构抽检、签证通过,不得进行下一工序步施工,并且不予计量、支付。直至该工序通过返工,补强加固等措施合格为止。

③ 监理工程师要对关键部位、隐蔽部位进行旁站监理,跟踪监理,严把质量关。

④ 现场监理工程师要对各工序工程的施工(除承包单位“三检”外)进行必要的、严格的抽检。

⑤ 各种进场材料除施工单位进行复检外,按批次监理机构均要进行抽检。不合格原材料决不允许用于工程,并要求施工单位运出施工场外。

⑥ 工序验收经承包人“三检”检查、验收,质量评定合格后,报监理机构,经抽检合格,监理签证即完成分项工程质量验收评定。

⑦ 重要分项工程、隐蔽工程、关键部位的验收由监理机构会同建设单位、设计单位、施工单位共同进行检查验收,质量评定。

⑧ 分部的验收由建设单位、监理单位、设计单位、施工单位、质监单位、工程运行管理单位共同进行质量检查、验收和评定。

任务3　掌握项目监理机构质量验收方法

任务介绍

通过本任务的实训,结合某公共建筑装饰工程实际情况,掌握质量控制验收的方法。

任务目标

1. 知识目标

① 了解建筑装饰工程质量验收的要求;

② 熟悉建筑装饰工程质量验收的划分;

③ 掌握理解建筑装饰工程质量验收的程序及合格标准。

> **重要提示:**
>
> 熟悉工程质量验收的定义、验收的层次的划分、验收程序和组织、工程质量控制的基本程序、内容和方法是北京市建筑工程监理员(工民建)培训考核大纲的要求。

2. 能力目标

根据监理实施细则的要求,掌握建筑装饰工程质量控制的内容。

任务要求

学生分组组成的各监理项目部,由总监理工程师负责统筹安排,组织各专业监理工程师,协调工作,做到一人一岗,落实责任。可在课下上网搜索相关资料和翻阅工具书,课上各抒己见,掌握某公共建筑装饰工程质量验收的方法。任务完成后,以小组为单位,展示学习成果,展示方式不限,提出学习中遇到的问题及其解决措施。

相关知识

4.3　建筑装饰工程施工质量验收

4.3.1　建筑装饰工程施工质量验收的要求

建筑工程质量验收包括工程施工质量的中间验收和工程的竣工验收两个方面。通过对工程的验收,从过程控制和终端把关两个方面进行工程质量控制,确保达到业主所要求的功能及使用价值,实现建设投资的经济效益和社会效益。由于装饰装修工程具有施工周期长、工序交叉复杂、影响因素多、成本高等特点,因此要加强验收环节的重要性。

1. 建筑装饰工程施工质量验收的一般要求

① 建筑装饰工程施工质量应符合《建筑工程施工质量验收统一标准》(GB 50300—2001)和《建筑装饰装修工程质量验收规范》(GB 50210—2001)。

② 建筑装饰工程施工质量应符合原主体结构设计文件和装修深化设计文件的要求,还应符合各级政府和建设行政主管部门颁发的有关质量的规定以及施工合同中的相关质量要求。

③ 参加建筑装饰工程施工质量验收的各方人员应具备规定的执业资格和较强的实践经验。

④ 建筑装饰工程施工质量验收应在施工单位自检合格后,由建设单位组织设计单位、施工单位、监理单位进行竣工验收。

⑤ 隐蔽工程在隐蔽前应由施工单位通知有关单位进行验收,并应形成验收文件。

⑥ 涉及结构安全的装修材料,应按规定进行见证取样检测。见证取样检测即试样的获取需在监理单位的见证人员的见证下,由施工单位的试验人员在现场或实体上采集,共同送达国家认可的有相应资质的试验检测单位。

2. 建筑装饰工程施工质量验收的基本规定

(1)有关设计方面的规定

① 建筑装饰装修工程必须进行设计,并出具完整的施工图设计文件。

重要提示:
此条为强制性条文,教师在任务分析时应重点强调。

② 承担建筑装饰装修工程设计的单位应具有相应资质,并应建立质量管理体系。由于设计原因造成的质量问题应由设计单位负责。

③ 建筑装饰装修设计应符合城市规划、消防、环保、节能等有关规定。

④ 承担建筑装饰装修工程设计的单位应对建筑物进行必要的了解和实地勘察,设计深度与满足施工要求。

⑤ 建筑装饰装修工程设计必须保证建筑物的结构安全和主要使用功能。当涉及主体和承重结构改动或增加荷载时,必须由原结构设计单位或具备相应资质的设计单位核查有关原始资料,对既有建筑结构的安全性进行核验、确认。

重要提示:
此条为强制性条文,教师在任务分析时应重点强调。

⑥ 建筑装饰装修工程的防火、防雷和抗震设计应符合现行国家标准的规定。

⑦ 当墙体或吊顶内的管线可能产生冰冻或结露时,应进行防冻或防结露设计。

(2)有关材料方面的规定

① 建筑装饰装修工程所用材料的品种、规格和质量应符合设计要求和国家现行标准的规定。当设计无要求时应符合国家现行标准的规定。严禁使用国家明令淘汰的材料。

② 建筑装饰装修工程所用材料的燃烧性能应符合现行国家标准《建筑内部装修设计防火规范》(GB 50222—1995)、《建筑设计防火规范》(GB 50016—2006)和《高层民用建筑设计防火规范》(GB 50045—1995)的规定。

③ 建筑装饰装修工程所用材料应符合国家有关建筑装饰装修材料有害物质限量标准的规定。

重要提示:
此条为强制性条文,教师在任务分析时应重点强调。

④ 所有材料进场时应对品种、规格、外观和尺寸进行验收。材料包装应完好,应有产品合格证书、中文说明书及相关性能的检测报告;进口产品应按规定进行商品检验。

⑤ 进场后需要进行复验的材料种类及项目应符合《建筑装饰装修工程质量验收规范》(GB 50210—2001)的规定。同一厂家生产的同一品种、同一类型的进场材料应至少抽取一组样品进行复验，当合同另有约定时应按合同执行。

⑥ 当国家规定或合同约定应对材料进行见证检测时，或对材料的质量发生争议时，应进行见证检测。

⑦ 承担建筑装饰装修材料检测的单位应具备相应的资质，并应建立质量管理体系。

⑧ 建筑装饰装修工程所使用的材料在运输、储存和施工过程中，必须采取有效措施防止损坏、变质和污染环境。

⑨ 建筑装饰装修工程所使用的材料应按设计要求进行防火、防腐和防虫处理。

重要提示：
此条为强制性条文，教师在任务分析时应重点强调。

⑩ 现场配制的材料如砂浆、胶粘剂等，应按设计要求或产品说明书配制。

(3)有关施工方面的规定

① 承担建筑装饰装修工程施工的单位应具备相应的资质，并建立质量管理体系。施工单位应编制施工组织设计并应经过审查批准。施工单位应按有关的施工工艺标准或经审定的施工技术方案施工，并应对施工全过程实行质量控制。

② 承担建筑装饰装修工程施工的人员应有相应岗位的资格证书。

③ 建筑装饰装修工程的施工质量应符合设计要求和本规范的规定，由于违反设计文件和本规范的规定施工造成的质量问题应由施工单位负责。

④ 建筑装饰装修工程施工中，严禁违反设计文件擅自改动建筑主体、承重结构或主要使用功能；严禁未经设计确认和有关部门批准擅自拆改水、暖、电、燃气、通信等配套设施。

重要提示：
此条为强制性条文，教师在任务分析时应重点强调。

⑤ 施工单位应遵守有关环境保护的法律法规，并应采取有效措施控制施工现场的各种粉尘、废气、废弃物、噪声、振动等对周围环境造成的污染和危害。

重要提示：
此条为强制性条文，教师在任务分析时应重点强调。

⑥ 施工单位应遵守有关施工安全、劳动保护、防火和防毒的法律法规，应建立相应的管理制度，并应配备必要的设备、器具和标识。

⑦ 建筑装饰装修工程应在基体或基层的质量验收合格后施工。对既有建筑进行装饰装修前，应对基层进行处理并达到本规范的要求。

⑧ 建筑装饰装修工程施工前应有主要材料的样板或做样板间(件)，并应经有关各方确认。

⑨ 墙面采用保温材料的建筑装饰装修工程，所用保温材料的类型、品种、规格及施工工艺应符合设计要求。

⑩ 管道、设备等的安装及调试应在建筑装饰装修工程施工前完成，当必须同步进行时，应

在饰面层施工前完成。装饰装修工程不得影响管道、设备等的使用和维修。涉及燃气管道的建筑装饰装修工程必须符合有关安全管理的规定。

⑪ 建筑装饰装修工程的电器安装应符合设计要求和国家现行标准的规定。严禁不经穿管直接埋设电线。

⑫ 室内外装饰装修工程施工的环境条件应满足施工工艺的要求。施工环境温度不应低于5℃。当必须在低于5℃气温下施工时,应采取保证工程质量的有效措施。

⑬ 建筑装饰装修工程施工过程中应做好半成品、成品的保护,防止污染和损坏。

⑭ 建筑装饰装修工程验收前应将施工现场清理干净。

3. 装饰装修工程质量验收的内容

① 建筑装饰装修分部工程由总承包单位施工时,按分部工程验收;由分包单位施工时,分包单位应将工程的有关资料移交总包单位。

② 当建筑工程只有装饰装修分部工程时,该工程应作为单位工程验收。

4.3.2 装饰工程质量验收的划分

1. 分部(子分部)工程、分项工程、检验批的划分

为便于进行工程质量控制,人们把较为庞大的工程按照不同专业、不同层次进行划分。

凡独立设计、独立施工,建成后能独立完成使用功能的建筑物称之为单位工程。例如本书中提及的公共建筑物。如单位工程的建筑规模较大,可按照其形成独立使用功能的部分分为若干个子单位工程。

《建筑工程施工质量验收统一标准》(GB 50300—2001)将一个单位工程按照建筑部位及专业性质分为9个分部工程:地基与基础、主体结构、建筑装饰装修、建筑屋面、建筑给水排水及采暖、建筑电气、智能建筑、通风与空调、电梯。

建筑装饰装修这个分部工程按照施工特点、施工程序、专业系统又划分为地面、抹灰、门窗、吊顶、轻质隔墙、饰面砖(板)、幕墙、涂饰、裱糊与软包、细部十个子分部工程。

一个分部工程可按照施工程序、材料、工种划分为若干个分项工程,如表4-3所示。分项工程的划分,实际上是检验批的部分。一个分项工程可以划分为几个检验批分别进行验收,检验批验收完毕,该分项工程亦验收完毕。检验批的划分应根据工程具体情况和采用的施工工艺等来划分,应在施工组织设计中明确,使检验批的划分和验收更加规范化、科学化、可行性强。

表4-3 建筑装饰装修工程质量验收的划分

分部工程	子分部工程	分项工程
建筑装饰装修	地面	整体面层:基层,水泥混凝土面层,水泥砂浆面层,水磨石面层,防油渗面层,水泥钢(铁)屑面层,不发火(防爆的)面层 板块面层:基层,砖面层(陶瓷锦砖、缸砖、陶瓷地砖和水泥花砖面层),大理石面层和花岗石面层,预制板块面层(预制水泥混凝土、水磨石板块面层),料石面层(条石、块石面层),塑料板面层,活动地板面层,地毯面层 木竹面层:基层,实木地板面层(条材、块材面层),实木复合地板面层(条材、块材面层),中密度(强化)复合地板面层(条材面层),竹木板面层

续表

分部工程	子分部工程	分项工程
建筑装饰装修	抹灰	一般抹灰,装饰抹灰,清水砌体勾缝
	门窗	木门窗制作与安装,金属门窗安装,塑料门窗安装,特种门安装,门窗玻璃安装
	吊顶	暗龙骨吊顶,明龙骨吊顶
	轻质隔墙	板材隔墙,骨架隔墙,活动隔墙,玻璃隔墙
	饰面砖(板)	饰面板安装,饰面砖粘贴
	幕墙	玻璃幕墙,金属幕墙,石材幕墙
	涂饰	水性涂料涂饰,溶剂型涂料涂饰,美术涂饰
	裱糊与软包	裱糊,软包
	细部	橱柜制作与安装,窗帘盒、窗台板和暖气罩制作与安装,门窗套制作与安装,护栏、扶手制作与安装,花饰制作与安装

2. 检验批质量验收

验收:建筑工程在施工单位自行质量检查评定的基础上,参与建设活动的有关单位共同对检验批、分项、分部、单位工程的质量进行抽样复验,根据相关标准以书面形式对工程质量达到合格与否做出确认。

检验批:按同一的生产条件或按规定的方式汇总起来供检验用的,有一定数量样本组成的检验体。检验批是施工质量验收的最小单位,是分项工程乃至整个工程质量验收的基础。

检验批是工程验收的最小单位,是分项工程乃至整修建筑工程质量验收的基础。

建筑装饰装修工程检验批质量验收合格的规定:

① 主控项目和一般项目的质量经抽样检验合格。

主控项目是指建筑工程中的对安全、卫生、环境保护盒公众利益起决定性作用的检验项目。它具有一票否决权,如果主控项目其中一项不合格,则该检验批质量不合格。

一般项目是指除主控项目外的项目都是一般项目。一般项目应有80%以上的合格率,且其中对工程安全的使用功能影响不大的子项的要求不得超过规定值的1.5倍,才可评定检验批质量合格。

② 具有完整的施工操作依据、质量检查记录。

施工操作依据的技术标准应符合设计、验收规范的要求。质量检查记录必须经实体检测,并由施工单位项目专业质检员填写,之后由专业监理工程师填写验收记录和验收结论,如表4-4所示。

3. 质量检查程序(图4-10)

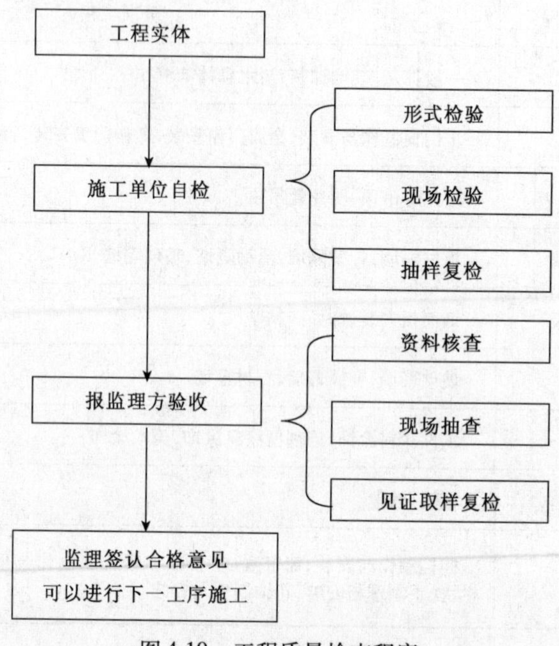

图 4-10　工程质量检查程序

4. 检验批质量验收的组织

检验批质量验收由专业监理工程师或建设单位项目技术负责人组织。验收前,施工单位先填好检验批质量验收记录,如表4-4所示,并由项目专业质检员在检验批质量验收记录中相关栏目中签字,然后由监理工程师组织,严格按标准、规定进行验收。

表 4-4　检验批质量验收记录

工程名称		分项工程名称		验收部位	
施工单位		专业工长		项目经理	
施工执行标准名称及编号					
分包单位		分包项目经理		施工班组长	
	质量验收规范的规定		施工单位检查评定记录		监理(建设)单位验收记录
主控项目	1				
	2				
	3				
	4				
	5				
	6				
	7				

续表

主控项目	8												
	9												
一般项目	1												
	2												
	3												
	4												
施工单位检查结果评定	项目专业质量检查员：　　　　年　月　日												
监理（建设）单位验收结论	监理工程师（建设单位项目专业技术负责人）　　　　年　月　日												

4.3.3　分项工程质量验收

1. 分项工程质量验收合格的规定

① 分部工程所含的检验批均应符合合格质量的规定。

② 分项工程所含的检验批的质量验收记录应完整。

2. 分项工程质量验收的组织

分项工程质量验收由专业监理工程师或建设单位项目技术负责人组织。验收前，施工单位先填好分项工程质量验收记录，如表4-5所示，并由项目专业技术负责人在分项工程质量验收记录中相关栏目中签字，然后由监理工程师组织，严格按标准、规定进行验收。

表4-5　　________分项工程质量验收记录

工程名称		结构类型		检验批数	
施工单位		项目经理		项目技术负责人	
分包单位		分包单位负责人		分包项目经理	

序号	检验批部位、区段	施工单位检查评定结果	监理（建设）单位验收结论
1			
2			
3			
4			
5			
6			

续表

7			
8			
9			
10			
11			
12			
13			
14			
15			
16			
17			
检查结论	项目专业技术负责人： 年　月　日	验收结论	监理工程师 （建设单位项目专业技术负责人） 年　月　日

4.3.4　分部（子分部）工程质量验收

1. 分部（子分部）工程质量验收合格规定

① 分部（子分部）工程所含工程的质量均应验收合格。

② 质量控制资料应完整。

③ 地基与基础、主体结构和设备安装等分部工程有关安全及功能的检验和抽样检测结果应符合有关规定。

④ 观感质量验收应符合要求。

观感质量验收，由各个人的主观印象判断，检查结果并不给出"合格"或"不合格"的结论，而是综合给出"好""不好""一般"等质量评价。

2. 分部（子分部）质量验收的组织

分部（子分部）质量由总监理工程师或建设单位项目专业负责人组织，项目经理、设计单位项目负责人等进行验收，并按表4-6记录。

表4-6　______分部(子分部)工程质量验收记录

工程名称		结构类型		层数	
施工单位		技术部门负责人		质量部门负责人	
分包单位		分包单位负责人		分包技术负责人	

序号	分项工程名称	检验批数	施工单位检查评定	验收意见
1				
2				
3				
4				
5				
6				
质量控制资料				
安全和功能检验(检测)报告				
观感质量验收				

验收单位			
验收单位	分包单位	项目经理	年　月　日
	施工单位	项目经理	年　月　日
	勘察单位	项目负责人	年　月　日
	设计单位	项目负责人	年　月　日
	监理(建设)单位	总监理工程师 (建设单位项目专业负责人)	年　月　日

任务4　掌握项目监理机构质量控制的实施

任务介绍

本任务以某公共建筑装饰工程作为载体,具体阐述丙监理公司项目部对抹灰、门窗、吊顶、骨架隔墙、饰面砖、幕墙、涂饰及裱糊等子分部工程的质量控制实际过程。

任务目标

1. 知识目标

> **重要提示:**
> 掌握对施工作业技术准备状态及施工工艺、工序的检查内容、对隐蔽工程和检验批工程质量的控制要点与对进场物资的检验程序和内容是北京市建筑工程监理员(工民建)培训考核大纲的要求。

① 掌握抹灰工程质量控制具体过程;

② 掌握门窗工程质量控制具体过程;

③ 掌握吊顶工程质量控制具体过程；

④ 掌握骨架隔墙工程质量控制具体过程；

⑤ 掌握饰面砖工程质量控制具体过程；

⑥ 掌握幕墙工程质量控制具体过程；

⑦ 掌握涂饰工程质量控制具体过程；

⑧ 掌握裱糊工程质量控制具体过程。

2. 能力目标

培养学生具有一定的识别常用装饰材料的能力，具有正确领会设计意图，熟读装饰施工图的能力，具备装饰工程各子分部工程质量控制的能力。

任务要求

学生分组组成的各监理项目部，由总监理工程师负责统筹安排，组织各专业监理工程师，协调工作，做到一人一岗，落实责任。可在课下上网搜索相关资料和翻阅工具书，课上结合《建筑装饰装修工程质量验收规范》，针对公共建筑的装修工程，掌握抹灰、门窗、吊顶、骨架隔墙、饰面砖、幕墙、涂饰及裱糊质量控制的具体过程及内容。任务完成后，以小组为单位，展示学习成果，展示方式不限，提出学习中遇到的问题及其解决措施。

相关知识

4.4 建筑装饰工程质量控制实例

4.4.1 抹灰工程

1. 抹灰工程质量控制的一般规定

① 外墙抹灰工程施工前应先安装钢木门窗框、护栏等，并应将墙上的施工孔洞堵塞密实。

② 抹灰工程的水泥的凝结时间和安定性应进行复验。抹灰用的石灰膏的熟化期不应少于15天；罩面用的磨细石灰粉的熟化期不应少于3天。

③ 当要求抹灰层具有防水、防潮功能时，应采用防水砂浆。

④ 各种砂浆抹灰层，在凝结前应防止快干、水冲、撞击、振动和受冻，在凝结后应采取措施防止沾污和损坏。水泥砂浆抹灰层应在湿润条件下养护。

⑤ 底层的抹灰砂浆强度不得低于面层的抹灰砂浆强度。

⑥ 加气混凝土，应在润湿后边刷界面剂，边抹强度不大于M5的水泥混合砂浆。

⑦ 水泥砂浆拌好后，应在初凝前用完。凡结硬砂浆不得继续使用。

⑧ 室内墙面、柱面和门窗洞口的阳角做法应符合设计要求，设计无要求时，应采用1:2水泥砂浆做护角；其高度不应低于2m，每侧宽度不应小于50mm。

⑨ 抹灰总厚度大于或等于35mm时应由有加强措施，不同材料基体交接处应有加强措施。

⑩ 外墙和顶棚的抹灰层与基层之间及各抹灰层之间必须粘结牢固，不得有脱落现象。

> **重要提示：**
> 此条为强制性条文，教师在任务分析时应重点强调。

2. 抹灰工程施工质量控制标准

(1)抹灰工程验收时应提交的资料

① 抹灰工程的施工图、设计说明及其他设计文件。

② 材料的产品合格证书,性能检测报告,进场验收记录和复验报告。

③ 隐蔽工程验收记录,包括抹灰的总厚度大于或等于35mm时的加强措施,不同材料基体交接处的加强措施。

④ 施工记录。

(2)抹灰工程的各分项工程检验批划分和检查数量应符合的规定

① 按相同材料、工艺和施工条件的室外抹灰工程每500~1000m^2应划分为一个检验批,不足500m^2也应划分为一个检验批。

② 相同材料、工艺和施工条件的室内抹灰工程每50个自然间(大面积房间和走廊按抹灰面积30m^2为一间)应划分为一个检验批,不足50间也应划分为一个检验批。

③ 室内抹灰工程每个检验批至少抽查10%,并不得少于3间,不足3间时,应全数检查。

④ 室外抹灰工程每个检验批每100m^2应至少抽查一处,每处不得小于10m^2。

3. 抹灰工程质量控制要点

① 抹灰总厚度大于35mm时应采取加强措施。

② 滴水线应内高外低,宽度深度不小于10mm。

③ 墙饰面板高度不大于24m,饰面砖高度不大于100m。

④ 采用湿作业法施工的天然石材饰面板应进行防碱、背涂处理。

⑤ 水性涂料涂饰工程施工环境温度5~35℃。

⑥ 涂刷溶剂型涂料时,含水率不大于8%,涂刷乳剂型涂料时,含水率不大于10%,木材基层的含水率不大于12%。

4. 抹灰工程质量控制过程(图4-11~图4-13)

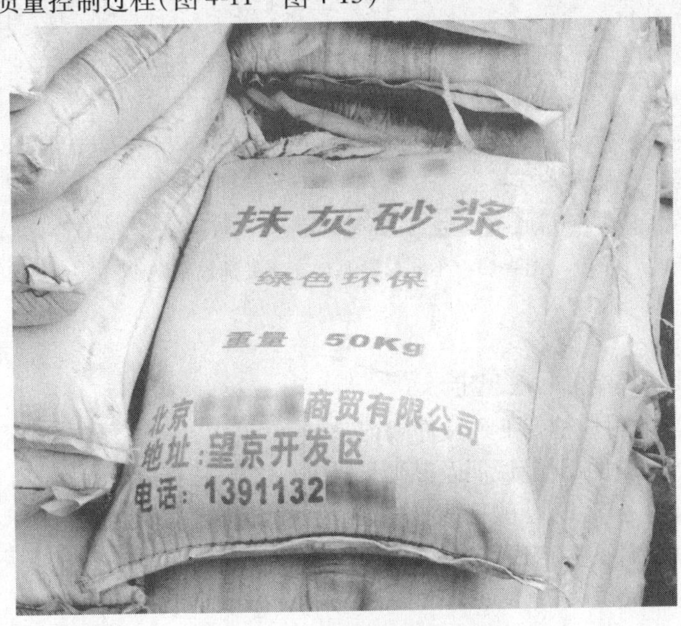

图4-11　抹灰砂浆进场验收

图 4-12　内墙石膏抹灰施工起泡

图 4-13　不同材料基体交接处铺设钢网

4.4.2　门窗工程

1. 门窗工程质量控制的一般规定

(1)门窗工程验收时应检查下列文件和记录

① 门窗工程的施工图、设计说明及其他设计文件。

② 材料的产品合格证书、性能检测报告、进场验收记录和复验报告。

③ 特种门及其附件的生产许可文件。

④ 隐蔽工程验收记录。

⑤ 施工记录。

(2)门窗工程应对下列材料及其性能指标检测复验

① 人造木板的甲醛含量。

② 建筑外墙金属窗、塑料窗的抗风压性能、空气渗透性能和雨水渗漏性能。

(3)门窗工程应对下列隐蔽工程项目进行验收

① 预埋件和锚固件。

② 隐蔽部位的防腐、填嵌处理。

(4)各分项工程的检验批应按下列规定划分

① 同一品种、类型和规格的木门窗、金属门窗、塑料门窗及门窗玻璃每100樘应划分为一个检验批,不足100樘也应划分为一个检验批。

② 同一品种、类型和规格的特种门每50樘应划分为一个检验批,不足50樘也应划分为一个检验批。

(5)检验批的数量应符合下列规定

① 木门窗、金属门窗、塑料门窗及门窗玻璃,每个检验批应至少抽查5%,并不得少于3樘,不足3樘时应全数检查。

② 特种门每个检验批应至少抽查50%,并不得少于10樘,不足10樘时应全数检查。

2. 门窗工程施工质量控制标准

① 门窗安装前,应对门窗洞口尺寸进行检验。

② 金属门窗和塑料门窗安装应采用预留洞口的方法施工,不得采用边安装边砌口或先安装边后砌口的施工方法。

③ 木门窗与混凝土或抹灰层接触处应进行防腐处理并应设置防潮层;埋入混凝土中的木砖应进行防腐处理。

④ 当金属窗或塑料窗组合时,其拼樘料的尺寸、规格、壁厚应符合设计要求。

⑤ 建筑外门窗的安装必须牢固。在砌体上安装门窗严禁用射钉固定。

重要提示:

此条为强制性条文,教师在任务分析时应重点强调。

⑥ 特种门窗安装除应符合设计要求和上述规定外,还应符合有关专业标准和主管部门的规定。

3. 门窗工程施工质量控制过程(图4-14和图4-15)

图4-14　外窗副框安装

图 4-15　检查钢附框锚固件间距

4.4.3　吊顶工程

1. 吊顶工程质量控制的一般规定

(1)吊顶工程验收时应检查下列文件和记录:

① 吊顶工程的施工图、设计说明及其他设计文件。

② 材料的产品合格证书、性能检测报告、进场验收记录和复验报告。

③ 隐蔽工程验收记录。

④ 施工记录。

(2)吊顶工程应对人造木板的甲醛含量进行复验。

(3)吊顶工程应对下列隐蔽工程项目进行验收:

① 吊顶内管道、设备的安装及水管试压。

② 木龙骨防火、防腐处理。

③ 预埋件或拉结筋。

④ 吊杆安装。

⑤ 龙骨安装。

⑥ 填充材料的设置。

(4)各分项工程的检验批应按下列规定划分:

同一品种的吊顶工程每 50 间(大面积房间和走廊按吊顶面积 $30m^2$ 为一间)应划分为一个检验批,不足 50 间也应划分为一个检验批。

(5)检查数量应符合下列规定:

每个检验批应至少抽查10%,并不得少于3间;不足3间时应全数检查。

2. 吊顶工程施工质量控制标准

① 净高、洞口标高和吊顶内管道、设备及其支架的标高进行交接检验。

② 吊顶工程的木吊杆、木龙骨和木饰面板必须进行防火处理,并应符合有关设计防火规范的规定。

③ 吊顶工程中的预埋件、钢筋吊杆和型钢吊杆应进行防锈处理。

④ 安装饰面板前应完成吊顶内管道和设备的调试及验收。

⑤ 吊杆距主龙骨端部距离不得大于300mm,当大于300mm时,应增设吊杆。当吊杆长度大于1.5m时,应设置反支撑。当吊杆与设备相遇时,应调整并增设吊杆。

⑥ 重型灯具、电扇及其他重型设备严禁安装在吊顶工程的龙骨上。

> **重要提示:**
> 此条为强制性条文,任务分析时应重点强调。

3. 吊顶工程质量控制要点

① 吊顶工程中的预埋件、钢筋吊杆和型钢吊杆应进行防锈处理。

② 主龙骨应从吊顶中心向两边分,间距不大于1000mm,吊杆的固定点间距900~1000mm。

③ 不上人的吊顶,吊杆长度<1000mm,可以采用Φ6的吊杆,如果>1000mm,应采用Φ8的吊杆,如果吊杆长度>1500mm,还应在吊杆上设置反向支撑。上人的吊顶,吊杆长度≤1000mm,可以采用Φ8的吊杆,如果>1000mm,则应采用Φ10的吊杆,如果吊杆长度>1500mm,同样应在吊杆上设置反向支撑。

④ 吊杆距主龙骨端部距离不得超过300mm,否则应增加吊杆。

4. 吊顶工程质量控制过程(图4-16~图4-20)

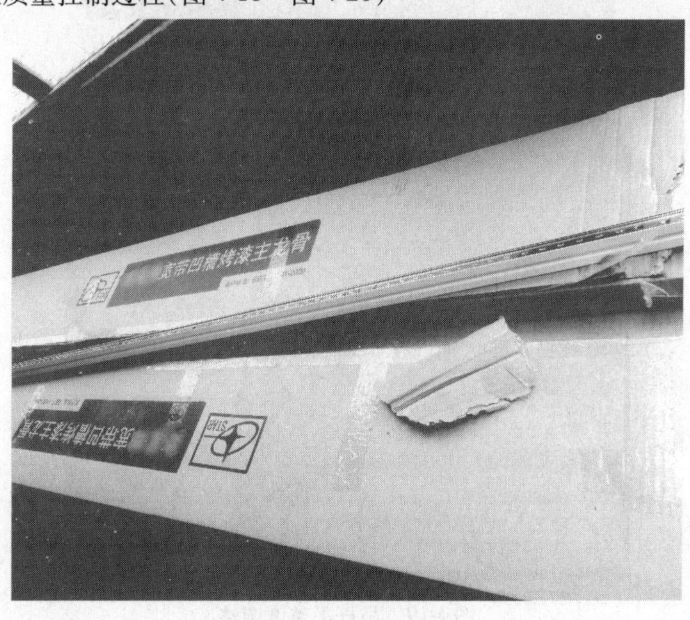

图4-16　主龙骨进场验收

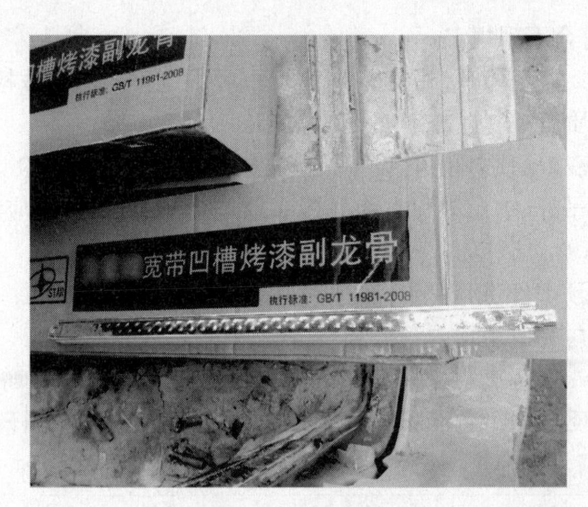

图 4-17　副龙骨进场验收

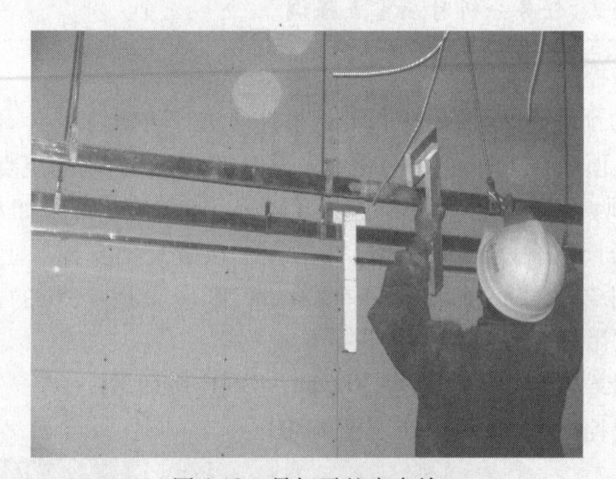

图 4-18　吊杆平整度自检

图 4-19　吊杆平整度调整

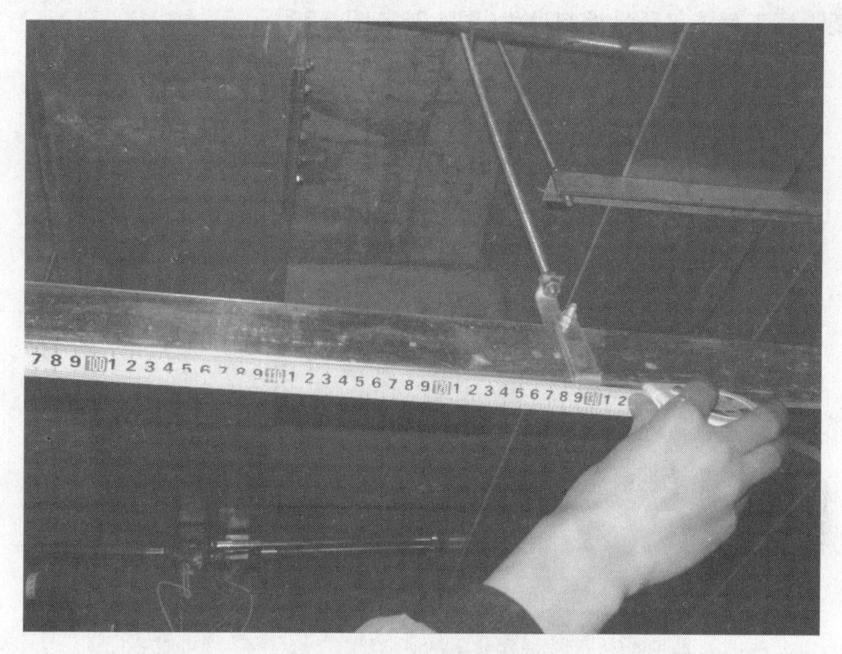

图4-20 吊杆间距验收

4.4.4 骨架隔墙工程

1. 骨架隔墙工程质量控制的一般规定

(1)骨架隔墙工程验收时应检查下列文件和记录:

① 骨架隔墙工程的施工图、设计说明及其他设计文件。

② 材料的产品合格证书、性能检测报告、进场验收记录和复验报告。

③ 隐蔽工程验收记录。

④ 施工记录。

(2)骨架隔墙工程应对人造木板的甲醛含量进行复验。

(3)骨架隔墙工程应对下列隐蔽工程项目进行验收:

① 骨架隔墙中设备管线的安装及水管试压。

② 木龙骨防火、防腐处理。

③ 预埋件或拉结筋。

④ 龙骨安装。

⑤ 填充材料的设置。

(4)各分项工程的检验批应按下列规定划分:

同一品种的骨架隔墙工程每50间(大面积房间和走廊按施工面积30m^{2}为一间)应划分为一个检验批,不足50间也应划分为一个检验批。

每个检验批应至少抽查10%,并不得少于3间;不足3间时应全数检查。

(5)骨架隔墙与顶棚和其他墙体的交接处应采取防开裂措施。

(6)民用建筑骨架隔墙工程的隔声性能应符合现行国家标准《民用建筑隔声设计规范》(GB 50118—2010)的规定。

2. 骨架隔墙工程施工质量控制过程(图 4-21 ~ 图 4-30)

图 4-21　隔墙主龙骨验收

图 4-22　隔墙副龙骨验收

图 4-23　隔墙龙骨安装

图4-24　隔墙主龙骨间距验收

图4-25　隔墙副龙骨间距验收

图4-26　石膏板进场验收

图 4-27　大芯板进场验收

图 4-28　隔墙一侧面层安装验收

图 4-29　隔墙隔声岩棉安装验收

图4-30　大芯板涂刷防火涂料

4.4.5　饰面砖工程

1. 饰面砖工程质量控制的一般规定

(1)饰面砖工程验收时应检查下列文件和记录：

① 饰面砖工程的施工图、设计说明及其他设计文件。

② 材料的产品合格证书、性能检测报告、进场验收记录和复验报告。

③ 后置埋件的现场拉拔检测报告。

④ 隐蔽工程验收记录。

⑤ 施工记录。

(2)饰面砖工程应对下列材料及其性能指标检测复验：

① 室内用花岗石的放射性。

② 粘贴用水泥的凝结时间、安定性和抗压强度。

③ 外墙陶瓷面砖的吸水率。

④ 寒冷地区外墙陶瓷面砖的抗冻性。

(3)饰面砖工程应对下列隐蔽工程项目进行验收：

① 预埋件(或后置埋件)。

② 连接节点。

③ 防水层。

(4)各分项工程的检验批应按下列规定划分：

① 相同材料、工艺和施工条件的室内饰面砖工程每50间(大面积房间和走廊按施工面积30m^2为一间)应划分为一个检验批，不足50间也应划分为一个检验批。

② 相同材料、工艺和施工条件的室外饰面砖工程每500~1000m^2应划分为一个检验批，不足500m^2也应划分为一个检验批。

(5)检验批的数量应符合下列规定：

① 室内每个检验批应至少抽查10%，并不得少于3间；不足3间时应全数检查。

② 室外每个检验批每 $100m^2$ 应至少抽查一处，每处不得小于 $10m^2$。

2. 饰面砖工程施工质量控制标准

① 外墙饰面砖粘贴前和施工过程中，均应在相同基层上做样板件，并对样板件的饰面砖粘结强度进行检验，其检验方法和结果判定应符合《建筑工程饰面砖粘结强度检验标准》（JGJ 110—2008）的规定。

② 饰面砖工程的抗震缝、伸缩缝、沉降缝等部位的处理应保证缝的使用功能和饰面的完整性。

3. 饰面砖工程施工质量控制过程（图 4-31 ~ 图 4-36）

图 4-31　地砖进场验收

图 4-32　地砖铺设控制平整度

图 4-33　楼梯间地砖铺设空鼓现象

图 4-34　厨卫墙砖铺贴施工过程控制

图 4-35　马赛克进场验收

图4-36　马赛克铺贴施工验收

4.4.6　幕墙工程

1. 幕墙工程质量控制的一般规定

(1)幕墙工程验收时应检查下列文件和记录：

① 幕墙工程的施工图、结构计算书、设计说明及其他设计文件。

② 建筑设计单位对幕墙工程设计的确认文件。

③ 幕墙工程所用各种材料、五金配件、构件及组件的产品合格证书、性能检测报告和、进场验收记录和复验报告。

④ 幕墙工程所用硅酮结构胶的认定证书和抽查合格证明；进口硅酮结构胶的商检证；国家指定检测机构出具的硅酮结构胶相容性和剥离粘结性试验报告；石材用密封胶的耐污染性试验报告。

⑤ 后置埋件的现场拉拔试验强度检测报告。

⑥ 幕墙的抗风压性能、空气渗透性能、雨水渗漏性能及平面变形性能检测报告。

⑦ 打胶、养护环境温度、湿度记录；双组分硅酮结构胶的混匀性试验记录及拉断试验记录。

⑧ 防雷装置测试记录。

⑨ 隐蔽工程验收记录。

⑩ 幕墙构件和组件的加工制作记录；幕墙安装施工记录。

(2)幕墙工程应对下列材料及其性能指标检测复验:

① 铝塑复合板的剥离强度。

② 石材的弯曲强度;寒冷地区石材的耐冻融性;室内用花岗石的放射性。

③ 玻璃幕墙用结构胶的邵氏硬度、标准条件拉伸粘结强度、相容性试验;石材用密封胶的污染性。

(3)幕墙工程应对下列隐蔽工程项目进行验收:

① 预埋件(或后置埋件)。

② 构件的连接节点。

③ 变形缝及墙面转角处的构造节点。

④ 幕墙防雷装置。

⑤ 幕墙防火构造。

(4)各分项工程的检验批应按下列规定划分:

① 相同设计、材料、工艺和施工条件的室幕墙工程每500~1000m^2应划分为一个检验批,不足500m^2也应划分为一个检验批。

② 同一单位工程的不连续的幕墙工程应单独划分检验批。

③ 对于异型或有特殊要求的幕墙,检验批的划分应根据幕墙的结构、工艺特点及幕墙工程规模,由监理单位(或建设单位)和施工单位协商确定。

(5)检验批的数量应符合下列规定:

① 每个检验批每100m^2室应至少抽查一处,每处不得小于10m^2。

② 对于异型或有特殊要求的幕墙,应根据幕墙的结构和工艺特点,由监理单位(或建设单位)和施工单位协商确定。

2. 幕墙工程施工质量控制标准

① 幕墙及其连接件应具有足够的承载力、刚度和相对于主体结构的位移能力。幕墙构架立柱的连接金属角码与其他连接件应采用螺栓连接,并应有防松动措施。

② 隐框、半隐框幕墙所采用的结构粘结材料必须是中性硅酮结构密封胶,其性能必须符合《建筑用硅酮结构密封胶》(GB 16776—2005)的规定;硅酮结构密封胶必须在有效期内使用。

重要提示:

此条为强制性条文,任务分析时应重点强调。

③ 立柱和横梁等主要受力构件,其截面受力部分的壁厚应经计算确定,且铝合金型材壁厚不应小于3.0mm,钢型材壁厚不应小于3.5mm。

④ 隐框、半隐框幕墙构件中板材与金属框之间硅酮结构密封胶的粘结宽度,应分别计算风荷载标准值和板材自重标准值作用下硅酮结构密封胶的粘结宽度,并取其较大值,且不得小于7.0mm。

⑤ 硅酮结构密封胶应打注饱满,并应在温度15~30℃、相对湿度50%以上,洁净的室内进行;不得在现场墙上打注。

⑥ 幕墙的防火除应符合现行国家标准《建筑设计防火规范》(GB 50016—2006)和《高层民用建筑设计防火规范》(GB 50045—1995)的有关规定外,还应符合下列规定:

·应根据防火处理的耐火极限决定防火层的厚度和宽度,并应在楼板处形成防火带。

·防火层应采取隔离措施。防火层的衬板应采用经防腐处理且厚度不小于1.5mm的钢板,不得采用铝板。

·防火层的密封材料应采用防火密封胶。

·防火层与玻璃不应直接接触,一块玻璃不应跨两个防火分区。

> **重要提示:**
> 此条为强制性条文,任务分析时应重点强调。

⑦ 主体结构与幕墙连接的各种预埋件,其数量、规格、位置和防腐处理必须符合设计要求。

> **重要提示:**
> 此条为强制性条文,任务分析时应重点强调。

⑧ 幕墙的金属框架与主体结构预埋件的连接、立柱与横梁的连接及幕墙面板的安装必须符合设计要求,安装必须牢固。

⑨ 单元幕墙连接处和吊挂处的铝合金型材的壁厚应通过计算确定,并不得小于5.0mm。

⑩ 幕墙的金属框架与主体结构应通过预埋件连接,预埋件应在主体结构混凝土施工时埋入,预埋件的位置应准确。当没有条件采用预埋件连接时,应采用其他可靠的连接措施,并应通过试验确定其承载力。

⑪ 立柱应采用螺栓与角码连接,螺栓直径应经过计算,并不应小于10mm。不同金属材料接触时应采用绝缘垫片分隔。

⑫ 幕墙的抗震缝、伸缩缝、沉降缝等部位的处理应保证缝的使用功能和饰面的完整性。

⑬ 幕墙工程的设计应满足维护和清洁的要求。

3. 幕墙工程施工质量控制过程(图4-37~图4-53)

图4-37　膨胀螺栓进场验收

图4-38　铝单板进场验收

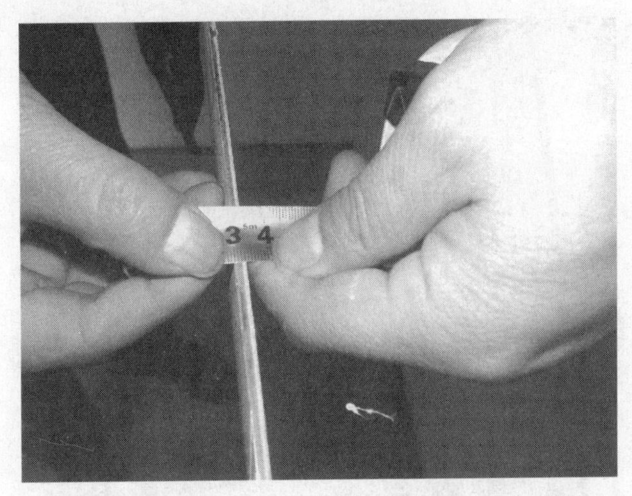

图4-39　铝单板厚度检查

图4-40　保温岩棉固定安装验收

图 4-41　埋板固定点数量不足

图 4-42　埋板固定不到位

图 4-43　埋板尺寸验收

图4-44　主龙骨之间的插芯验收

图4-45　不同金属接触之间加设绝缘垫片

图4-46　主龙骨长度不足

图 4-47　主龙骨安装位移收

图 4-48　焊接未满焊,且药皮未敲掉

图 4-49　玻璃进场验收

图4-50　检查安全玻璃的3C标志

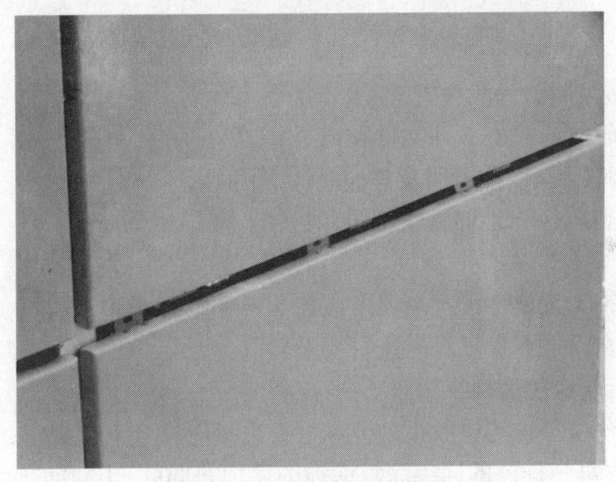

图4-51　铝单板固定点数量不足

图4-52　打胶起泡

图 4-53　幕墙开启窗的开启距离不宜大于 300mm

4.4.7　涂饰工程

1. 涂饰工程质量控制的一般规定

(1)涂饰工程验收时应检查下列文件和记录:

① 涂饰工程的施工图、设计说明及其他设计文件。

② 材料的产品合格证书、性能检测报告和进场验收记录。

③ 施工记录。

(2)水性涂料涂饰工程施工的环境温度应在 5 ~35℃之间。

(3)涂饰工程应在涂层养护期满后进行质量验收。

2. 涂饰工程施工质量控制标准

(1)涂饰工程各分项工程的检验批划分和检查数量应符合下列规定:

① 室外涂饰工程每一栋楼的同类涂料涂饰的墙面每 500 ~ 1000m^2应划分为一个检验批,不足 500m^2也应划分为一个检验批。

② 室内涂饰工程同类涂料涂饰的墙面每 50 个自然间(大面积房间和走廊按抹灰面积 30m^2为一间)应划分为一个检验批,不足 50 间也应划分为一个检验批。

③ 室内涂饰工程每个检验批至少抽查 10%,并不得少于 3 间,不足 3 间时,应全数检查。

④ 室外涂饰工程每个检验批每 100m^2应至少抽查一处,每处不得小于 10m^2。

(2)涂饰工程的基层处理符合下列要求:

① 新建筑物的混凝土或抹灰基层在涂饰涂料前应涂刷抗碱封闭底漆。

② 旧墙面在涂饰涂料前应清除疏松的旧装修层,并涂刷界面剂。

③ 混凝土或抹灰基层涂刷溶剂型涂料时,含水率不得大于 8%;涂刷乳液型涂料时,含水率不得大于 10%。木材基层的含水率不得大于 12%。

④ 基层腻子应平整、坚实、牢固、无粉化、起皮和裂缝;内墙腻子的粘结强度应符合《建筑室内用腻子》(JG/T 298—2010)的规定。

⑤ 厨房、卫生间墙面必须使用耐水腻子。

3. 涂饰工程质量控制要点

① 水性涂料涂饰工程施工的环境温度应在5～35℃之间，并注意通风换气和防尘。

② 冬期施工室内温度不宜低于5℃，相对湿度为85%。

4. 涂饰工程质量控制过程（图4-54～图4-56）

图4-54 外墙涂料进场验收

图4-55 涂刷顶板施工过程控制

图4-56 涂刷细部节点施工过程控制

4.4.8 裱糊工程

1. 裱糊工程质量控制的一般规定

裱糊工程验收时应检查下列文件和记录：

① 裱糊工程的施工图、设计说明及其他设计文件。

② 饰面材料样板及确认文件。

③ 材料的产品合格证书、性能检测报告、进场验收记录和复验报告。

④ 施工记录。

2. 裱糊工程施工质量控制标准

裱糊工程各分项工程的检验批划分和检查数量应符合下列规定：

① 同一品种的裱糊工程每50间（大面积房间和走廊按施工面积30m^{2}为一间）应划分为一个检验批，不足50间也应划分为一个检验批。

② 裱糊工程每个检验批至少抽查10%，并不得少于3间，不足3间时，应全数检查。

3. 裱糊前，基层处理质量应达到下列要求：

① 新建筑物的混凝土或抹灰基层墙面在刮腻子前应涂刷抗碱封闭底漆。

② 旧墙面在裱糊前应清除疏松的旧装修层，并涂刷界面剂。

③ 混凝土或抹灰基层含水率不得大于8%；木材基层的含水率不得大于12%。

④ 基层腻子应平整、坚实、牢固、无粉化、起皮和裂缝；腻子的粘结强度应符合《建筑室内用腻子》（JG/T 298—2010）N型的规定。

⑤ 基层表面平整度、立面垂直度及阴阳角方正应达到表4-7的要求。

表 4-7　一般抹灰的允许偏差和检验方法

项次	项　目	允许偏差(mm)		检　验　方　法
		普通抹灰	高级抹灰	
1	立面垂直度	4	3	用2m垂直检测尺检查
2	表面平整度	4	3	用2m靠尺和塞尺检查
3	阴阳角方正	4	3	用直角检测尺检查
4	分格条(缝)直线度	4	3	拉5m线,不足5m拉通线,用钢直尺检查
5	墙裙、勒脚上口直线度	4	3	拉5m线,不足5m拉通线,用钢直尺检查

⑥ 基层表面颜色应一致。

⑦ 裱糊前应用封闭底胶涂刷基层。

4. 裱糊工程施工质量控制过程(图 4-57 和图 4-58)

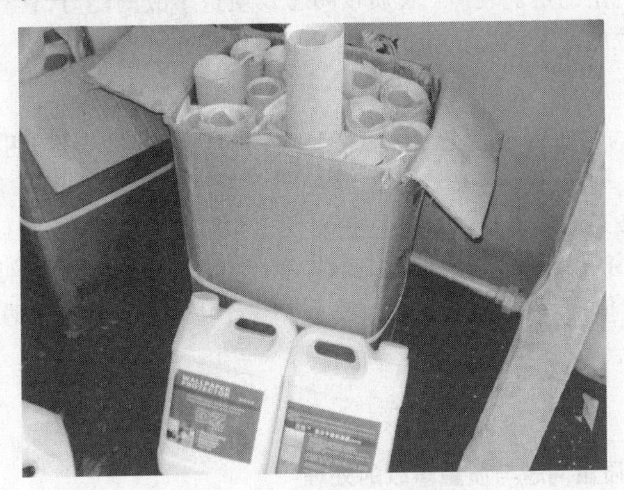

图 4-57　壁纸及壁纸胶进场验收

图 4-58　壁纸铺贴施工过程控制

任务5 了解项目监理机构质量问题与事故处理方法

任务介绍

以北京市某公共建筑装饰工程作为本任务载体，具体阐述地面、抹灰、吊顶及幕墙等子分部工程的质量问题处理程序。

任务目标

1. 知识目标

① 掌握质量问题的处理程序；

② 掌握质量事故的处理程序。

2. 能力目标

培养学生具有一定的辨别装饰工程质量问题及质量事故的能力，具有正确处理装饰工程质量问题及质量事故的能力。

任务要求

学生分组组成的各监理项目部，由总监理工程师负责统筹安排，组织各专业监理工程师，协调工作，做到一人一岗，落实责任。可在课下上网搜索相关资料和翻阅工具书，课上结合《建筑装饰装修工程质量验收规范》，针对北京市某公共建筑装饰工程质量问题的处理程序，掌握抹灰、门窗、吊顶、骨架隔墙、饰面砖、幕墙、涂饰及裱糊质量问题的处理程序。任务完成后，以小组为单位，展示学习成果，展示方式不限，提出学习中遇到的问题及其解决措施。

相关知识

4.5 建筑装饰工程质量问题与质量事故的处理

4.5.1 质量问题与质量事故的成因分析

1. 工程问题与质量事故的一般规定

(1)工程问题与质量事故

工程建设过程中，由于设计错误，原材料、半成品、构配件、设备不合格，施工工艺或施工方法错误，施工组织、指挥不当等责任过失的原因，造成工程质量不符合规定的质量标准或设计要求的，必须进行返修、加固或报废处理，由此造成直接经济损失低于5000元的称之为质量问题；造成工程倒塌、报废或直接经济损失的超过5000元(含5000元)，都是工程质量事故。

(2)工程质量事故的特点

① 质量事故的严重性：建筑工程是一项特殊的产品，不像一般的生活用品可以报废、降低使用等级或使用档次。如果发生工程质量事故，不仅影响了工程顺利进行，增加了工程费用，拖延了工期，甚至还会给工程留下隐患，危及社会和人民生命财产的安全。

② 质量事故的复杂性：建筑工程的生产过程是人和生产随产品流动，产品千变万化，并且是露天作业多，受自然条件影响多，受原材料、构配件质量的影响多，手工操作多，受人为因素

的影响大。因此造成质量事故的原因也极其复杂和多变，增加了质量事故的原因和危害分析的难度，也增加了工程质量事故的判断和处理的难度。

③ 质量事故的可变性：在一般情况下，工程质量问题不是一成不变的，而是随着时间的变化而变化着。如材料特性的变化，荷载和应力的变化，外界自然条件和环境的变化等，都会引起原工程质量问题不断发生变化。

④ 质量事故的多发性：由于建筑工程产品中，受手工操作和原材料多变等影响，造成某些工程质量事故经常发生，降低了建筑标准，影响了使用功能，甚至危及使用安全，而成为质量通病，对此应总结经验，吸取教训，采取有效的预防措施。

4.5.2　质量问题与质量事故的处理程序与方法

1. 工程质量问题的处理的一般程序（图4-59）

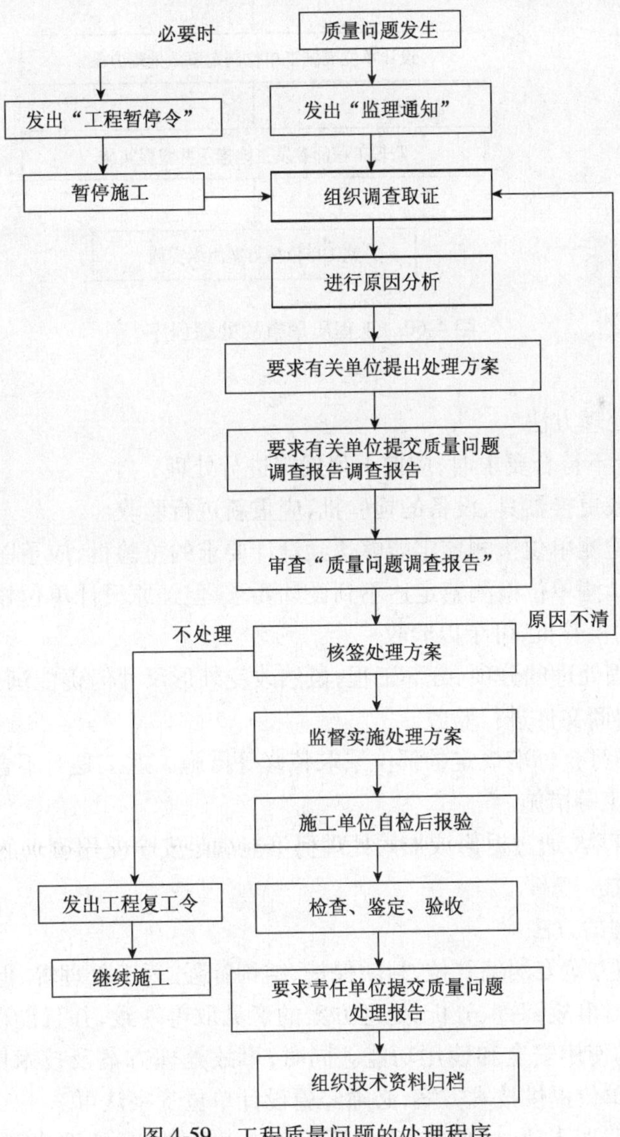

图4-59　工程质量问题的处理程序

2. 工程质量事故处理程序(图 4-60)

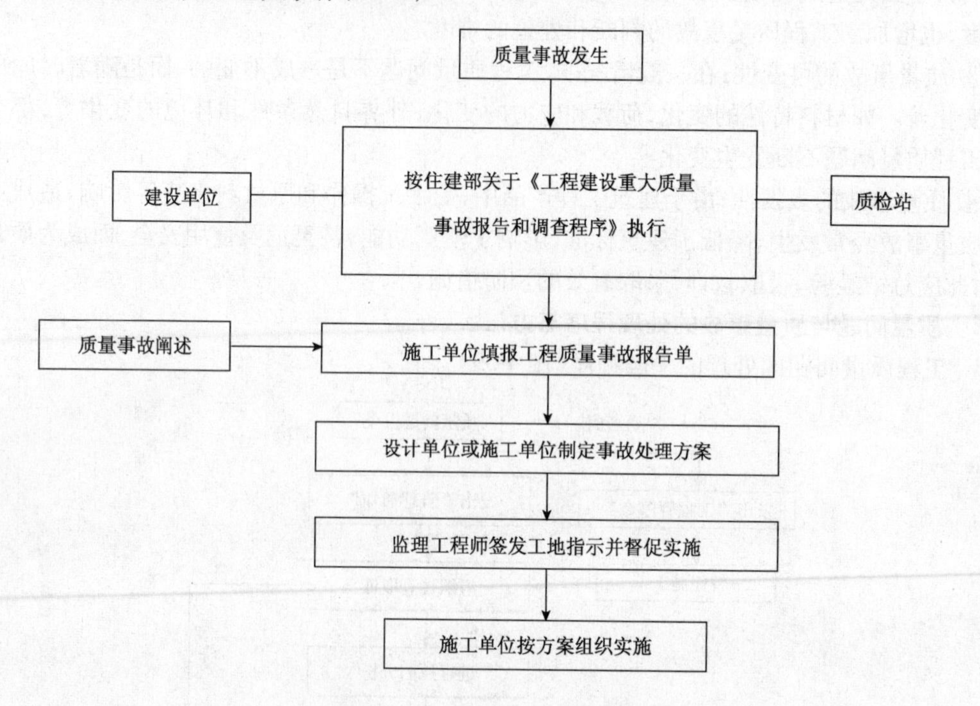

图 4-60 工程质量事故处理程序

3. 质量问题的处理方法

当建筑工程质量不符合要求时,应按下列规定进行处理:

① 经返工重做或更换器具、设备的检验批,应重新进行验收。

② 经有资质的检测单位检测鉴定能够达到设计要求的检验批,应予以验收。

③ 经有资质的检测单位检测鉴定达不到设计要求、但经原设计单位核算认可能够满足结构安全和使用功能的检验批,可予以验收。

④ 经返修或加固处理的分项、分部工程,虽然改变外形尺寸但仍能满足安全使用要求,可按技术处理方案和协商文件进行验收。

返修是对工程不符合标准规定的部位采取整修等措施。返工是对不合格的工程部位采取的重新制作、重新施工等措施。

⑤ 严禁验收的工程:通过返修或加固处理仍不能满足安全使用要求的分部工程、单位(子单位)工程,严禁验收。

4. 质量事故处理的方法

质量事故的处理方案有纠偏复位、封闭保护、结构补强、返工处理等,但不管采用哪一种方案,都要求有关单位对事故调查、分析、处理方案的意见取得一致,并且能确保消除隐患(或缺陷),能保证建筑物的使用安全和使用功能。同时,事故处理方案及技术措施,应委托原设计单位提出;若由其他单位提供技术方案,必须经原设计单位签字认可。

事故处理要实行“四不放过原则”:事故原因不查清不放过,主要责任者和群众受不到教育不放过,补救防范措施不落实不放过,事故的责任者没有受到追究不放过。

5. 鉴定验收

事故处理后的质量是否达到了预期的目的，应通过检查、鉴定、验收，作出最后的结论，其内容包括：隐患已经消除，结构安全可靠；结构加固补强，安全满足要求；事故排除，可以继续施工；虽然结构外形改变，建筑可以处理等几种情况。

有时，经法定检测单位鉴定达不到原设计要求，但经原设计单位复核、验算认可，仍能够满足结构和使用功能要求时，可不加固补强。

必要时，还应通过有关仪表检测、荷载试验等方法，取得可靠数据以后，才能作出明确的结论。对一时难以作出结论的事故，在不影响安全的原则下，可以提出进一步观测、检查，以后再作处理的要求。

6. 工程质量事故的资料和文件

工程质量事故处理完后，必须对处理的全过程写出报告，并附有关资料、文件，存档备查。

(1)施工单位的工程质量事故报告和监理工程师的书面指令。

① 事故的详细情况、发生时间、地点(或部位)、工程项目名称、事故发生的经过、伤亡人数、直接经济损失的初步估计、事故发生原因的初步判断、事故发生后采取的措施、事故控制情况。

事故的观测记录(如变化规律、稳定情况等)，与事故有关的施工图纸、文件，与施工有关的资料(如施工记录、材料检测与试验报告、混凝土或砂浆试块强度报告等)。

② 事故调查组组成成员情况，邀请专家情况；事故的调查报告和原因分析。

③ 事故的评估意见：通过有关实测、试验、验算，阐明事故的严重程度和危害性，对建筑使用功能、建筑效果、结构受力性能和下一道工序施工安全的影响。

④ 事故的性质。

⑤ 处理方案：包括事故处理的依据，事故处理的设计图纸、计算资料或文件，施工方法及技术措施。

⑥ 对工期的影响。

⑦ 造成的经济损失及分析资料。

(2)设计、建设、监理、施工等单位对质量事故的要求和意见。

(3)设计、建设、监理、施工等单位对质量事故的鉴定验收意见。

(4)事故处理后，对今后使用、观测检查的要求。

(5)负责事故调查处理单位的上级主管部门批准建设工程质量事故调查报告，明确事故结论。

项目小结

本项目是本课程的核心项目，其主要是阐述某公共建筑装饰工程主要子分部工程质量控制的基本原理以及具体内容，训练学生从施工单位资质审查、材料进场验收到施工过程控制最后到工序验收的全过程。

项目评价

建筑装饰工程质量控制评价表

姓名:	学号:
组别:	组内分工:

评价标准

序号	具体指标	分值	组内自评分	组外互评分	教师点评分
1	对施工单位资质的审查	20			
2	对进场物资的验收	20			
3	对施工工艺、工序的检查内容	20			
4	掌握各工序隐蔽工程质量的控制要点	20			
5	掌握各工序检验批工程质量的控制要点	20			
6	合计	100			

项目练习

一、单选题

1.《建设工程质量管理条例》规定，施工单位必须按照设计图纸、技术规范和标准组织施工，同时应负责(　　)。

A. 提供施工场地　　B. 组织设计图纸交底

C. 审核设计变更方案　　D. 检验建筑材料、构(配)件

2. 在工程勘察实施过程中应设置报验点，必要时监理工程师对其进行(　　)。

A. 旁站监理　　B. 现场巡视　　C. 监督指导　　D. 平行检测

3. 根据《建筑工程施工质量验收统一标准》(GB 50300—2001)，施工质量验收的最小单位是(　　)。

A. 单位工程　　B. 分部工程　　C. 分项工程　　D. 检验批

4. 单位工程中的分部工程是按(　　)划分的。

A. 设计系统或组织　　B. 工种、材料

C. 施工工艺、设备类别　　D. 专业性质、建筑部位

5. 建筑工程施工质量验收时，分部工程的验收应由(　　)组织。

A. 建设单位负责人　　8. 总监理工程师

C. 施工项目负责人　　D. 专业监理工程师

6. 经项目监理机构对竣工资料及工程实体预验收合格后，由总监理工程师签署工程竣工报验单并向建设单位提交(　　)。

A. 监理总结报告　　B. 质量评估报告　　C. 监理验收报告　　D. 质量检验报告

7. 当发生工程质量问题时，监理工程师首先应做的工作是(　　)。

A. 判断其严重程度　　B. 签发监理通知　　C. 签发工程暂停令　　D. 要求保护现场

8. 处理工程质量事故，有时需要通过定期观测才能得到结论，这是因为工程质量事故具有(　　)的特点。

A. 复杂性　　B. 严重性　　C. 可变性　　D. 多发性

9. 工程质量问题经检测鉴定达不到设计要求，但经原设计单位核算，仍能满足结构安全和使用功能的可(　　)。

A. 修补处理　　B. 返工处理　　C. 补强处理　　D. 不做处理

10. 为了确保工程质量事故的处理效果，对涉及结构承载力等使用安全和其他重要性能的处理，必须委托有资质的(　　)进行必要的检测鉴定。

A. 法定检测单位　　B. 工程咨询单位　　C. 质量监督单位　　D. 勘察设计单位

【参考答案】

1. D　2. A　3. D　4. D　5. B　6. B　7. A　8. C　9. D　10. A

二、案例分析题

丙监理公司承接某公共建筑装饰工程的监理任务。该工程耐火等级为二级，外墙采用玻璃幕墙，门窗采用塑钢门窗，材料由建设单位提供，三楼设一大型娱乐中心，面积650m^2，吊顶采用轻钢龙骨吊顶，并安装大型音响、照明灯具。

问题：

1. 对玻璃幕墙采用立柱与连接体接触面之间加弹性垫片合理吗？如果不合理，应加何种类型垫片？幕墙“三性”试验的内容是什么？

2. 若塑钢门窗安装完毕后经过半年，产生翘曲、开启不灵活等现象，经检查施工单位现场记录，其操作完全符合设计及施工规范要求，造成这一问题的原因是门窗材料的钢性太小。建设单位要求施工单位拆除，并重新安装，请问监理工程师对此拆除重装费用判定哪方负担？

3. 娱乐中心的顶棚材料应选用哪一级装修材料？

4. 监理工程师应对进场原材料的哪些报告、凭证资料进行确认？

【参考答案】

1. 加弹性垫片不合理，应加防腐隔离柔性垫片。幕墙“三性”试验是：幕墙风压变形性能、雨水渗透性能和空气渗透性能的试验。

2. 由于原材料的质量由建设单位造成，所以拆除重装的费用由建设单位负责。

3. 娱乐中心位于三楼，耐火等级为二级，按《建筑内部装修设计防火规范》要求，该顶棚应该选用A级装修材料。

4. 监理工程师对进场的原材料应检查确认的报告、凭证资料主要有：材料出厂合格证明、质量保证书和技术合格证(原材料三证)、材料按规定要求进行检验的检验报告或试验报告。

知识补充

一、检验批和分项(部)工程的验收制度

1. 总则

1.1　为了规范监理人员对检验批和分部分项工程的验收，根据《建设工程监理规范》，特制定本制度。

2. 验收程序

2.1　工程质量的检查验收应在施工单位自行检查评定的基础上进行。

2.2 监理人员必须按国家工程施工质量验收标准检查分项、分部工程。

2.3 验收前,施工单位填好“检验批和分项工程的验收记录”,由项目专业质量检验员和项目专业技术负责人分别在检验批和分项工程质量记录签字,然后由监理工程师组织并严格按规定程序进行验收。

2.4 检验批的质量验收。

检验批由专业监理工程师组织项目专业质量检验员等进行验收;检验批的质量应按主控项目和一般项目验收。

2.5 分项工程的质量验收。

分项工程由专业监理工程师组织项目专业技术负责人等进行验收。

专业监理工程师应对施工单位报送的分项工程质量验评资料进行审核,符合要求后予以签认。

2.6 分部工程的质量验收。

分部工程由总监理工程师组织施工单位项目技术负责人和项目技术、质量负责人等进行验收。

总监理工程师组织监理人员对施工单位报送的分部工程和单位工程质量验评资料进行审核和现场检查,符合要求后予以签认。对涉及结构安全和使用功能的分部工程应进行抽样检测。

2.7 分项、分部工程完工后,经施工单位自检合格后,报监理部验收,总监理工程师负责签字确认。

2.8 检验批和分项工程不合格时一律发出不合格工程项目通知,限期改正。

2.9 工程观感质量应由验收人员与专业监理工程师通过现场检查,共同确认。

2.10 检查、整改、复查、报告等情况应记载在监理日记、监理月报中,并归档保管。

二、单位工程、单项工程预验收制度

1. 总则

1.1 为了规范监理人员对单位工程、单项工程的验收,根据《建设工程监理规范》,特制定本制度。

1.2 监理人员必须按国家工程施工质量验收标准检查单位工程、单项工程。

2. 验收程序

2.1 单位工程、单项工程或分段全部工程完工后,经施工单位自检合格后,施工单位应填写“工程竣工报验单”,并将全部竣工资料报送项目监理部(包括工程材料、构配件、设备报验表、隐蔽工程检查验收记录、安装记录、调试记录、检测记录、检验批及分项分部工程施工质量验收记录等有关资料),申请验收。

2.2 各专业监理工程师首先对施工单位报送的竣工资料进行审查,并做出审查记录。

2.2 审查合格后,总监理工程师组织各专业监理工程师对工程进行现场检查、预验收。

2.3 对预验收存在的问题,项目监理部及时下发通知单,要求施工单位限期整改;对需要进行功能试验的项目,监理工程师应督促施工单位及时进行试验。监理工程师要认真审查试验报告单。

2.4 施工单位整改完毕,验收合格后,由总监理工程师签署工程竣工报验单,报请建设单位组织竣工验收,并向建设单位提出质量评估报告。工程质量评估报告应经总监理工程师和公司技术负责人审核签字。

三、工程项目竣工验收制度

1. 总则

1.1　为了规范监理人员参加对工程项目的正式竣工验收，根据《建设工程监理规范》，特制定本制度。

1.2　竣工验收必须按照有关法律、法规、工程建设强制性标准、设计文件、施工合同进行。

2. 验收程序

2.1　工程项目正式竣工验收前，项目监理部应完成竣工预验收，并提出工程质量评估报告。

2.2　竣工验收由建设单位组织，项目监理部总监理工程师和各专业监理工程师参加。

2.3　项目监理部向建设单位提供竣工验收的相关监理资料。

2.4　对验收中提出的整改问题，项目监理部应要求承包单位进行整改。

2.5　工程质量符合要求，由总监理工程师会同参加验收的各方签署竣工验收报告。

2.6　竣工验收的记录应完整、真实、可靠。检查、整改、复查、报告等情况应记载在监理日记、监理月报中，归档保管。

四、工程质量事故处理制度

1. 总则

1.1　为了规范项目监理部对工程质量事故的处理，保证工程质量符合相关规范标准，根据《建设工程监理规范》，特制定本制度。

1.2　本制度适用于监理人员对施工过程中出现的质量缺陷、质量隐患、质量事故的处理。

2. 处理程序

2.1　对施工过程中出现的质量缺陷，专业监理工程师应及时下达《监理工程师通知单》，要求承包单位整改，并报告总监理工程师。整改完成后，再由专业监理工程师检查整改结果。上道工序不合格，不准进入下道工序施工。

2.2　监理人员发现施工存在重大质量隐患，可能造成质量事故或已经造成质量事故，应及时报告总监理工程师，通过总监理工程师及时下达工程暂停令，要求承包单位停工整改。

2.3　整改完毕并经监理人员复查，符合规定要求后，总监理工程师及时签署“工程复工报审表”。

2.4　总监理工程师下达工程暂停令和签署工程复工报审表，需事先向建设单位报告，征得建设单位同意。

3. 不合格的处理

3.1　返修、返工处理

工程质量问题可以通过返修或返工弥补的，可签发“监理通知单”，施工单位填写“监理通知回单”，报监理工程师审核后，批复施工单位处理。处理结果应重新进行验收。

3.2　加固补强处理

① 对需要加固补强的质量问题，应签发“工程暂停令”，必要时设计单位提出处理方案，并征得建设单位同意，批复施工单位处理。处理结果应重新进行验收，合格后发出复工指令。

② 对需要返工处理或加固补强的质量事故，总监理工程师应责令承包单位报送质量事故调查报告和经设计单位等相关单位认可的处理方案。

③ 总监理工程师应及时向建设单位及本监理单位提交有关质量事故的书面报告，并将完整的质量事故处理记录整理归档。

4. 其他要求

4.1 监理工程师在工作中发现的工程质量缺陷,应及时记入监理日志,指出质量部位及整改意见,复查结果。

4.2 项目监理部要对质量事故的处理过程和处理结果进行跟踪检查和验收。

4.3 如经复查仍未整改到位的当即下达整改意见书,情况严重的应下达工程暂停令,并现场督促整改。

4.4 施工单位拒不整改或整改不及时的,要及时向施工单位上级、项目所在地建设行政主管部门和建设单位报告。

4.5 施工单位拒不停工整改的,监理部应当及时向工程所在地建设主管部门或工程项目的行业主管部门报告,以电话形式报告的,应当有通话记录,并及时补充书面报告。

4.6 总监理工程师应参加工程质量事故分析会。

五、监理人员教育培训制度

1. 为了规范项目监理部监理人员的教育培训,提高员工的业务水平,以适应所承担的监理工作,根据公司员工教育培训制度,制定本制度。

2. 本制度适用于监理部对监理人员的日常教育培训。岗位技能培训、执业资格培训、国家注册人员继续教育、上级机关及主管部门的适应性培训、临时性培训、安全生产教育培训等按公司员工教育培训制度实施。

3. 总监或总监代表负责实施本监理部监理人员的教育培训。

4. 新员工的入职培训上岗前,均应首先接受人力资源部主办的入职培训,培训合格后才能派到项目监理部。项目监理部总监或总监代表再负责对其进行二级培训(现场教育培训)。

项目部二级培训内容以监理人员岗位责任、安全制度、安全须知、作业规范及专业技能培训为主。项目部二级培训教育时间不少于16学时。

5. 总监或总监代表每天班前应进行安全监理的教育培训,及时传达公司的监理文件、安全管理文件;指出当前监理工作中的注意事项和应遵守的规定。另外每周应进行至少1小时的集中业务学习,学习有关安全生产的法律、法规、标准、规范和规程等。

6. 监理部应建立培训记录,记录每次的培训学时、培训内容、考核结果。参加培训人员应每天由本人签到。培训记录、签到表应存档。

项目 5　建筑装饰工程进度控制

项目要点

工程进入实施阶段后，监理工程师对工程进度控制是又一个工作重点。监理工程师应采取有效的组织、技术、经济与合同措施，用以实现进度控制的目标。

本项目从系统的角度出发，正确处理进度、投资、工程质量三者之间的矛盾，在矛盾中求得目标的统一。

任务 1　了解项目监理机构进度控制的内涵

任务介绍

为了向国庆献礼，某公共建筑装饰工程竣工日期为 2012 年 9 月 30 日，精装修工期为两个月。现场面临工期紧、任务重等特点，工程项目能否在预定的时间内交付使用，直接影响到投资效益的发挥。本任务要求重点掌握监理方进度计划编制的方法和步骤。

任务目标

1. 知识目标

① 了解建筑装饰工程进度控制的涵义和影响因素；

② 掌握进度控制的任务和职责；

③ 掌握监理方进度计划编制的方法和步骤。

2. 能力目标

根据监理规划的要求，能了解建筑装饰工程进度及进度控制的内涵。

任务要求

学生分组组成的各监理项目部，由总监理工程师负责统筹安排，组织各专业监理工程师协调工作，做到一人一岗，落实责任。可在课下上网搜索相关资料和翻阅工具书，课上各抒己见，深刻领会建筑装饰工程进度及进度控制的内涵。任务完成后，以小组为单位，交流学习成果，交流方式不限，提出学习中遇到的问题及其解决措施。

相关知识

5.1　建筑装饰工程施工阶段进度控制

5.1.1　进度控制的含义和影响因素

1. 进度控制的含义

装饰装修工程进度控制是指对工程项目施工阶段的工作内容、工作程序、持续时间和衔接关系根据进度目标及资源优化配置的原则编制计划并付诸实施,然后在进度计划的实施过程中经常检查实际进度是否按计划要求进行,对出现的偏差情况进行分析,采取补救措施或调整原计划后再付诸实施,如此循环,直到装饰装修工程竣工验收交付使用。装饰装修工程进度控制的总目标是施工合同的工期。

2. 影响建筑装饰工程进度计划实施的因素

(1)资金的影响

如建设方未及时支付足额的预付款或工程款。

(2)各参建单位的影响

由于各参建单位之间信息传递不畅通、彼此之间考虑事情的立场不同,而导致影响进度的正常进行,因此需要监理人员充分发挥监理的作用,协调进度,加强协作,互相监督,按施工合同办事,安排必要的机动时间,使计划留有余地。

(3)设计变更的影响

由于原设计方案的可行性较差,或建设方又提出了新的要求,因此设计变更是在所难免的事情。

(4)物资供应的影响

物资供应不及时或物资质量不符合标准要求,均会影响施工进度。

(5)施工条件的影响

这里主要指气候、现场条件等不利因素的影响。

(6)各种风险因素的影响

风险因素包括政治上的战争、罢工等和经济上的通货膨胀、分包商违约等。

(7)自身技术不当和管理失误的影响

例如选择的施工工艺有误、施工方案不合理、安全措施不当、施工管理不善、解决问题不及时等。

5.1.2 施工进度控制的任务和职责

1. 监理工程师的任务和职责

① 审批下达工程开工令。监理工程师下达开工令的时间,对建设单位和施工单位都十分重要。开工日期应根据合同条款的规定,在中标函发出之后,于规定的期限内开工,这是建设单位和施工单位双方的义务。建设单位应该根据合同的规定,按时提供设计图纸、有关档案和测量控制网点,并办理有关法律、财务等手续,以保证施工单位能正常开展工作,履行义务。施工单位应当为开工做好劳动力、材料、机械设备和施工现场临时设施等准备。

监理工程师应当检查建设单位和施工单位双方开工准备情况,并在符合开工条件和要求以后,下达开工令,即工程正式开始施工。开工令是确定施工工期的依据。施工工期从开工日期起算,至竣工验收、交付使用止。开工令是具有法律效力的指令性文件。

② 审核和确认总进度控制计划。监理工程师应在熟悉合同文件、施工图纸以及各种技术规范、标准等的基础上,编制工程项目的总进度控制计划;以便审核和确认施工单位提交的施工总进度计划及月、周实施进度计划;必要时提出建设性的意见,调整进度计划。

进度计划经监理工程师确认、批准以后,即成为合同条件的一部分,是今后处理工程延期、费用索赔的重要依据。

③ 专业监理工程师应依据施工合同有关条款、施工图及经过批准的施工组织设计制定进度控制方案，对进度目标进行风险分析，制定防范性对策，经总监理工程师审定后报送建设单位。

④ 突出控制网络图中的节点，明确提出若干个阶段目标，严格控制关键线路上的关键工序、关键分项分部工程或单项工程的控制工期的实现。

⑤ 监督检查进度计划的实施。监理工程师应以经确认的总进度计划为依据，监督、检查进度计划的实施，并记录实际进度及其相关情况，这是一项经常性的工作。在一般情况下，每周检查一次施工单位的进度情况，或检查根据总进度计划确定的各分部工程、分项工程（或各分包单位）的目标是否按期完成。监理工程师应定期对施工单位的实际进度与计划进度进行比较；如果实际施工进度拖延时，应督促施工单位采取有效措施，加快进度，及时修改下一阶段施工进度计划，以保证按期完工。必要时，可下达指令，要求施工单位采取有效措施，追赶进度。同时，根据施工单位的进度计划完成情况（包括资源投入、施工机械的使用、实物工程量等）做好记录，审查月度报表，签署月进度款支付凭证。

当实际进度严重滞后于计划进度时，应与建设单位商定采取进一步措施。

⑥ 搞好现场协调工作。协助施工总包单位编制和落实分包项目计划，协调好各施工单位之间的工序安排，尽可能减少相互干扰，以便保证项目顺利实施。

⑦ 督促、协调施工单位物资按计划供应，以保证施工按计划实施。

⑧ 索赔处理。公正、合理地处理好有关方面的索赔要求，尽可能减少对工期有重大影响的"工程变更"指令，以保证施工按计划执行。

⑨ 工程延期及工程延误的处理。如果由于施工单位自身的原因和失误，造成工期的延长为工程延误，其一切损失应由施工单位承担（包括监理工程师同意以后，所采取加快工程进度的措施费用和误期损失赔偿费）。

如果由于施工单位以外的原因造成的施工期延长，如工程变更、工程量增加、建设单位的延误（包括未能提供设计图纸、未按规定的时间支付工程款等）、异常恶劣的气候条件、自然灾害和战争等造成的工期延长为工程延期。经过监理工程师批准以后，其延长的时间属于合同工期的一部分，竣工时间可以顺延，增加的费用应由建设单位承担。

监理工程师应按照有关的合同条件，公正、合理地区分工程延误与工程延期，并及时根据延误部分工程的实际情况和对总工期的影响，批准工程工期延长的时间，办理签证手续。

⑩ 签发工程暂停令及复工报审表，抢工期一定要在保证工程质量及安全的情况下科学合理地进行，如盲目地抛开质量及安全，一味地追求进度，监理工程师有权在征得建设方同意的情况下，下发工程暂停令，要求施工方针对质量问题及安全问题进行整改，待上述问题均整改到位后，应对施工方的复工报审表及时给予确认。

⑪ 定期向建设单位报告工程进度情况。在提交工程进度报告的同时，还应不断地组织召开进度协调会议，解决进度控制中的重大问题，签发会议纪要。

总监理工程师应在监理月报中向建设单位报告工程进度和所采取进度控制措施的执行情况，并提出合理预防由建设单位原因导致的工程延期及其相关费用索赔的建议。

⑫ 及时做好工程质量评定和竣工验收工作。由于建筑工程产品的特殊性，应及时协助建设单位和施工单位作好检验批、分项工程、分部（子分部）工程、单位（子单位）工程和全部工程的验收工作，以及工程在建设过程中的隐蔽工程验收工作，使工程在建设过程中能一道工序紧跟一道工序顺利地进行。

2. 编制监理进度计划

为了有效地控制装饰装修工程进度，监理工程师不仅要审查施工单位提交的进度计划，还要编制监理进度计划，以确保进度控制目标的实现。

1）编制进度计划的依据

① 经过规划设计等有关部门和有关市政配套审批、协调的文件；

② 有关的设计文件和图纸；

③ 建设工程施工合同中规定的开竣工日期；

④ 有关的概算文件、劳动定额等；

⑤ 施工组织设计和主要分项、分部工程的施工方案；

⑥ 工程施工现场的条件；

⑦ 材料、半成品的加工和供应能力；

⑧ 机械设备的性能、数量和运输能力；

⑨ 施工管理人员和施工工人的数量与能力水平等。

2）编制进度计划应考虑的因素

① 建设工程施工合同规定的开竣工日期和施工工期；

② 对有关专业施工分包的时间要求，如有关设备供货、安装、调试等的时间要求；

③ 各专业、工种配合土建施工的能力；

④ 材料、半成品、机械设备、劳动力等资源的情况；

⑤ 资金筹集能力；

⑥ 外界自然条件的影响；

⑦ 进度计划的连续性、均衡性和经济性等。

3）编制进度计划的方法和步骤

进度计划编制前，应对编制的依据和应考虑的因素进行综合研究。其具体的编制方法和步骤如下：

（1）划分施工过程

编制进度计划时，应按照设计图纸、文件和施工顺序把拟建工程的各个施工过程列出，并结合具体的施工方法、施工条件、劳动组织等因素，加以适当整理。

在编制控制性施工进度计划时，施工过程的划分可以粗一些，如列出分部工程的名称，或楼层分段等；在编制实施性进度计划时，则应适当细一些，特别是对主导工程、主要分项工程和分部工程，应尽量详细，不漏项，以便掌握进度，指导施工，否则不容易暴露、发现问题，失去了指导施工的意义。

在划分施工过程时，还要密切结合选择的施工方案。因为对同一施工的分项或分部工程，往往由于施工方案不同，不仅会影响施工过程的名称、内容和数量的确定，还会影响施工顺序的安排。

（2）确定施工顺序

在确定施工顺序时，要考虑：

① 各种施工工艺的要求；

② 各种施工方法和施工机械的要求；

③ 施工组织合理的要求；

④ 确保工程质量的要求；

⑤ 工程所在地区的气候特点和条件；

⑥ 确保安全生产的要求。

(3)计算工程量

工程量计算应根据施工图纸和工程量计算规则进行,同时应注意:

① 工程量的计量单位应与相应定额中的计量单位一致；

② 应考虑施工方法和安全技术的要求；

③ 应结合施工组织与施工方法的要求,分层、分段或分区计算；

④ 将编制进度计划需要的工程量计算与编制施工预算、材料和半成品的进料计划、劳动力计划的工程量计算一同考虑。

(4)确定劳动力用量和机械台班数量

应根据各分项工程、分部工程的工程量、施工方法和相应的定额,并参考施工单位的实际情况和水平,计算各分项工程、分部工程所需的劳动力用量和机械台班数量。

(5)确定各分项工程、分部工程的施工天数,并安排进度。

当有特殊要求时,可根据工期要求,倒排进度;同时在施工技术和施工组织上采取相应的措施,如在可能的情况下,组织立体交叉施工、水平流水施工,增加工作班次,提高混凝土早期强度等。

(6)施工进度图表

施工进度图表是施工项目在时间和空间上的组织形式。目前表达施工进度计划的常用方法有网络图和流水施工水平图(又称横道图)。

流水施工水平图用线条形象地表达了各个分项工程、分部(子分部)工程的施工进度,各个分项工程、分部(子分部)工程的工期和单位(子单位)工程的总工期,并且综合反映了它们之间相互的关系和各施工单位(或队组)在时间和空间上的相互配合关系。但对于比较复杂的工程,如分项工程、分部(子分部)工程项目较多,或工序衔接、配合复杂时,就难以充分暴露矛盾,特别是在计划执行过程中,某些项目发生提前或拖后时,将对哪些项目产生多大的影响就难以分清,且不能反映出施工中的主要矛盾。

用网络图的形式表示施工进度计划,能够克服流水施工水平图的不足,充分揭示出施工过程中各个工序之间的相互制约和相互依赖的关系,有利于计划的检查和调整,便于计划的优化和计算机的应用。

在网络图计划的编制过程中,一般也是采取分阶段逐步深化的方法,即采用绘制多级网络的方法,由粗到细,由浅入深,将计划逐级分解和综合,以便检查、监督、分析、平衡和调整。

(7)进度计划的优化

进度计划初稿编制以后,需再次检查各分部(子分部)工程、分项工程的施工时间和施工顺序安排是否合理,总工期是否满足合同规定的要求,劳动力、材料、施工机械设备需用量是否出现不均衡的现象,主要施工机械设备是否充分利用。经过检查,对不符要求的部分予以改正和优化。

任务2　掌握项目监理机构进度控制内容

任务介绍

在项目实施过程中，由于幕墙施工方进度严重滞后，导致木地板及外窗无法进行收口施工，使实际进度产生偏差，丙监理公司项目部采取了有效的措施进行监控，并及时进行纠偏，使其顺利达到预定的工期目标。

任务目标

1. 知识目标

① 了解建筑装饰工程进度控制的工作程序；

② 掌握建筑装饰工程进度控制的内容。

> **重要提示：**
> 施工进度监理控制的工作内容是北京市建筑工程监理员（工民建）培训考核大纲的要求。

2. 能力目标

根据编制的进度计划与实际进度相比较，能采取有效的措施进行监控，并及时进行纠偏，使其顺利达到预定的工期目标。

任务要求

学生分组组成的各监理项目部，由总监理工程师负责统筹安排，组织各专业监理工程师，协调工作，做到一人一岗，落实责任。可在课下上网搜索相关资料和翻阅工具书，课上各抒己见，熟练掌握建筑装饰工程进度控制的方法。任务完成后，以小组为单位，交流学习成果，交流方式不限，提出学习中遇到的问题及其解决措施。

相关知识

5.2　建筑装饰工程施工阶段进度控制的内容

5.2.1　工程施工进度控制的工作程序

项目监理机构应按下列程序进行工程进度控制：

① 总监理工程师审批承包单位报送的施工总进度计划；

② 总监理工程师审批承包单位编制的月度、周施工进度计划；

③ 专业监理工程师对进度计划实施情况进行检查和分析；

④ 当实际进度符合计划进度时，应要求承包单位编制下一期进度计划；当实际进度滞后于计划进度时，专业监理工程师应书面通知承包单位采取纠偏措施并监督实施。

5.2.2　工程施工进度控制的工作内容

施工阶段进度控制的主要内容包括施工前、施工过程中和施工完成后的进度控制。

1. 施工前进度控制的内容

（1）编制施工阶段进度控制方案

施工阶段进度控制方案是监理工作计划在内容上的进一步深化和补充，它是针对具体的施工项目编制的，是施工阶段监理人员实施进度控制的更详细的指导性技术文件，是以监理工作计划中有关进度控制的总部署为基础而编制的，应包括：

① 施工阶段进度控制目标分解图；

② 施工阶段进度控制的主要工作内容和深度；

③ 监理人员对进度控制的职责分工；

④ 进度控制工作流程；

⑤ 有关各项工作的时间安排；

⑥ 进度控制的方法（包括进度检查周期、数据收集方式、进度报表格式、统计分析方法等）；

⑦ 实现施工进度控制目标的风险分析；

⑧ 进度控制的具体措施（包括组织措施、技术措施、经济措施及合同措施等）；

⑨ 尚待解决的有关问题等。

（2）审核或编制施工总进度计划

审核的内容包括：

① 进度安排是否满足合同工期的要求和规定的开竣工日期；

② 项目的划分是否合理，有无重项或漏项；

③ 项目总进度计划是否与施工进度分目标的要求一致，该进度计划是否与其他施工进度计划协调；

④ 施工顺序的安排是否符合逻辑，是否满足分期投产使用的要求，是否符合施工程序的要求；

⑤ 是否考虑了气候对进度计划的影响；

⑥ 材料物资供应是否满足均衡性和连续性的要求；

⑦ 劳动力、机具设备的计划是否能确保施工进度分目标和总进度计划的实现；

⑧ 施工组织设计的合理性、全面性和可行性如何；应防止施工单位利用进度计划的安排造成建设单位的违约、索赔事件的发生；

⑨ 建设单位提供资金的能力是否与进度安排一致；

⑩ 施工工艺是否符合施工规范和质量标准的要求；

进度计划应留有适量的余地，如应留有质量检查、整改、验收的时间；应当在工序与工序之间留有适量空隙、机械设备试运转和检修的时间等。

监理工程师在审查过程中发现问题，应及时向施工单位提出，并协助施工单位修改进度计划；对一些不影响合同规定的关键控制工作的进度目标，允许有较灵活的安排。

需进一步说明的是，施工进度计划的编制和实施，是施工单位的基本义务；将进度计划提交监理工程师审核、批准，并不解除施工单位对进度计划在合同中所承担的任何责任和义务。同样，监理工程师审查进度计划时，也不应过多地干预施工单位的安排，或支配施工中所需的材料、机械设备和劳动力等。

在有些情况下，施工进度计划也可由监理人员编制；不过，监理人员编制的施工进度计划是粗线条的，控制性的，详细的项目实施计划还得由施工单位编制。

监理工程师对施工阶段进度控制的工作流程如图5-1所示。

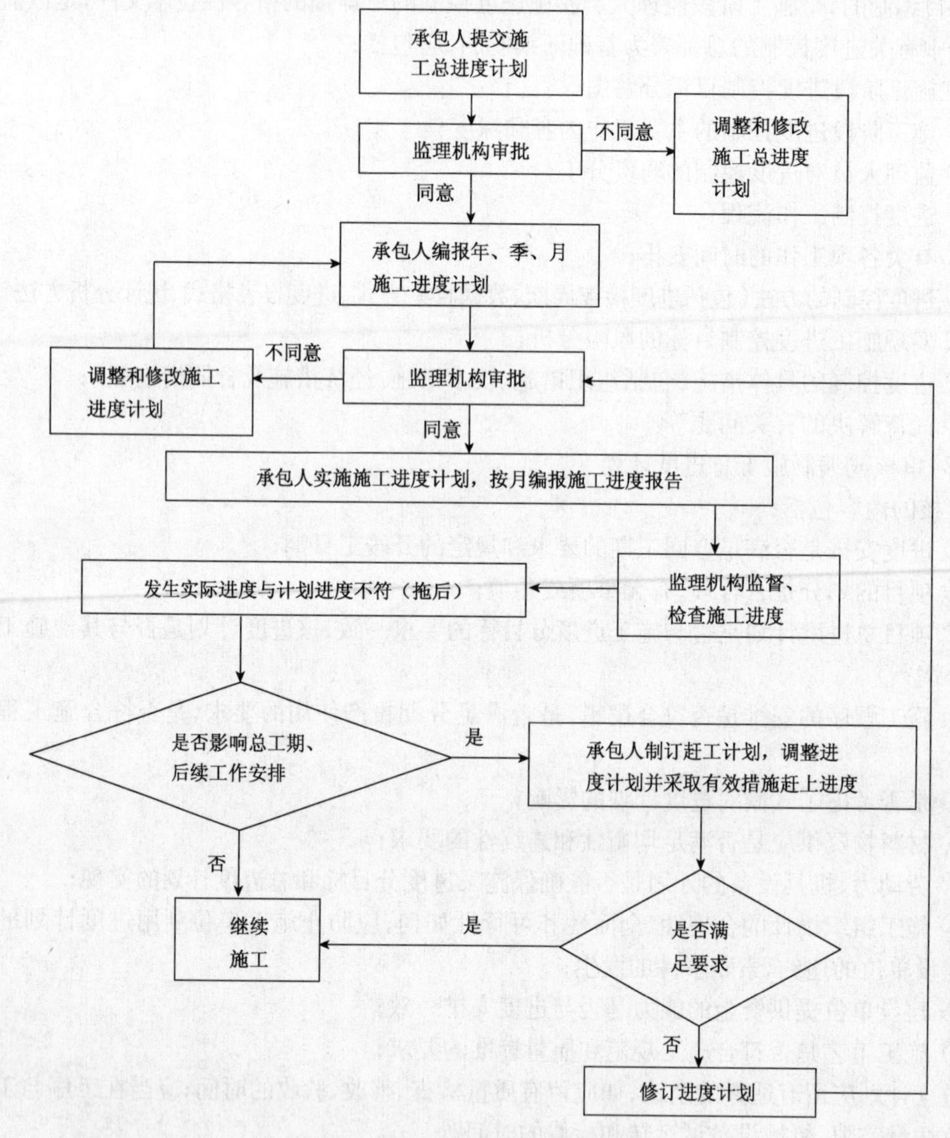

图 5-1　施工阶段进度控制工作流程

(3)进行进度计划系统的综合

监理工程师在对施工单位提交的进度计划进行审核时,还要注意把若干个相互关联的处于同一层次或不同层次的进度计划综合成一个多级群体的总进度计划,使之方便于了解各个局部计划之间的关系和影响,以利于总计划的控制。

(4)编制月度、季度、年度工程计划

编制月度、季度工程计划,作为施工单位近期执行的指令性计划,以保证年度工程计划和施工总进度计划的实现;而以施工总进度计划为基础编制的年度工程计划,是作为建设单位准备和拨付工程款、备用金的依据,同时做好所需各种资源的准备(包括施工力量、建筑机械设备和材料等)。

2. 施工过程中进度控制的内容

监理工程师监督进度计划的实施，是一项经常性的工作；他以被确认的进度计划为依据，在项目施工过程中进行进度控制，是施工进度计划能否付诸实现的关键过程。一旦发现实际进度与目标偏离，即应采取措施，纠正这种偏差。

施工过程中进度控制的具体内容包括：

① 经常深入现场，了解情况，协调有关方面的关系，解决工程中的各种冲突和矛盾，以保证进度计划的顺利实施；

② 协助施工单位实施进度计划，随时注意进度计划的关键控制点，了解进度计划实施的动态；

③ 及时检查和审核施工单位提交的周进度统计分析数据和报表；

④ 严格进行进度检查，要了解施工进度的实际状况，避免施工单位谎报工作量的情况，为进度分析提供可靠的数据；

⑤ 做好监理进度记录；

⑥ 对收集的有关进度数据进行整理和统计，并将计划与实际进行比较，跟踪监理，从中发现进度是否出现或可能出现偏差；

⑦ 分析进度偏差给总进度带来的影响，并进行工程进度的预测，从而提出可行的修正措施；

⑧ 当计划严重拖后时，应要求施工单位及时修改原计划，并重新提交监理工程师确认；计划的重新确认，并不意味着工程延期的批准，而仅仅是要求施工单位在合理的状态下安排施工。监理工程师应监督按调整的计划实施；

⑨ 通过周报或月报，向建设单位汇报工程实际进展情况，并提供进度报告；

⑩ 在周现场协调会上，及时分析、通报工程进度情况，协调各有关单位之间的生产活动；

⑪ 核实已完工程量，签发应付工程进度款。

3. 施工完成后进度控制的内容

① 及时组织工程的初验和验收工作；

② 按时处理工程索赔；

③ 及时整理工程进度数据，为建设单位提供信息，处理合同纠纷，积累原始资料；

④ 工程进度数据应归类、编目、存盘，以便在工程竣工后，归入竣工档案备查；

⑤ 根据实际施工进度，及时修改和调整验收阶段进度计划和监理工作计划，以保证下一阶段工作的顺利开展。

任务3　掌握项目监理机构进度的控制方法

任务介绍

项目进入实施阶段后，监理工程师应该对建设项目的实施进度进行有效的控制，使其顺利达到预定的工期、质量和造价目标，本任务就是围绕这个目标而开展的。

任务目标

1. 知识目标

① 掌握建筑装饰工程进度控制的检查、分析与调整；

② 掌握建筑装饰工程进度控制的方法。

2. 能力目标

根据监理规划的要求，能够运用前锋线法进行实际进度与计划进度的比较，分析和预测工程进度状况，使进度处在受控中。

任务要求

学生分组组成的各监理项目部，由总监理工程师负责统筹安排，组织各专业监理工程师，协调工作，做到一人一岗，落实责任。可在课下上网搜索相关资料和翻阅工具书，课上各抒己见，深刻领会建筑装饰工程进度控制的检查、分析与调整方法。任务完成后，以小组为单位，交流学习成果，交流方式不限，提出学习中遇到的问题及其解决措施。

相关知识

5.3 装饰工程施工进度检查、分析与调整

5.3.1 进度计划的检查

专业监理工程师应检查进度计划的实施，并记录实际进度及其相关情况，当发现实际进度滞后于计划进度时，应签发监理工程师通知单指令承包单位采取调整措施。当实际进度严重滞后于计划进度时应及时报总监理工程师，由总监理工程师与建设单位商定采取进一步措施。

由于建设工程项目存在着施工周期长，参与的单位(或部门)多，需投入的劳动力、资金和材料量大等特点，同时还受到设计变更、自然灾害(或气候条件影响)、施工组织不当或施工技术上的失误等影响，有时会使工程项目不能按原定计划进行。

只要监理工程师和计划控制人员掌握了进度实施的状况和问题产生的原因，还是可以通过对计划的调整和有效的进度管理得到弥补，或将损失和影响减少。

施工阶段进度计划不可能一成不变。实际上的管理是动态管理，控制也是动态控制。因此监理工程师应经常收集工程进度信息，不断将实际进度与计划进度进行比较，分析原因，并对下一阶段工作将会产生的影响作出判断，以便采取对策。

检查的方法如下：

① 定期收集施工单位的报表(包括进度计划、资金、材料、劳动力、机械设备等)；

② 定期计量或对分项工程、分部(子分部)工程的工程量进行复核；

③ 随时收集设计变更数据；

④ 定期召开现场协调会；监理工程师可以通过召集周例会或月度生产会，详细了解工程进展情况、存在的和潜在的各种问题，寻求解决的办法和措施。

5.3.2 实际进度与计划进度的比较方法

重要提示：

实际进度与计划进度的比较方法是北京市建筑工程监理员(工民建)培训考核大纲的要求。

监理方在日常巡视过程中，可以对实际进度了如指掌，便于与计划进度进行比较，其比较方法有前锋线比较法、S曲线比较法、香蕉曲线比较法、列表比较法与横道图比较法等。

现重点介绍最常用的前锋线比较法。

前锋线比较法是通过绘制某检查时刻工程项目实际进度前锋线,进行工程实际进度与计划进度比较的方法,它主要适用于时标网络计划。所谓前锋线,是指在原时标网络计划上,从检查时刻的时标点出发,用点画线依此将各项工作实际进展位置点连接而成的折线。前锋线比较法就是通过实际进度前锋线与原进度计划中各工作箭线交点的位置来判断工作实际进度与计划进度的偏差,进而判定该偏差对后续工作及总工期影响程度的一种方法。采用前锋线比较法进行实际进度与计划进度的比较,其步骤如下:

1. 绘制时标网络计划图

工程项目实际进度前锋线是在时标网络计划图上标示,为清楚起见,可在时标网络计划图的上方和下方各设一时间坐标。

2. 绘制实际进度前锋线

一般从时标网络计划图上方时间坐标的检查日期开始绘制,依次连接相邻工作的实际进展位置点,最后与时标网络计划图下方坐标的检查日期相连接。

工作实际进展位置点的标定方法有两种:

① 按该工作已完任务量比例进行标定;

② 按尚需作业时间进行标定。

3. 进行实际进度与计划进度的比较

前锋线可以直观地反映出检查日期有关工作实际进度与计划进度之间的关系。对某项工作来说,其实际进度与计划进度之间的关系可能存在以下三种情况:

① 工作实际进展位置点落在检查日期的左侧,表明该工作实际进度拖后,拖后的时间为二者之差;

② 工作实际进展位置点与检查日期重合,表明该工作实际进度与计划进度一致;

③ 工作实际进展位置点落在检查日期的右侧,表明该工作实际进度超前,超前的时间为二者之差。

4. 预测进度偏差对后续工作及总工期的影响

通过实际进度与计划进度的比较确定进度偏差后,还可根据工作的自由时差和总时差预测该进度偏差对后续工作及项目总工期的影响。由此可见,前锋线比较法既适用于工作实际进度与计划进度之间的局部比较,又可用来分析和预测工程项目整体进度状况。

值得注意的是,以上比较是针对匀速进展的工作。对于非匀速进展的工作,比较方法较复杂,此处不赘述。

图5-2所示为某公共建筑装饰工程时标网络图的前锋线比较法。该计划在执行到第5天18:00检查实际进度时,发现工作A已全部完成,工作B和C分别完成计划任务量的1/3与2/3,工作D尚未开始,根据前锋线比较法的原理,可知工作B进度滞后1天,由于工作B处于关键线路上,故使总工期滞后1天;工作C实际进度与计划进度一致,不会影响总工期;工作D尚未开始,进度滞后2天,但因工作D的总时差为2天,故其推迟2天不会影响总工期,但将影响其后续工作G的最早开始时间推迟1天,工作H的最早开始时间推迟2天。

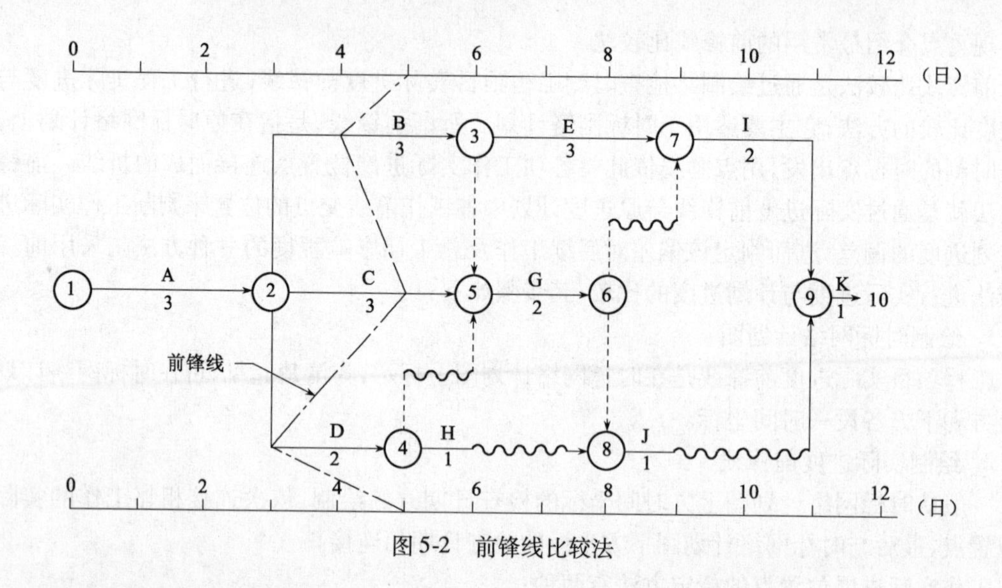

图 5-2　前锋线比较法

5.3.3　进度计划偏差的分析

在工程实施阶段，应经常对进度的实际情况与原进度计划进行比较和分析。当进度出现偏差时，需要对此偏差的大小、产生的原因、所处的位置是否处于关键线路上，是否会对下一步工作造成影响、是否会影响总工期等进行判断和分析。对于处在关键线路上的各项工作，不论偏差大小，都将会对下一步工作和项目的总工期造成影响，应采取赶工措施，以减少对进度计划的影响，或对进度计划进行调整。

5.3.4　施工进度计划的调整

究竟对进度计划进行怎样的调整，应在对原进度计划进行偏差分析的基础上确定。

1. 施工进度计划调整的方式

① 改变各工作之间的逻辑关系，如增加各工作之间的协调工作，改变关键线路上各工作之间的先后顺序，增加相互搭接时间等。

② 改变有关事项工作的延续时间，如增加相适应的劳动力、材料、或施工机械设备等资源，或增加施工班次，以达到压缩关键线路上有关工作的延续时间，加快进度、保证总工期的目标实现。

2. 进度计划调整的具体措施

> **重要提示：**
> 工程进度控制（调整）的措施是北京市建筑工程监理员（工民建）培训考核大纲的要求。

(1)组织措施

① 增加工作面，组织更多的施工人员。

② 增加每天的施工时间（采取两班制等）。

③ 增加劳动力和施工机械的数量。

(2)技术措施

① 改进施工工艺和施工技术，缩短工艺技术间歇时间。

② 采用先进的施工方法，以缩短施工过程的数量。

③ 采用先进的施工机械。

(3)经济措施

① 实行包干奖励。

② 提高奖金数额。

③ 对所采取的技术措施给予相应的经济补偿。

(4)合同措施

① 加强合同管理,协调合同工期与进度计划之间的关系,保证合同中进度目标的实现。

② 严格控制合同变更,对各方提出的工程变更和设计变更,监理工程师应认真审查后再补入合同文件中。

③ 加强风险管理,在合同中应充分考虑风险因素及其对进度的影响,以及相应的处理方法。

④ 加强索赔管理,公正地处理索赔。

> **重要提示:**
>
> 在实际施工过程中,常常会较盲目地抢工期的现象较多,在教师点评时,应重点强调这一点。

一般地,无论采取哪一种措施,都会增加费用。因此,在调整施工进度计划时,应选择费用增加最小的关键工作作为压缩的对象,同时要深刻谨记,抢工期一定要在保证工程质量和安全的情况下,科学合理地抢工期。

5.3.5　进度控制的方法

① 根据设计工期编制实施总进度计划,并以此为依据,审查工程承包单位编制的工程总进度计划,并经总监理工程师批准后,由承包单位执行。承包单位编制的月工程进度计划,必须经项目监理工程师审核批准后,由承包单位执行。

② 工程进度计划实施中,监理工程师应对承包单位的实际工程进度进行跟踪监督,应用网络技术,实施动态控制。发现偏离及时签发“监理通知”,要求承包单位及时采取措施,实现进度计划安排。

③ 每周项目监理部检查工程实际进度,并与计划进度相比较,如实际工程进度滞后于计划进度,则召开监理会议进行协调,共同查明滞后的原因,协助承包单位采取措施,挽回工程进度。

④ 每周末对工程实际进度进行检查,如与计划进度有较大差异时,立即分析原因采取纠正措施。

⑤ 对总进度计划根据动态控制原则,勤检查,常调整,使实际工程进度符合计划进度,并制定出总工期被突破后的补救措施计划。

⑥ 根据本工程的规模、质量标准,各工艺的复杂程度和施工难度,施工现场条件以及施工队伍的人员、设备等具体情况,全面分析施工承包单位编制的施工总进度计划的合理性、可行性,从中发现可能影响施工进度的因素,并采取预控措施,降低或消除控制进度计划的风险程度。

⑦ 分析、掌握施工承包单位主要工程材料、设备供应的安排,人力、物力、资金的状况,及时调整和修改进度计划。

⑧ 随时调查了解施工现场各种可能影响施工进度计划实现因素的产生、变化，积极协调各方关系，报告项目法人并发送施工单位即时调整。

⑨ 在监理月报中报告工程进度情况。

⑩ 向施工单位发布调整施工进度的指令。

· 监理向施工单位发布书面指令或会议纪要，要求其用行政手段，改善施工组织、增加施工力量、调整机械配置，保证按要求实现工程进度计划。

· 按施工合同规定要求，发布书面指令督促施工单位按网络计划完成工程进度目标。

· 通过口头指令，以帮促形式，使施工单位改变施工工序协调施工力量，达到进度控制的要求。

5.3.6 工程延期

1. 工程延期的申请条件

由于以下原因导致工期拖期，施工单位有权提出延长工期的申请，监理工程师应按合同的规定，批准工程延期时间。

① 监理工程师发出工程变更指令而导致工程量增加。

② 合同所涉及的任何可能造成工程延期的原因，如延期交图、工程暂停、对合格工程的剥离检查及不利的外界条件等。

③ 异常恶劣的气候条件。

④ 由于建设单位造成的任何延误、干扰或障碍，如未及时提供场地、未及时付款等。

⑤ 除施工单位自身以外的其他任何原因。

2. 工程延期批准程序（图 5-3）

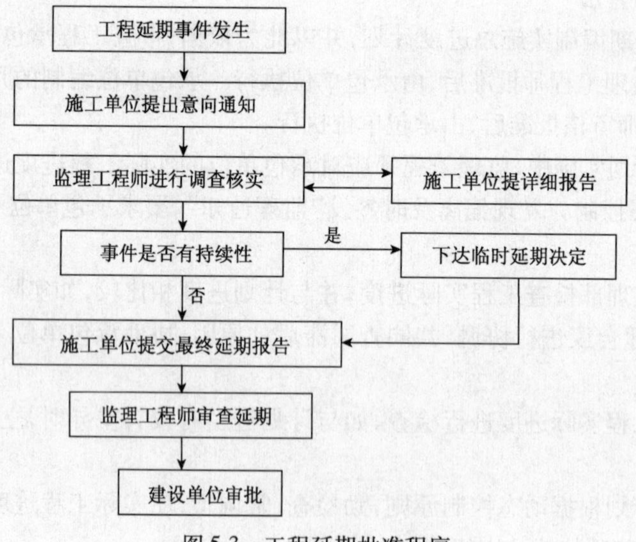

图 5-3 工程延期批准程序

项目小结

为了向国庆献礼，进度控制在本工程中显得尤为重要，为了达到建设方的进度目标，监理工程师应采取科学合理、行之有效的方法。本项目训练学生熟悉工程进度控制的措施、掌握施工进度监理控制的工作内容，具有初步编制监理方进度计划、进行实际进度与计划进度的比较的能力，使工程进度按部就班地处于受控中。

项目评价

建筑装饰工程进度控制评价表

姓名:			学号:		
组别:			组内分工:		
评价标准					
序号	具体指标	分值	组内自评分	组外互评分	教师点评分
1	对施工单位进度计划的审查	20			
2	对施工单位劳动力、材料、设备投入的检查	20			
3	对工程施工进度控制工作内容的把握	20			
4	运用前锋线法进行实际进度与计划进度比较的能力	20			
5	组织召开现场进度协调会的能力	20			
6	合计	100			

项目练习

一、单选题

1. 不属于影响建筑装饰工程进度计划实施的因素是(　　)。

A. 各参建单位的影响　　B. 物资供应的影响

C. 施工条件的影响　　D. 设备品牌的影响

2. 专业监理工程师应将批准的进度控制方案,经总监理工程师审定后报送是(　　)。

A. 总包单位　　B. 分包单位　　C. 建设单位　　D. 监理单位

3. 为了有效地控制装饰装修工程进度,监理工程师(　　),以确保进度控制目标的实现。

A. 审查施工单位提交的进度计划

B. 不仅要审查施工单位提交的进度计划,还要编制监理进度计划

C. 编制监理进度计划

D. 具体情况具体分析

4. 编制监理方进度计划不应考虑的因素有(　　)。

A. 施工单位的进度计划　　B. 各专业、工种配合土建施工的能力

C. 外界自然条件的影响　　D. 资金筹集能力

5. 加强索赔管理,公正地处理索赔是进度计划调整具体措施的(　　)措施。

A. 合同　　B. 经济　　C. 组织　　D. 技术

6. 经总监理工程师批准后的进度计划,由承包单位执行。当出现进度偏差时,由(　　)来承担相关责任。

A. 监理单位　　B. 建设单位　　C. 分包单位　　D. 承包单位

7. 下列不属于实际进度与计划进度比较法的是(　　)。

A. S 曲线比较法　　B. 香蕉曲线比较法　　C. 横道图比较法　　D. 网络图比较法

8. 下列建设工程进度影响因素中,属于业主因素的是(　　)。

A. 地下埋藏文物的保护、处理　　B. 合同签订时遗漏条款、表达失当

C. 施工场地条件不能及时提供　　D. 特殊材料及新材料的不合理使用

9. 下列建设工程进度控制措施中,属于合同措施的是(　　)。

A. 建立进度协调会议制度　　B. 编制进度控制工作细则

C. 对应急赶工给予优厚的赶工费　　D. 推行 CM 承发包模式

10. 关于监理工程师审批工程延期应遵循的原则的说法,正确的是(　　)。

A. 工程延期必须符合计划进度安排　　B. 延长的时间不应超过工作总时差

C. 工程延期必须事先申请和报告　　D. 工程延期必须符合实际情况

【参考答案】

1. D　2. C　3. B　4. A　5. A　6. D　7. D　8. C　9. D　10. C

二、案例分析题

某综合楼工程,地下 1 层,地上 10 层,钢筋混凝土框架结构,建筑面积 28 500m^2,某施工单位与建设单位签订了工程施工合同,合同工期约定为 20 个月。施工单位根据合同工期编制了该工程项目的施工进度计划,并且绘制出施工进度网络计划如图 5-4 所示(单位:月)。

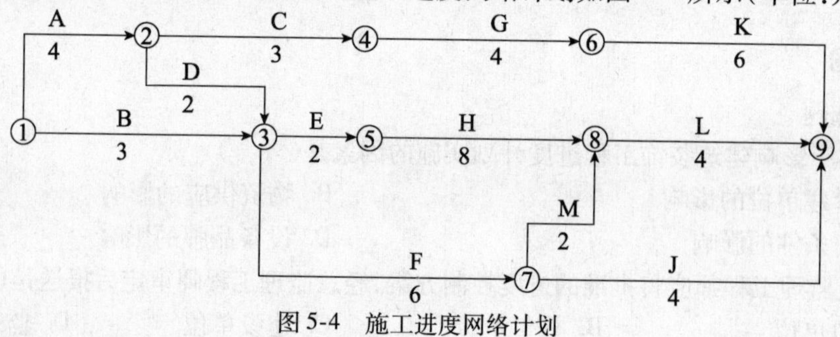

图 5-4　施工进度网络计划

在工程施工中发生了如下事件。

事件一:因建设单位修改设计,致使工作 K 停工 2 个月;

事件二:因建设单位供应的建筑材料未按时进场,致使工作 H 延期 1 个月;

事件三:因不可抗力原因致使工作 F 停工 1 个月;

事件四:因施工单位原因工程发生质量事故返工,致使工作 M 实际进度延迟 1 个月。

问题:

1. 指出该网络计划的关键线路,并指出由哪些关键工作组成。

2. 针对本案例上述各事件,施工单位是否可以提出工期索赔的要求?并分别说明理由。

3. 上述事件发生后,本工程网络计划的关键线路是否发生改变?如有改变,指出新的关键线路。

4. 对于索赔成立的事件,工期可以顺延几个月?实际工期是多少?

【参考答案】

1. 该网络计划的关键线路为:①→②→③→⑤→⑧→⑨

该网络计划的关键工作为:A、D、E、H、L

2. 事件一:施工单位不可提出工期索赔要求,因为该工作不影响总工期;

事件二:施工单位可提出工期索赔要求,因为该工作在关键线路上,影响总工期,且属建设单位责任;

事件三:施工单位不可提出工期索赔要求,因为该工作不影响总工期;

事件四:施工单位不可提出工期索赔要求,因是施工单位自身责任造成的。

3. 上述事件发生后,本工程网络计划的关键线路没有发生改变。

4. 对于索赔成立的事件,可顺延工期1个月。实际工期是21个月。

知识补充

一、工程开工复工申请审批制度

1. 总则

1.1　为了规范工程开工复工申请的审批,保证工程开工复工的条件符合规范、规程的要求,根据《建设工程监理规范》的规定,特制定本制度。

1.2　总监理工程师、专业监理工程师按照各自的职责和分工,对施工单位报送的审核文件、报验资料等进行审核。

1.3　审查必须严格、仔细,必须进行现场实际调查,做出准确的审核意见。审核人员必须如实填写审核记录,签署相应的审核意见并签名。

2. 审核内容

2.1　资质和安全生产许可证审核

总监理工程师审核施工企业的资质和安全生产许可证是否合法有效。

2.2　安全管理体系的审核

① 项目总监理工程师检查施工单位(包括总承包单位及各分包单位)安全管理体系、安全责任制的建立情况;

② 审查施工单位在工程项目上的安全生产规章制度和安全监管机构的建立及专职安全生产管理人员配备情况;

③ 审查施工单位检查各分包单位的安全生产规章制度的符合情况;审核总承包单位和分包单位安全生产责任制的落实情况。

2.3　三类人员考核及合格证书的审核

审核建筑施工单位主要负责人、本项目负责人和专职安全生产管理人员是否具备合法资格,是否有经过考核合格的证书,是否与投标文件相一致。

2.4　特种作业人员的操作资格证书的审核

审核施工单位垂直运输机械作业人员、安装拆卸工、爆破作业人员、起重信号工、登高架设作业人员、电焊工、电工等特种·作业人员是否按照国家有关规定经过专门的安全作业培训,并取得特种作业操作资格证书、特种作业操作资格证书是否合法有效。

2.5　入场施工人员的三级安全培训教育和考核审核

检查施工单位的安全教育培训制度是否落实,安全教育培训考核不合格的人员,不得上岗。

2.6　施工设备的审核

① 检查施工单位各种设备是否完好,技术资料是否齐全;物料是否堆放整齐,设备安置是否合理;安全标志是否设置合理有效;

② 安全监理人员负责核查施工现场的特种设备如施工起重机械、整体提升脚手架、模板等自升式架设设施和安全设施，必须由有资质的单位和机构进行安装和验收，并出具有检测检验报告；

③ 核查使用单位施工现场的特种设备使用登记备案情况，包括应有产品合格证、检测检验报告、使用登记备案资料、定期自检记录和定期维护保养记录。安全监理人员核查其验收记录，并签收备案。

2.7 施工组织设计和专项施工方案的审核

总监理工程师组织审查并核准施工组织设计的安全技术措施和专项施工方案。

(1)施工组织设计的安全技术措施的审核

① 施工组织设计的安全技术措施必须符合工程建设强制性标准；

② 危险性较大工程，施工单位要按照《危险性较大工程安全专项施工方案编制及专家论证审查办法》编制安全专项施工方案(包括拆除)，项目总监理工程师组织专业监理工程师，按照建质[2004]213 号、JGJ 120—2012《建筑基坑支护技术规程》等文件及规程要求，对安全专项施工方案进行会审。必要时，组织召开专家组论证评审会，并写出纪要和评审报告；

③ 对于重大特殊工程，项目监理部还应将施工组织设计(施工方案)报公司技术负责人审核后，再由总监理工程师签发给承包单位，确保方案的可靠安全。

(2)施工流程、施工方法、质量保证措施审查

施工流程是否合理，采取的施工方法是否可行，质量保证措施是否可靠，特别是重点工程、关键部位的质量管理措施是否可靠。

(3)工期和进度审查

工期安排是否满足建设工程施工合同要求；进度计划能否保证施工的连续性、均衡性和合理性。

2.8 施工图纸的审核

施工单位已进行施工图纸会审，项目监理部也完成了对施工图纸的会审。施工图纸审查与校核发现的问题已用书面形式汇总提交给了建设单位，并在设计交底时由设计单位做了答疑。

2.9 应急救援预案的审核

检查施工单位是否建立了完善的安全生产应急救援预案、突发事故处理预案，包括：

① 施工单位应按规定编制建筑质量安全事故、火灾、水灾、基坑开挖边坡坍塌、脚手架及支撑系统架体倒塌、高空坠落、塔吊失稳、高空坠物伤人、触电等安全事故处理预案。

② 从施工一进场就成立突发安全事故处理小组，根据施工方案编制切实可行的预案，建立严密有效的监测系统，提高安全隐患的防范能力。

③ 施工单位应按规定作好预案物资准备，制定处理突发事故物资专物专用制度，严禁挪作他用。

④ 检查施工单位应急救援预案的人员到位情况。

2.10 安全防护措施费用使用计划审核

施工单位对列入建设工程概算的安全作业环境及安全施工措施所需费用，应当用于施工安全防护用具及设施的采购和更新、安全施工措施的落实、安全生产条件的改善，不得挪作他用。

2.11　施工安全技术交底制度和危险作业审批制度的审核

检查施工单位是否建立施工安全技术交底制度和危险作业审批制度。

2.12　消防制度的审核

对施工单位编制的针对本工程切实可行的施工现场消防安全措施和安全保护方案及时审核。

2.13　意外伤害保险审核

审核施工单位为施工现场从事危险作业的人员办理意外伤害保险情况。

2.14　安全生产条件审核

安全监理工程师核查施工单位安全生产准备工作已经达到开工条件。

2.15　其他审查

审查核验其他应该审查核验的事项。

2.16　开工许可令

审核合格后，由总监理工程师签发开工许可令。审核不合格项，由总监理工程师签发整改通知书，限期整改，直至整改合格。

2.17　复工许可

停工后复工也要进行审查核验、批准。

3. 审核记录

报审表或审核记录需存档保管。

二、工程进度控制制度

1. 总则

1.1　为了规范监理部的工程进度控制工作，保证监理工程的施工进度能按照合同工期目标实施，根据《建设工程监理规范》及有关规定，结合公司监理工作的具体情况，制定本制度。

1.2　总监理工程师按照合同工期目标，审批施工单位报送的施工总进度计划。

1.3　总监理工程师审批施工单位编制的年、季、月度施工进度计划和主要分包单位编制的专业性施工进度计划。

1.4　专业监理工程师负责对施工进度计划实施情况进行检查、分析，并记录实施进度及其相关情况。

2. 施工进度控制

2.1　当实际进度滞后于进度计划时，专业监理工程师应书面通知施工单位采取纠偏措施并监督实施。对施工中存在的人力、机械、材料、设备供应不到位，施工质量差，技术力量薄弱，管理组织不力，消极配合等情况，专业监理工程师采取监理通知、警告指令、赶工指令及相应的处罚措施。

① 日常检查当发现实际进度滞后于进度计划时，应签发监理工程师通知单指令施工单位采取调整措施。

② 周进度计划滞后，采取召开工地监理例会调整、专题协调会或警告指令。

③ 月进度计划滞后，应分析原因并采取相应的纠偏措施。

④ 当实际进度严重滞后于进度计划时，应及时报告总监理工程师，由总监理工程师与建设单位商定采取进一步措施。

2.2　总监理工程师应在监理月报中向建设单位报告工程进度和所采取进度控制措施的执行情况，并提出合理预防由建设单位原因导致的工程延期及相关费用索赔的建议。

2.3　所有的进度控制资料均需妥善保管和备案。

三、专题例会制度

① 为了规范监理部专题例会的组织和召开，根据《建设工程监理规范》及有关规定，结合公司监理工作的具体情况，制定本制度。

② 总监理工程师根据需要决定组织召开有关方参加的各类专题研讨会，以便解决工程施工中的专项问题。

③ 专题例会由总监理工程师或其授权的专业监理工程师主持，各方与会议专题有关的负责人及专业人员参加会议。

④ 会议要由指定的监理人员记录，记录要求真实、准确。

⑤ 参加会议人员需进行签到。

⑥ 会议内容应形成会议纪要。会议纪要由与会各方代表会签，经总监理工程师审阅签发、发至合同有关方执行，并作签收手续。

⑦ 会议纪要、会议记录和签到表应归档保存。

项目6　建筑装饰工程投资控制

项目要点

建筑装饰工程投资控制作为工程项目监理的四大控制之一，就是要通过有效的投资控制和具体投资控制措施，在满足进度和质量要求的前提下，力求工程实际投资不超过计划投资，以保证投资目标的实现，进而实现监理目标。本项目在让学生了解建设工程投资控制的概念及构成基础上，理解投资控制的目标、原理，熟悉投资控制的任务与措施，从而掌握投资控制的主要方法。

任务1　了解项目监理机构投资控制的内涵

任务介绍

甲房地产开发公司就公共建筑装饰工程项目，与乙建筑公司签订了施工总承包合同，并通过招投标委托丙监理公司实施施工阶段的监理，就该公共建筑装饰工程项目监理工程项目投资进行分析。

任务目标

1. 知识目标

① 掌握建筑装饰工程投资的概念；

② 掌握我国现行建筑装饰工程投资构成。

2. 能力目标

根据某公共建筑装饰工程的施工情况，分析建筑装饰工程投资的构成。

任务要求

学生分组组成的各监理项目部，由总监理工程师负责统筹安排，组织各专业监理工程师，协调工作，做到一人一岗，落实责任。可在课下上网搜索相关资料和翻阅工具书，课上各抒己见，深刻分析我国现行建筑装饰工程投资构成。任务完成后，以小组为单位，交流学习成果，交流方式不限，提出学习中遇到的问题及其解决措施。

相关知识

6.1　建筑装饰工程投资控制概述

6.1.1　建筑装饰工程投资的概念

1. 建设工程总投资和建设投资

工程建设项目的投资指工程项目从建设所需要的全部建设费用，它包括从工程项目的可行性研究开始,直至项目竣工交付使用所花费的全部建设费用的总和。其中包括建筑安装费用、设备(工器具)购置费、建设其他费用、贷款利息、投资方向调节税及维持生产所需流动基金等。

工程项目完成的过程就是实现投资目标的过程,对投资进行控制的目的就是为了确保投资目标的实现。因此,投资的控制应贯穿项目实施全过程。

建设工程总投资是指进行某项工程建设花费的全部费用。生产性建设工程总投资包括建设投资和铺底流动资金两部分;非生产性建设工程总投资则只包括建设投资。

建设投资由设备(工器具)购置费、建筑安装工程费、工程建设其他费用、预备费(包括基本预备费和涨价预备费)、建设期利息和固定资产投资方向调节税(目前暂免征)组成。

2. 建筑安装工程费

建筑安装工程费是指建设单位用于建筑和安装方面的投资,由建筑工程费和安装工程费两部分组成。

3. 工程建设其他费

工程建设其他费是指未纳入以上两项的,根据设计文件要求和国家有关规定应由项目投资支付的为保证工程建设顺利完成和交付使用后能够正常发挥效益而发生的一切费用,如土地使用费、建设单位管理费、设计费、生产准备费等。

4. 建筑装饰装修工程投资

建筑装饰装修工程投资是建设工程中用于完成装饰分部或者分项工程的全部费用,是建设工程总投资的重要组成部分。

5. 建设项目的静态投资和动态投资

建设项目投资可以分为静态投资部分和动态投资部分。静态投资部分由建筑安装工程费、设备(工器具)购置费、工程建设其他费和基本预备费组成。动态投资部分,是指在建设期内因建设期利息、建设工程需缴纳的固定资产投资方向调节税和国家新批准的税费、汇率、利率变动以及建设期价格变动引起的建设投资增加额。其包括涨价预备费、建设期利息和固定资产投资方向调节税。

6. 工程造价

工程造价是指工程项目预计开支或实际开支的全部固定资产投资费用,在实际应用工程造价还可指工程价格,即预计或实际在土地市场、设备市场、技术劳务市场及承包市场等交易活动中所形成的建筑安装工程价格和建设工程的总价格。

6.1.2 我国现行建筑装饰工程投资构成

我国现行的建筑装饰装修工程费用的项目组成因计价模式不同,有两种主要模式。一种是定额计价模式(通行文件为 206 号文),另一种是工程量清单计价模式。两种模式略有差异,但无实质性差异。

1. 定额计价模式下的建筑装饰工程费用项目组成(图 6-1)

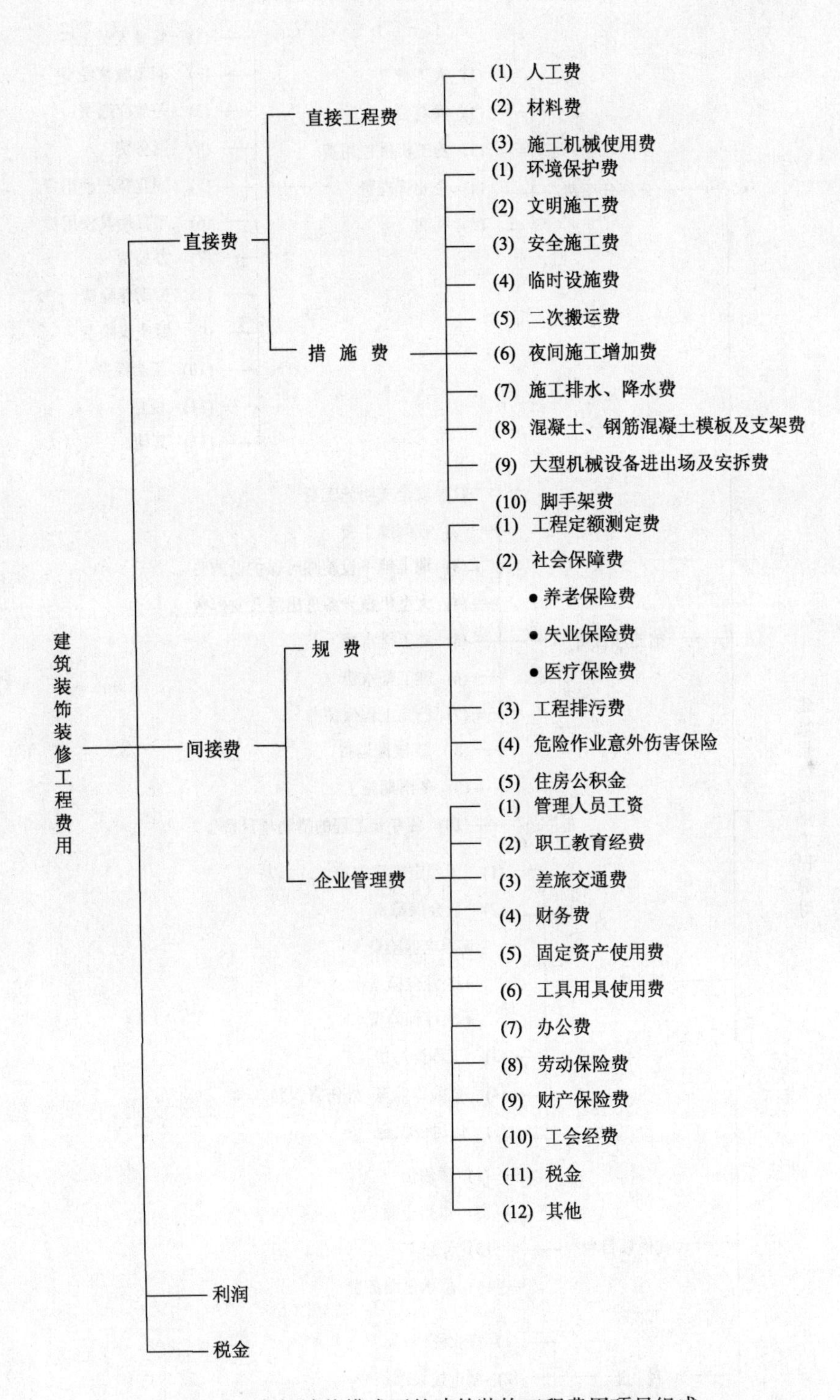

图6-1 定额计价模式下的建筑装饰工程费用项目组成

2. 工程量清单计价模式下的建筑装饰工程费用项目组成(图6-2)

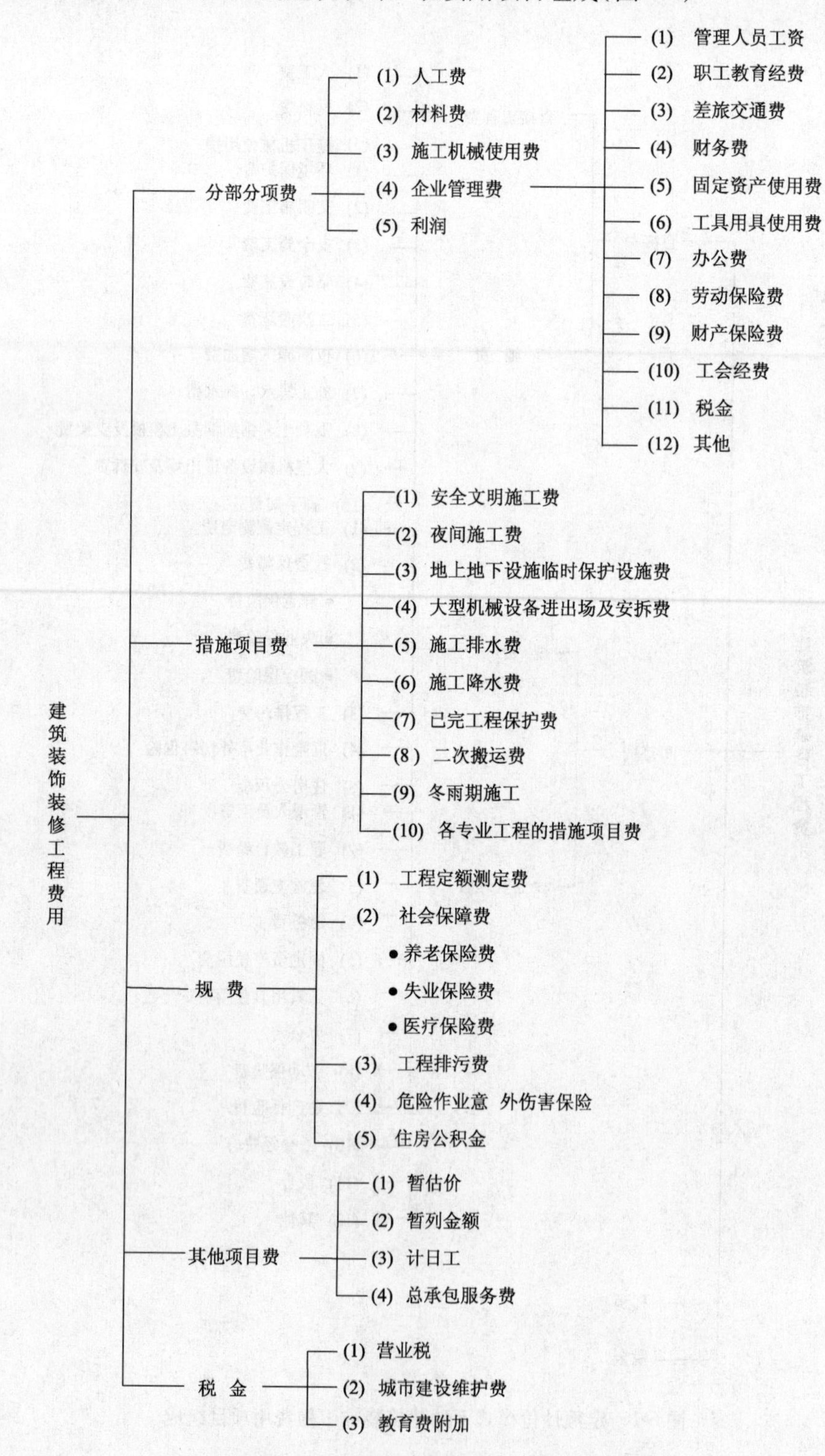

图6-2 清单计价模式下的建筑装饰工程费用项目组成

6.1.3　建筑装饰工程投资控制

对任何一个工程项目说来，投资控制是一个全过程、全方位的系统管理过程。建筑装饰装修工程相对结构工程工期较短，造价较高，且都需要单独设计，不仅土建专业分项工程多，在改造工程尤其是高级装修工程中，又含水、电、弱电、风、消防、通信、音响等相关专业，各工种融通交叉。其中专业性强的分项工程，需要专业公司设计与施工全权承担。因此监理工程师的投资控制需从施工准备阶段入手，即从方案阶段开始，逐步深入到施工阶段各环节中，结合工程实际，公正、科学地进行投资控制，即遵守价格运动规律和市场运行机制，合理使用建设资金，提高建设单位的投资效益。

1. 建筑装饰工程投资控制含义

建筑装修工程投资控制是指在投资决策阶段、设计阶段、建设项目招投标阶段和施工阶段，把项目投资控制在批准的投资限额内，以保证项目投资目标的实现，取得较好的经济效益和社会效益。

2. 建筑装饰工程投资控制原理

监理工程师在施工阶段进行投资控制的基本原理即动态控制原理，是把计划投资额作为投资控制的目标值，是工程施工过程中定期(一般每两周或一个月)进行投资实际值与目标值的比较，通过比较发现并找出实际支出额与投资控制目标值之间的偏差，分析偏差产生的原因，并采取有效措施加以控制，以保证投资目标的实现。其控制过程如图6-3所示。

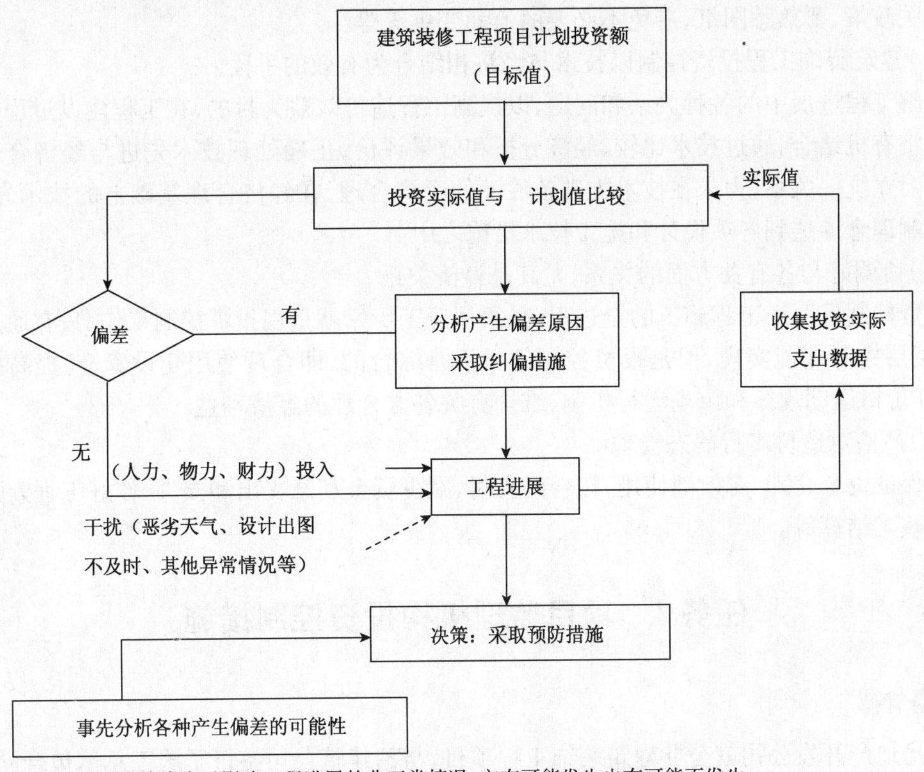

注：虚箭线表示影响工程进展的非正常情况，它有可能发生也有可能不发生。

图6-3　建筑装饰工程投资控制原理

3. 建筑装饰工程投资控制原则

建筑装饰工程投资的有效控制就是在优化设计方案的基础上，在建设程序的各个阶段，采用一定的方法和措施把工程造价的发生控制在合理的范围和核定的造价限额以内，以求合理使用人力、物力和财力，取得较好的投资效益。其具体为：

① 投资估算是建设工程设计方案选择和进行初步设计的投资控制目标。

② 设计概算是进行技术设计和施工图设计的投资控制目标。

③ 施工图预算或建安工程承包合同价是施工阶段投资控制的目标。

4. 建筑装饰工程投资控制方法

(1)建筑装饰工程投资控制以设计阶段控制为重点

投资控制贯穿于项目建设全过程，但是必须重点突出。国外研究表明，影响项目投资最大的阶段，是约占工程项目建设周期 1/4 的技术设计结束前的工作阶段。随着项目进展，在施工图设计阶段，影响项目投资的可能性已降至 5% ~35%，这与我国情况大致吻合。项目投资控制的重点在于施工以前的投资决策和设计阶段，而在项目做出投资决策后，控制项目投资的关键就在于设计。

(2)建筑装饰工程投资控制以主动控制为主要方法

投资控制中最主要的方法是主动控制，事前控制，从项目整体来说要能动地影响投资决策设计、发包和施工；从施工过程中说，要事先做好各种预测，要掌握市场行情，了解各种价格规律和相关政策，要熟悉图纸，避免不必要的洽商变更等等。

(3)建筑装饰工程投资控制以技术与经济相结合为有效的手段

了解工程进展中的各种关系和问题，以提高工程造价效益为目的，在工程建设过程中把技术与经济有机结合，通过技术比较、经济分析和效果评价，正确处理技术先进与经济合理两者之间的对立统一关系，力求在技术先进条件下的经济合理，在经济合理基础上的技术先进，把投资控制理念渗透到各项设计和施工技术措施之中。

(4)协调好与各有关方面的关系，尤其是经济关系

投资控制贯穿于工程施工的全过程，必须从开工伊始就重视投资控制工作，只有通过逐项控制、层层控制才能实现，但是投资控制的目标是综合的，即合理使用建设资金，提高投资效益，遵守价格运动规律和市场运行机制，维护有关各方合理的经济利益。

(5)严格对造价实行静态管理

如保证资金合理、有效地使用，按合同支付，减少资金利息支出和损失，作好工程索赔价款结算及竣工结算等。

任务2　项目监理机构投资控制措施

任务介绍

甲房地产开发公司就公共建筑装饰工程项目，与乙建筑公司签订了施工总承包合同，并通过招投标委托丙监理公司实施施工阶段的监理，就上节公共建筑装饰工程项目监理工程项目投资的分析结果，讨论投资控制的主要措施。

任务目标

1. 知识目标

① 掌握项目监理机构投资控制的主要任务；

② 掌握项目监理机构投资控制的主要措施。

2. 能力目标

① 能够理解项目监理机构投资控制的主要任务；

② 正确区分投资控制的组织、经济、技术和合同措施；

③ 基本掌握项目监理机构不同施工阶段应采取的组织、经济、技术和合同措施。

任务要求

学生分组组成的各监理项目部，由总监理工程师负责统筹安排，组织各专业监理工程师，协调工作，做到一人一岗，落实责任。可在课下上网搜索相关资料和翻阅工具书，课上各抒己见，掌握项目监理机构投资控制的主要任务和措施。任务完成后，以小组为单位，交流学习成果，交流方式不限，提出学习中遇到的问题及其解决措施。

相关知识

6.2　建筑装饰工程投资控制的任务和措施

6.2.1　建筑装饰工程投资控制的任务

建筑装饰工程项目监理机构在建设工程不同阶段的投资控制的主要任务如表6-1所示。

表6-1　投资控制的主要任务

阶段	主办任务	协助任务 （亦属主要任务）
建设前期阶段	1. 机会研究，可行性研究； 2. 编制项目建议书、投资估算； 3. 市场调查与预测； 4. 环境影响评价、财务评价、国民经济及社会评价	
设计阶段	1. 组织设计方案竞赛与招标，评选设计方案； 2. 编制本阶段资金使用计划，并进行付款控制； 3. 设计潜挖、设计论证； 4. 审查设计概预算	1. 协助业主提出设计要求； 2. 协助设计单位开展限额设计工作
施工招标阶段	1. 准备与发送招标文件； 2. 编制工程量清单和招标工程标底	1. 协助评审投标书，提出评标建议； 2. 协助业主和承包单位签订合同
施工阶段	1. 对项目造价目标进行风险分析，制定防范对策； 2. 审查功能变更方案，协商确定工程变更的价款； 3. 工程量计算和工程款支付； 4. 建立月完成工程量和工作量统计表，对实际完成量与计划量进行比较、分析和工程款支付； 5. 收集、整理施工和监理资料，为处理费用索赔提供证据； 6. 按施工合同的有关规定进行竣工结算，对竣工结算的价款总额与建设单位和承包单位进行协商	

6.2.2 建筑装饰工程投资控制的措施

要有效地控制投资，应从组织、技术、经济等多方面采取措施。建筑装饰工程施工阶段投资控制的措施如表6-2所示。

表6-2 建筑装饰工程施工阶段投资控制措施

控制措施	具体方法
组织措施	1. 在项目管理班子中落实从投资控制角度进行施工跟踪的人员任务分工和职能分工； 2. 编制本阶段投资控制工作计划和详细的工作流程图
经济措施	1. 编制资金使用计划，确定、分解投资控制目标。对工程项目造价目标进行风险分析，并编制防范性对策； 2. 进行工程计量； 3. 复核工程付款账单，签发付款证书； 4. 在施工过程中进行投资跟踪控制，定期地进行投资实际支出值与计划值目标值的比较；发现偏差，分析产生偏差原因，采取纠偏措施； 5. 协商确定工程变更的价款，审核竣工结算； 6. 对工程施工过程中的投资支出做好分析与预测，经常或定期向建设单位提交项目投资控制及其存在的问题报告
技术措施	1. 对设计变更进行技术经济比较，严格控制设计变更； 2. 继续寻找通过设计挖潜节约投资的可能性； 3. 审核承包商编制的施工组织设计，对主要施工方案进行技术经济比较
合同措施	1. 做好工程施工记录，保存各种文件图纸；特别是注有实际施工变更情况的图纸，注意积累素材，为正确处理可能发生的索赔提供依据。参与处理索赔事宜； 2. 参与合同修改、补充工作，着重考虑它对投资控制的影响

任务3 掌握项目监理机构投资控制方法

任务介绍

甲房地产开发公司就公共建筑装饰工程项目，与乙建筑公司签订了施工总承包合同，并通过招投标委托丙监理公司实施施工阶段的监理，分析该公共建筑装饰工程项目投资控制主要方法。

任务目标

1. 知识目标

① 熟悉建筑装饰施工阶段监理投资控制的工作流程、投资偏差分析与纠正的方法；

② 掌握工程计量、工程变更的处理；

③ 熟悉工程结算内容。

2. 能力目标

① 能够理解投资控制的工作流程；

② 能够结合某公共建筑装饰工程，运用投资偏差分析与纠正措施；

③ 能够结合某公共建筑装饰工程，处理工程计量、变更等。

任务要求

学生分组组成的各监理项目部，由总监理工程师负责统筹安排，组织各专业监理工程师，协调工作，做到一人一岗，落实责任。可在课下上网搜索相关资料和翻阅工具书，课上各抒己见，深刻领会工程计量、工程变更的处理，同时能够结合某公共建筑装饰工程，运用投资偏差分析与纠正措施。任务完成后，以小组为单位，交流学习成果，交流方式不限，提出学习中遇到的问题及其解决措施。

相关知识

6.3　建筑装饰工程施工阶段投资控制

6.3.1　建筑装饰施工阶段投资目标控制

1. 建筑装饰施工阶段投资控制目标含义

建筑装饰施工阶段投资控制目标就是通过有效的投资控制工作和具体的投资的控制措施，在满足进度和质量要求前提下，力求使工程实际投资不超过计划投资。

2. 建筑装饰施工阶段投资控制主要工作

施工阶段建设工程投资控制的主要任务是通过工程付款控制、工程变更费用控制、预防并处理好费用索赔、挖掘节约投资潜力等来努力实现实际发生的费用不超过计划投资。

为完成施工阶段投资控制的任务，监理工程师应做好以下工作：

① 制订本阶段资金使用计划，并严格进行付款控制，做到不多付、不少付、不重复付；严格控制工程变更，力求减少变更费用。

② 研究确定预防费用索赔的措施，以避免、减少对方的索赔数额；及时处理费用索赔，并协助业主进行反索赔(具体索赔的内容详见8.2)。

③ 根据有关合同的要求，协助做好应由业主方完成的，与工程进展密切相关的各项工作，如按期提交合格施工现场，按质、按量、按期提供材料和设备等工作。

④ 做好工程计量工作。

⑤ 审核施工单位提交的工程结算书等。

施工阶段投资控制的工作流程如图6-4所示。

3. 资金使用计划

投资控制在具体操作上需将投资逐级分解到工程分项上才能具体控制，同时由于工程价款现行的支付方式主要是按工程实际进度支付，因此除按工程分项分解外，还需要按照工程进度计划中工程分项进展的时间编制资金使用时间计划。所以，资金使用计划包括工程分项资金使用计划和单项工程资金使用时间计划。

(1)按项目划分的资金使用计划的编制

按项目划分的资金使用计划的编制在施工预算、投标书(工程量清单及报价单等)的基础上，仍需根据工程实际情况，认真地编制更具体、更有针对性的用于内部控制的资金使用计划。

① 资金使用计划总额按项目构成进行恰当分解，在考虑项目构成时，应以“建筑工程分部分项统一编码表”为基础，并尽可能将其细化。

一般来说，建筑安装工程费用中的人工费、材料费、施工机械使用费等直接费，是可以直接进行分解到各工程分项中的。而间接费、利润、税金，则不宜直接进行分解。至于其他直接费、现场经费，则应对其具体内容进行分析：将其中与各分项有关的费用（材料二次搬运费、检验试验费等等）分离出来，按一定比例分解到相应的分项中；其他与单位工程、分部工程有关的费用（临时设施费、保险费等），则不分解到各分项中。

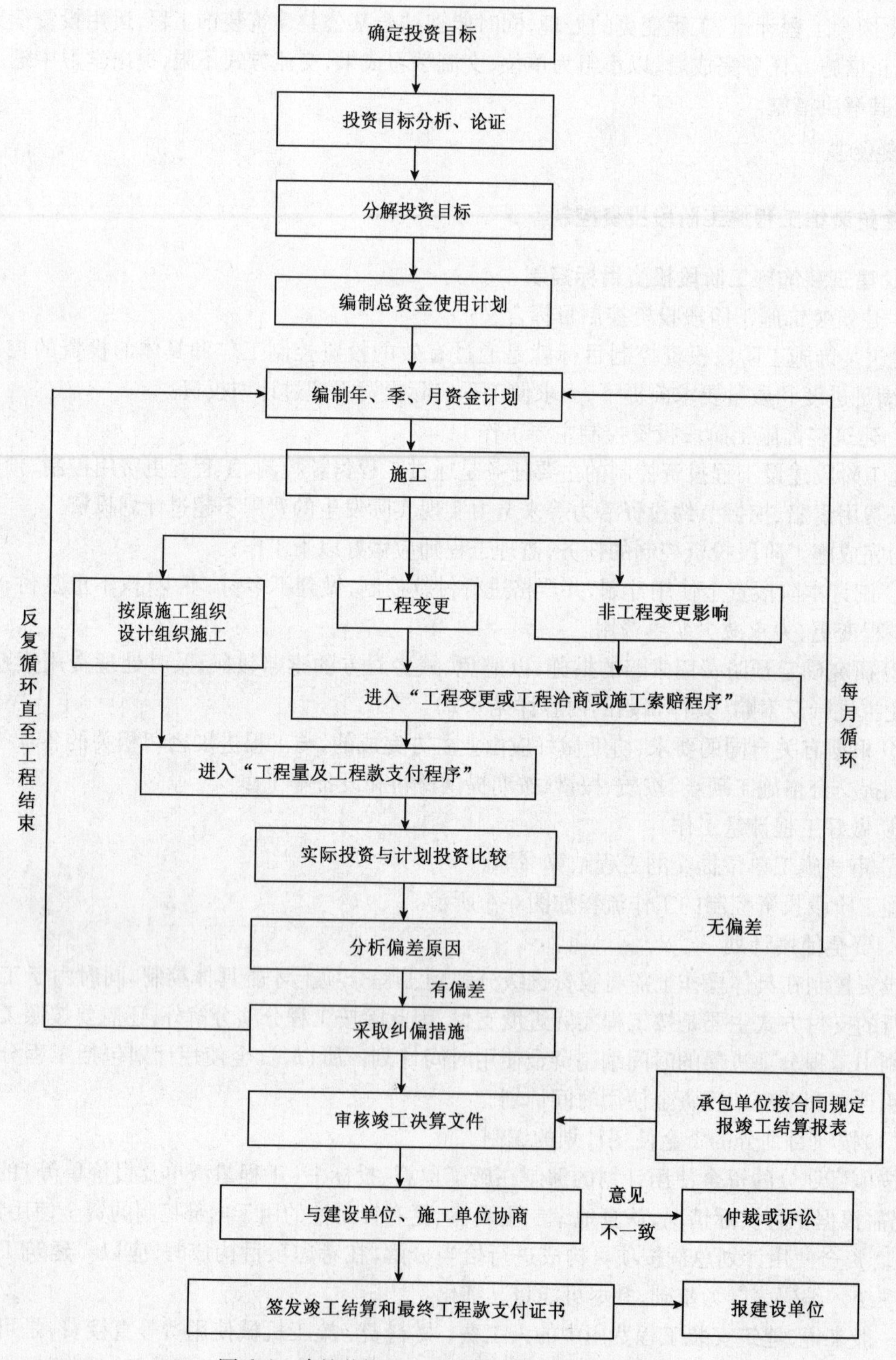

图 6-4 建筑装饰施工阶段投资控制的工作流程

② 确定各工程分项的资金支出预算工程分项的资金支出预算，一般可按下式计算：

$$分项支出预算 = 核实的工程量 \times 单价$$

上式中，核实的工程量可以反映并消除实际与计划如投标书的差异；单价是在上述建筑安装工程费用分解的基础上制定。

③ 编制详细的资金使用计划表

各工程分项的详细资金使用计划表，一般应包括以下几项内容：工程分项的编码、工程内容、计量单位、工程数量、单价、工程分项总价。

当然，在编制资金使用计划时，应在主要的工程分项中考虑适当的不可预见费，做到“留有余地”。另外，对于实际工程量与计划，如工程量清单的差异较大者，还应特殊标明，以便在实施中尽可能采取必要的措施。

(2)按时间进度的资金使用计划的编制

由于施工项目是分阶段实施的，资金的使用与时间进度密切相关。因此，将施工项目的资金使用计划按施工进度进行分解，确定各施工阶段具体的目标值。

① 确定工程施工进度计划，根据项目进度控制中的网络图绘制原理，在建立起进度网络图后，计算相应的时间参数，并确定出关键线路。在确定工程分项支出预算、编制资金使用计划时，可将“进度计划”中的某些密切相关的子项进行适当地合并。

② 计算单位时间内的资金支出目标，根据单位时间 i(月、旬或周)拟完成的实物工程量、投入的资源数量，可以计算出其相应的资金支出额 q_i，并将其绘制在网络图上，如图6-5所示。

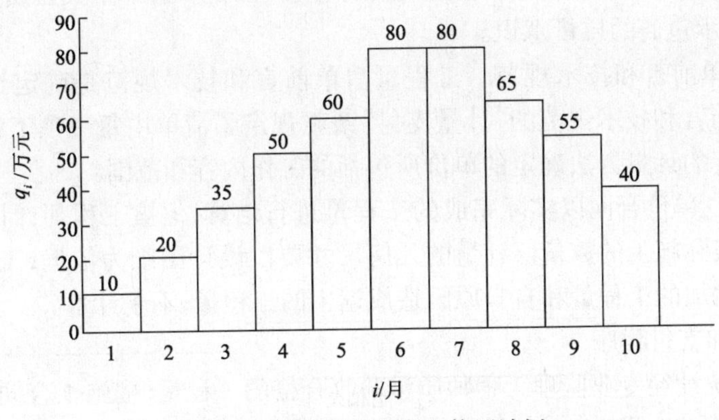

图6-5　单位时间的资金使用计划

③ 计算时间的累计资金支出额，若 q_i 为单位时间 i 的资金支出计划数额，t 为规定的计算时间，则相应的累计资金支出数额 Q_t 可按下式计算：

$$Q_t = \sum_{i=1}^{t} q_i$$

④ 绘制资金使用时间进度计划的S型曲线。将各规定时间 t 及对应的 Q_t 值进行“描点”，即可绘制成资金使用与时间进度的S型曲线，如图6-6所示。

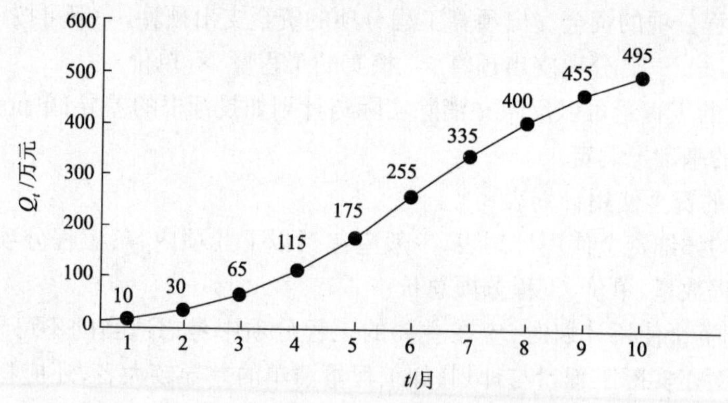

图 6-6　时间投资累计曲线（S 型曲线）

6.3.2　工程计量

工程计量是控制项目投资支出的关键环节，也是约束承包商履行合同义务、强化承包商合同意识的手段。

1. 工程计量的依据

计量依据一般有质量合格证书，工程量清单前言，技术规范中的"计量支付"条款和设计图纸。

① 质量合格证书。对于承包商已完成的工程，并不是全部进行计量，而只是质量达到合同标准的已完工程才予以计量。所以工程计量必须与质量监理紧密配合，经过专业工程师检验，工程质量达到合同规定的标准后，由专业工程师签署报验申请表（质量合格证书），只有质量合格的工程才予以计量。所以说质量监理是计量监理的基础，计量又是质量监理的保证，通过计量支付，强化承包商的质量意识。

② 工程量清单前言和技术规范。工程量清单前言和技术规范是确定计量方法的依据。因为工程量清单前言和技术规范的"计量支付"条款规定了清单中每一项工程的计量方法，同时还规定了按规定的计量方法确定的单价所包括的工作内容和范围。

③ 设计图纸。单价合同以实际完成的工程量进行结算，但被工程师计量的工程数量，并不一定是承包商实际施工的数量。计量的几何尺寸要以设计图纸为依据，工程师对承包商超出设计图纸要求增加的工程量和自身原因造成返工的工程量，不予计量。

2. 工程计量和支付程序

① 承包单位统计经专业监理工程师质量验收合格的工程量，按施工合同的约定填报工程量清单和工程款支付申请表。

② 专业监理工程师进行现场计量，按施工合同的约定审核工程量清单和工程款支付申请表，并报总监理工程师审定；工程款支付申请中，包括合同内工程量、工程变更增减费用、经批准的索赔费用、应扣除的预付款、保留金及合同约定的其他支付费用。

③ 总监理工程师签署工程款支付证书，并报建设单位。

④ 专业监理工程师应及时建立月完成工程量和工作量统计表，对实际与计划完成量进行比较、分析，制订调整措施，并应在监理月报中向建设单位报告。

计量支付程序如图 6-7 所示。

3. 工程计量的方法

监理工程师一般只对以下三方面的工程项目进行计量。

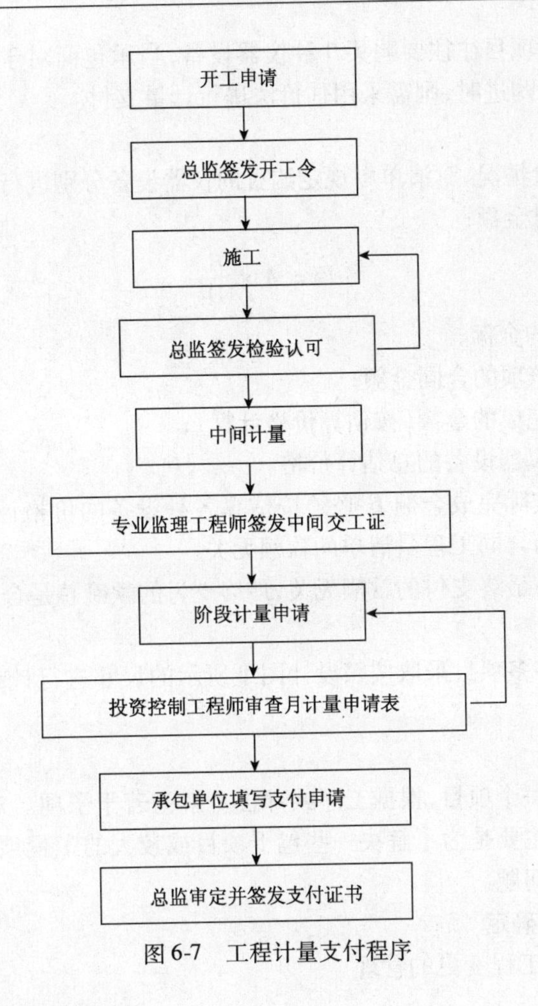

图6-7　工程计量支付程序

① 工程量清单中的全部项目。

② 合同文件中规定的项目。

③ 工程变更项目。

根据FIDIC合同条件的规定，一般可按照以下方法进行计量。

(1)均摊法

对清单中某些项目的合同价款，按合同工期平均计量。如：为监理工程师提供宿舍，保养测量设备，保养气象记录设备，维护工地清洁和整洁等。这些项目都有一个共同的特点，即每月均有发生。所以可以采用均摊法进行计量支付。

例如：保养气象记录设备，每月发生的费用是相同的，如本项合同款额为2000元，合同工期为20个月，则每月计量、支付的款额为：2000/20=100元/月。

(2)凭据法

凭据法就是按照承包商提供的凭据进行计量支付。如建筑工程险保险费、第三方责任险保险费、履约保证金等项目，一般按凭据法进行计量支付。

(3)估价法

估价法就是按合同文件规定，根据监理工程师估算的已完成的工程价值支付。如为监理工程师提供办公设施和生活设施，为监理工程师提供用车，提供测量设备、天气记录设备、通信设备等项目。这类清单项目往往要购买几种仪器设备,当承包商对于某项清单项目中规定购买的仪器设备不能一次购进时,则需采用估价法进行计量支付。

其计量过程如下:

① 按照市场的物价情况,对清单中规定购置的仪器设备分别进行估价。

② 按下式计量支付金额:

$$F = A \times \frac{B}{D}$$

式中 F——计算支付的金额;

A——清单所列该项的合同金额;

B——该项实际完成的金额(按估算价格计算);

D——该项全部仪器设备的总估算价格。

从上式可知:该项实际完成金额 B 必须按估算各种设备的价格计算,它与承包商购进的价格无关;估算的总价与合同工程量清单的款额无关。

当然,估价的款额与最终支付的款额无关,最终支付的款额总是合同清单中的款额。

(4)图纸法

在工程量清单中,许多项目采取按照设计图纸所示的尺寸进行计量。如混凝土构筑物的体积、钻孔桩的桩长等。

(5)分解计量法

分解计量法就是将一个项目,根据工序或部位分解为若干子项。对完成的各子项进行计量支付。这种计量方法主要是为了解决一些包干项目或较大的工程项目的支付时间过长、影响承包商的资金流动等问题。

6.3.3 工程变更价款的确定

1. 项目监理机构对工程变更的管理

(1)发生工程变更

无论是由设计单位或建设单位或承包单位提出的,均应经过建设单位、设计单位、承包单位和监理单位的代表签认,并通过项目总监下达变更指令后,承包单位方可进行施工。

(2)项目监理机构应按下列程序处理工程变更

① 设计单位对原设计存在的缺陷提出的工程变更,应编制设计变更文件;建设单位或承包单位提出的工程变更,应提交总监,由总监组织专业监理工程师审查,审查同意后,应由建设单位转交原设计单位编制设计变更文件(工程变更单应包括工程变更要求、工程变更说明、工程变更费用和工期、必要的附件等内容,有设计变更文件的工程变更应附设计变更文件)。

② 总监理工程师必须根据实际情况、设计变更文件和其他有关资料,按照施工合同的有关条款,在指定专业监理工程师完成需要变更的工作后,对工程变更的费用和工期做出评估,并与承包单位和建设单位进行协调。

③ 总监理工程师签发工程变更单。

④ 监督承包单位实施。

(3)设计单位和承包单位未能就工程变更的费用等方面达成协议时,项目监理机构应提出一个暂定的价格,作为临时支付工程进度款的依据。该项工程款最终结算时,应以建设单位和承包单位达成的协议为依据。

2. 工程变更价款的确定

《建设工程施工合同(示范文本)》中关于工程变更款确定如下:

① 合同中已有适用于变更工程的价格,按此价格。

② 合同中只有类似于变更工程的价格,可以参照此价格。

③ 合同中没有适用或类似于变更工程的价格,由承包人提出适当的变更价格,经监理工程师确认后执行。

6.3.4　工程结算

工程价款结算是指承包商在工程实施过程中,依据承包合同中关于付款条款的规定和已经完成的工程量,并按照规定的程序向建设单位(业主)收取工程价款的一项经济活动。

1. 工程结算的基本规定

工程竣工后,项目监理机构应及时按施工合同的有关规定进行竣工结算,关于竣工阶段投资控制中监理工程师的工作,《建设工程监理规范》规定如下:

① 项目监理机构应及时按施工合同的有关规定进行竣工结算,并应对竣工结算的价款总额与建设单位和承包单位进行协商。当无法协商一致时,应按本规范6.5节的规定进行处理。

② 项目监理机构应按下列程序进行竣工结算。

a. 承包单位按施工合同规定填报竣工结算报表;

b. 专业监理工程师审核承包单位报送的竣工结算报表;

c. 总监理工程师审定竣工结算报表,与建设单位、承包单位协商一致后,签发竣工结算文件和最终的工程款支付证书报建设单位。当无法协商一致时,应按合同争议的调解规定处理。

2. 监理工程师具体操作注意事项

(1)选定结算方式

监理工程师在常规下都早于施工单位介入项目,在协助业主与选定的施工单位签订施工合同时,应根据我国结算的原则,结合项目特点业主资金筹措情况和投入计划,选定恰当适宜的结算方式。

现行工程价款结算有如下多种方式。

① 按月结算:每月末按形象进度结算,若跨年度竣工,由年终增加办理一次结算,此方式多被采用。

② 竣工后一次结算:对整体工程项目,或工期在12个月以内,或者工程承包合同价值在100万元以下的,可以实行工程价款每月月中预支,竣工后一次结算。

③ 分段结算:即当年开工,但不能竣工的项目,按形象进度划分不同阶段进行结算。

④ 目标结款方式:将合同中的工程内容分解成不同的验收单元,不同的控制界面,当承包商完成单元工

程内容并经业主(或其委托人)验收后,结算工程价款。

⑤ 合同约定的其他结算方式:建筑装修工程一般工期较短,资金较少,一年内即可竣工,故竣工后一次结算即可。若工程规模大,跨年度才能完成,可选取按月结算,年终时再结算一次,余下的工程转入下年度。工程结算为各年度结算之总和。

对项目分段或分区明确的项目,可采用目标结款方式。如某工程改造项目,边办公边改造。其建筑物以大厅为中心呈放射状,分为A、B、C、D四区,为不妨碍使用,只能分区流水分

区交付使用，采用目标结算方式甚为恰当。需要注意的是目标结算方式中，对控制界面的设定应明确描述，便于量化和质量控制，同时要适应项目资金的供应周期和支付频率。

（2）及时结算

无论采用何种方式，及时结算是监理工程师的监控内容之一，其中当月的工程款是各种结算的基础，主要是合同内的进度款，也包括合同内变更洽商增减账，合同外新增项目款额，索赔费等，对照中标合同价及相应条款及定额、造价信息、取费率等政策性文件，施工方必须分类计算清楚，上报监理工程师先行审核，提出意见汇总至总监理工程师，对照结算方式通盘审核予以签署支付。

监理进场后，必须向施工方明确结算要及时，所有计量、洽商、变更、签认验收随实际发生当即办理，因为当月不结清拖至以后时过境迁，各方往往难于统一，易产生分歧。这些基础工作做好后要及时做出工程款结算单．必须强调的是承包方概预算人员应经常到现场了解情况，做出实际的结算，不可只依靠文字信息在办公室内上机出散，这种数据与实际会产生不符之处。

（3）及时扣回备料款

建设单位拨付给承包单位的备料款属于预支性质，到了工程实施后随着工程所需主要材料储备的逐步减少，应以抵充工程价款的方式陆续扣回。扣款的方法有以下两种：

① 按合同约定：合同中按约定写明，进度达全部工程量的60%或65%时开始抵扣备料款，这比较方便、直观。至于每次扣多少，分几次扣完，均由双方事先定好写入合同中，依合同条款进行结算。

② 按理论计算出起扣点、抵扣值：备料款的扣抵是从未施的工程中材料及构件的价值等于备料款时开始起扣，以后从每次结算的工程价款中按材料款所占比例计算抵扣值，竣工前全部扣完。

装饰装修工程一般工期较短，不会超过一年，就按年承包工程计，其开始抵扣的工程价款值应按下式计算：

$$\text{开始抵扣预付的工程款价值} = \text{年承包总值} - \frac{\text{预付备料}}{\text{主要材料费比例}}$$

主要材料费比例是事先由业主与监理、施工方协商估计并确认的。

当已完工程超过开始回扣备料款的工程价值时，

$$\text{第一次应扣额度} = (\text{累计完成的工程价值} - \text{开始抵扣时的工程价值}) \times \text{主要材料比例}$$

$$\text{以后每次扣回额度} = \text{每次结算的工程价值} \times \text{主要材料比例}$$

理论上应如此，实际上处理方式各异，工期较短的单项装修工程无需分期扣，也有的工程不预付备料款就更为简单了。

6.3.5 投资偏差分析

1. 投资偏差的概念

建筑装修投资控制中，把投资的实际值与计划值的差异称为投资偏差，即

$$\text{投资偏差} = \text{已完工程实际投资} - \text{已完工程计划投资}$$

投资偏差为正值，表示投资超支；结果为负表示投资节约。

（1）局部偏差和累计偏差

局部偏差有两层含义，一是对于整个项目而言，指单项（位）工程及分部分项工程的投资偏差；二是对于整个项目已经实施的时间而言，指每一控制周期所发生的投资偏差。

(2)绝对偏差和相对偏差

相对偏差 = 绝对偏差/投资计划值

(3)偏差程度

偏差程度 = 实际值/计划值

2. 偏差分析的方法

(1)横道图法

横道图法是用不同的横道标记各种投资,横道的长度与其金额成正比。其形象直观,能准确地表达出投资的绝对偏差,感受偏差的严重性,但信息量少。

(2)表格法

表格法是将各项参数综合纳入一张表格中,直接在表格中进行比较,这种方法灵活,适应性强,信息量大,表格处理可借助于计算机。

(3)曲线法

曲线法是用投资累计曲线来进行投资分析的方法,它形象直观,但是很难直接用于定量分析。

3. 偏差分析原因

偏差分析,既要了解发生了什么偏差,又要找出引起偏差的具体原因,才能采取有针对性的措施纠偏。

分析投资偏差原因应综合而不笼统,这需要一定数量的局部偏差数据为基础,因此积累资料和信息是十分重要。

一般来说,引起投资偏差的原因主要有四个方面,即客观原因、业主原因、设计原因和施工原因。

4. 纠偏

对纠偏原因进行分析的目的是为了有针对性的采取纠偏措施,从而实现投资的动态控制和主动控制。纠偏的主要对象是业主原因和设计原因造成的偏差。

项目小结

建筑装饰工程的投资控制是全过程控制,应从组织、技术、经济、合同等多方面采取措施。本项目介绍了建筑装修工程投资的构成;投资控制程序、目标、任务;重点介绍了项目监理机构投资控制的方法。通过本项目学习,使监理工程师根据业主要求及工程客观条件进行综合研究,实事求是的确定一套切合实际的控制准则,将造价控制在业主预期的额度内。

项目评价

建筑装饰工程投资控制评价表

姓名:			学号:		
组别:			组内分工:		
评价标准					
序号	具体指标	分值	组内自评分	组外互评分	教师点评分
1	掌握投资的组成	20			
2	掌握投资的任务与措施	20			

续表

序号	具体指标	分值	组内自评分	组外互评分	教师点评分
3	掌握投资的工程计量	20			
4	掌握工程变更价款的确定	20			
5	熟悉工程结算与投资偏差分析	20			
6	合计	100			

项目练习

一、不定项选择题(每题有一个或一个以上正确答案)

1. 生产性建设工程总投资包括(　　)两部分。

A. 建设投资和流动资金　　B. 建设投资和铺底流动资金

C. 静态投资和动态投资　　D. 固定资产投资和无形资产投资

2. 根据《建筑安装工程费用项目组成》(建标[2003]206号)的规定,建筑安装工程措施费包括(　　)。

A. 建筑材料一般鉴定检查费　　B. 施工机械经常修理费

C. 临时设施费　　D. 环境保护费

E. 工程定额测定费

3. 在工程项目竣工验收前,对已完工程及设备进行保护所需的费用属于(　　)。

A. 建筑安装工程措施费　　B. 建筑安装工程直接工程费

C. 建设单位管理费　　D. 建设单位生产准备费

4. 项目监理机构在建设工程投资控制的任务包括(　　)。

A. 对拟建项目进行市场调查和预测　　B. 编制投资估算

C. 编制审查设计概算　　D. 评标定标

E. 协助业主与承包商签订施工承包合同

5. 项目监理机构在施工阶段投资控制的主要任务包括(　　)。

A. 审查设计概预算　　B. 对工程项目造价目标进行风险分析

C. 开展限额设计　　D. 审查工程变更

E. 审核工程结算

6. 项目监理机构进行施工阶段投资控制的组织措施之一是(　　)。

A. 编制施工阶段投资控制工作流程　　B. 制定施工方案并对其进行分析论证

C. 审核竣工结算　　D. 防止和处理施工索赔

7. 下列属于施工阶段投资控制经济措施的有(　　)。

A. 编制投资控制工作流程

B. 对设计变更方案进行严格论证

C. 落实投资控制人员的任务分工和职能分工

D. 编制资金使用计划

E. 定期进行投资偏差分析

8. 工程计量的依据包括(　　)。

A. 质量合格证书

B. 承包商填报的工程款支付申请

C. 工程量清单前言

D. 技术规范中的“计量支付”条款

E. 设计图纸

9. 为了解决一些包干项目或较大工程项目的支付时间过长、影响承包商的资金流动等问题,在工程计量时可以采用(　　)。

A. 估价法

B. 分解计量法

C. 均摊法

D. 图纸法

10. 在投资偏差分析中,可把进度偏差表示为(　　)与已完工程计划投资的差异。

A. 已完工程实际投资

B. 拟完工程计划投资

C. 未完工程计划投资

D. 拟完工程实际投资

【参考答案】

1. B　2. CD　3. A　4. BDE　5. DE　6. A　7. DE　8. ACDE　9. B　10. B

二、案例分析

某实行监理的工程,施工合同价为15000万元,合同工期为18个月,预付款为合同价的20%,预付款自第7个月起在每月应支付的进度款中扣回300万元,直至扣完为止,保留金按进度款的5%从第1个月开始扣除。

工程施工到第5个月,监理工程师检查发现第3个月浇筑的混凝土工程出现细微裂缝。经查验分析,产生裂缝的原因是由于混凝土养护措施不到位所致,须进行裂缝处理。为此,项目监理机构提出:“出现细微裂缝的混凝土工程暂按不合格项目处理,第3个月已付该部分工程款在第5个月的工程进度款中扣回,在细微裂缝处理完毕并验收合格后的次月再支付”。经计算,该混凝土工程的直接工程费为200万元,取费费率:措施费为直接工程费的5%,间接费费率为8%,利润率为4%,综合计税系数为3.41%。

施工单位委托一家具有相应资质的专业公司进行裂缝处理,处理费用为4.8万元,工作时间为10天。该工程施工到第6个月,施工单位提出补偿4.8万元和延长10天工期的申请。

该工程前7个月施工单位实际完成的进度款如表6-3所示。

表6-3　施工单位实际完成的进度款

时间(月)	1	2	3	4	5	6	7
实际完成的进度款(万元)	200	300	500	500	600	800	800

问题:

1. 项目监理机构在前3个月可签认的工程进度款分别是多少(考虑扣保留金)?

2. 写出项目监理机构对混凝土工程中出现细微裂缝质量问题的处理程序。

3. 计算出现细微裂缝的混凝土工程的造价。项目监理机构是否应同意施工单位提出的补偿4.8万元和延长10天工期的要求?说明理由。

4. 如果第5个月无其他异常情况发生,计算该月项目监理机构可签认的工程进度款。

5. 如果施工单位按项目监理机构要求执行,在第6个月将裂缝处理完成并验收合格,计算第7个月项目监理机构可签认的工程进度款。

【参考答案】

1. 项目监理机构在前3个月可签认的工程进度款（考虑扣保留金）

① $200 \times (1-5\%) = 190$ 万元

② $300 \times (1-5\%) = 285$ 万元

③ $500 \times (1-5\%) = 475$ 万元

2. 项目监理机构对混凝土工程中出现细微裂缝质量问题的处理程序

① 签发《监理工程师通知单》

② 批复处理方案

③ 跟踪检查处理方案的实施

④ 检查、鉴定和验收处理结果

⑤ 提交质量问题处理报告

3. ① 出现细微裂缝的混凝土工程的造价。

措施费：$200 \times 5\% = 10$ 万元

直接费：$200 + 10 = 210$ 万元

间接费：$210 \times 8\% = 16.8$ 万元

利润：$(210 + 16.8) \times 4\% = 9.07$ 万元

税金：$(210 + 16.8 + 9.07) \times 3.41\% = 8.04$ 万元

工程造价：$210 + 16.8 + 9.07 + 8.04 = 243.91$ 万元

② 项目监理机构不同意施工单位提出的补偿4.8万元和延长10天工期的要求，因为是施工单位的责任。

4. 如果第5个月无其他异常情况发生，计算该月项目监理机构可签认的工程进度款。

$600 \times (1-5\%) - 243.91 \times (1-5\%) = 338.29$ 万元

5. 如果施工单位按项目监理机构要求执行，在第6个月将裂缝处理完成并验收合格，计算第7个月项目监理机构可签认的工程进度款。

$800 \times (1-5\%) - 300 + 243.91 \times (1-5\%) = 691.71$ 万元

项目7 建筑装饰工程安全控制

项目要点

安全控制不仅是安全监理工程师的工作重点，而且是全体监理工程师的工作重点，总监理工程师是项目部安全监理责任的第一责任人。某公共建筑装饰工程坚持"质量第一，安全第一"的口号，两个第一同等重要，相辅相成，本项目针对施工安全事故涉及的范围广、原因多、突发性强的特点，要求掌握项目监理机构进行安全控制的具体措施与方法。

重要提示：

安全控制是全体监理工程师的工作重点，对工程施工而言，工程质量与施工安全同等重要，这两点在现场很多人都理解有误，教师对此应重点强调。

任务1 了解项目监理机构安全控制的内涵

任务介绍

由于某公共建筑装饰工程工期紧、任务重，现场交叉作业多等特点，本任务要求掌握建筑装饰工程安全控制任务和措施，切实进行监理机构的安全控制，进而降低施工成本和提高经济效益。

任务目标

1. 知识目标

① 了解建筑装饰工程安全控制的特点；

② 掌握建筑装饰工程安全控制原则和要求。

2. 能力目标

根据《建筑安全生产监督管理规定》、《建设工程安全生产管理条例》及《建设工程施工安全监理规程》(DG/TJ 08—2035—2008)的要求，能够重点掌握建筑装饰工程安全控制的任务和措施。

重要提示：

《建筑安全生产监督管理规定》、《建设工程安全生产管理条例》及《建设工程施工安全监理规程》(DG/TJ 08—2035—2008)等资料是本项目的主要工作依据。

任务要求

学生分组组成的各监理项目部，由总监理工程师负责统筹安排，组织各专业监理工程师，协调工作，做到一人一岗，落实责任，特别是安全监理工程师的岗位职责。可在课下上网搜索相关资料和翻阅工具书，课上各抒己见，认真掌握建筑装饰工程安全控制的原则和要求。任务完成后，以小组为单位，交流学习成果，交流方式不限，提出学习中遇到的问题及其解决措施。

相关知识

7.1 安全控制概述

7.1.1 建筑装饰工程安全控制的特点

1. 控制面广

由于建筑工程规模较大，生产工艺复杂、工序多，在建造过程中流动作业多，高处作业多，作业位置多变，遇到的不确定因素多，安全控制工作涉及范围大，控制面广。

2. 控制的动态性

由于建筑工程项目的单件性，使得每项工程所处的条件不同，所面临的危险因素和防范措施也会有所改变，员工在转移工地后，熟悉一个新的工作环境需要一定的时间，有些工作制度和安全技术措施也会有所调整，员工同样有个熟悉的过程。建筑工程项目施工具有分散性，因为现场施工是分散于施工现场的各个部位，尽管有各种规章制度和安全技术交底的环节，但是面对具体的生产环境时，仍然需要自己的判断和处理，有经验的人员还必须适应不断变化的情况。

3. 控制系统交叉性

建筑工程项目是开放系统，受自然环境和社会环境影响很大，同时也会对社会和环境造成影响。安全控制需要把工程系统、环境系统及社会系统结合起来。

4. 控制的严谨性

由于建筑工程施工的危害因素复杂，风险程度高、伤亡事故多，所以预防控制措施必须严谨，如有疏漏就可能发展到失控，而酿成事故，造成损失和伤害。

安全生产管理是针对建筑施工安全事故涉及的范围广、产品固定、体积大、生产周期长在露天空旷的场地上完成、劳动强度大、施工队伍流动性大、施工过程变化大、原因多、突发性强的特点，通过有关建设工程安全生产、劳动保护、环境保护等法律、法规和标准规范，对生产因素具体的状态控制，使生产因素不安全的行为和状态减少或消除，不引发为事故，尤其是不引发使人受到伤害的事故，使施工项目效益目标的实现，得到充分保证。

7.1.2 建筑装饰工程安全控制的原则与要求

1. 安全控制的原则

以“无重大伤亡事故，争创文明工地，树监理样板工程”为目标，牢固确立“文明施工、安全第一”的思想，强化“谁承包、谁负责”的原则，充分调动施工总、分包单位的主观能动性，并按照招标文件对安全文明施工的有关规定为依据，进行施工现场安全标准化管理，对安全文明施工保证体系、保证制度、安全设施、安全技术进行经常性督促和检查，为实现项目的总体建设目标服务。

2. 安全施工的基本要求

① 施工单位要建立安全保障体系和安全管理制度，组织学习，落在实处。

② 认真组织学习国家颁布的有关安全施工的法律、法规文件。

③ 对进场人员要进行进场安全教育，使其掌握安全技术知识并形成记录文件。

④ 编制应急预案，将应急实施方案落实到每一个人。

⑤ 确定施工现场危险源部位并对危险源部位悬挂醒目标牌，重要部位派专人监护。

⑥ 施工作业区周边要设置围挡，设专人巡视、检查，禁止非作业人员入内。

⑦ 特种作业人员必须持证上岗。

⑧ 现场施工用电要安装好漏电保护及接地装置，临时用电线路架设要保证安全可靠。

⑨ 生活区和施工作业区要注意防火安全，在现场要配置足够的消防器材。

⑩ 进入施工现场作业人员要戴好安全帽、高空作业人员要系好安全带并设专人监护。

⑪ 吊装作业时要划定作业区域，设置护栏，做好安全标志，设专人警戒，严禁非作业人员入内；施工车辆进出施工现场时，要派专人引导和指挥。

⑫ 管沟开挖，要注意地下管线、电缆及其他埋设物的保护；机械开挖管沟时，施工人员严禁在回转半径内工作或行走。

⑬ 运输管材管件的车辆要遵守交通规则，司机要做到有证驾驶，禁止疲劳和酒后驾车。

⑭ 根据有关规定制定施工环境管理、水环境保护及水土流失保护措施，施工时要注意环境保护，不能有污染和破坏环境的现象发生。

任务2　掌握项目监理机构安全控制的实施

任务介绍

本任务主要使学生完成在某公共建筑装饰工程施工过程中，监理工程师特别是安全监理工程师应依据有关建设工程安全生产、劳动保护、环境保护等法律、法规和标准规范，依法开展建设工程安全控制的工作。

任务目标

1. 知识目标

① 掌握建筑装饰工程施工准备阶段安全控制；

② 掌握建筑装饰工程施工阶段安全控制。

> **重要提示：**
> 掌握建筑安全生产管理的有关规定是北京市建筑工程监理员（工民建）培训考核大纲的要求。

2. 能力目标

根据编制的装饰工程安全监理实施细则，能够采取有效的措施进行建筑装饰工程施工准备阶段与施工阶段安全控制。

任务要求

学生分组组成的各监理项目部，由总监理工程师负责统筹安排，组织各专业监理工程师，协调工作，做到一人一岗，落实责任。可在课下上网搜索相关资料和翻阅工具书，课上各抒己见,熟练掌握建筑装饰工程进度控制的方法。任务完成后,以小组为单位,交流学习成果,交流方式不限,提出学习中遇到的问题及其解决措施。

相关知识

7.2 建筑装饰工程安全控制的实施

7.2.1 建筑装饰工程施工准备阶段的安全控制

1. 建立建筑装饰工程安全控制体系

项目监理机构成立总监理工程师负责制的安全生产监督小组,设置专职安全监理工程师,协助总监理工程师全面负责本项目安全生产监督工作,各专业设置安全生产监督负责人,负责本专业安全生产监督工作,现场监理人员在岗期间履行本班本岗位安全生产监督职责。

安全生产监督小组组织机构设置如图7-1所示。

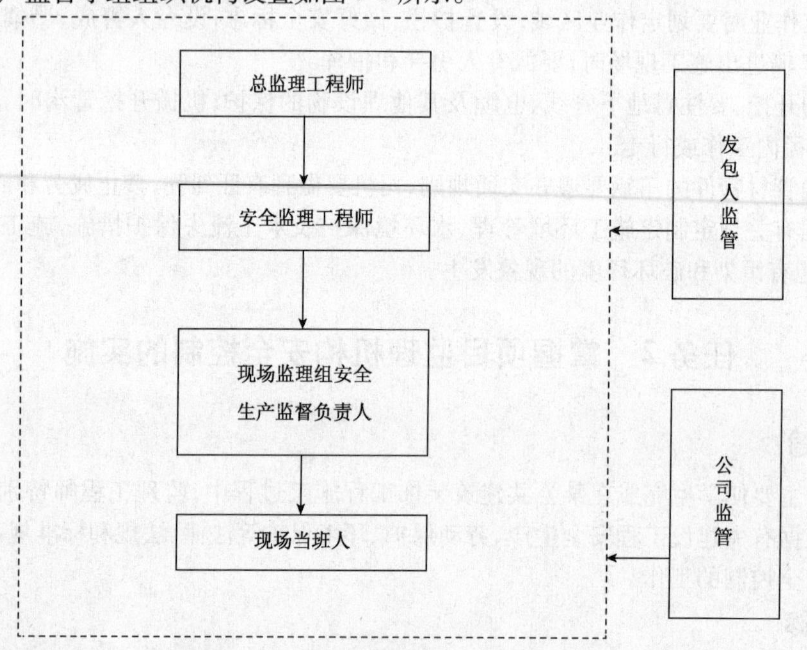

图7-1 安全生产监督小组组织机构设置

2. 施工准备阶段安全监理的主要工作

(1)监理单位应根据有关法律、法规、规范和标准的要求编制包括安全监理内容方案的项目监理规划或方案,明确安全监理的范围、内容、工作程序和制度措施,以及人员配备计划和职责等方案。总监理工程师负责主持编写安全监理规划或方案。

(2)对中型及以上项目和《建设工程安全生产管理条例》第二十六条规定的危险性较大的分部分项工程,监理单位应组织各专业监理工程师编制安全监理实施细则。实施细则中应包括安全监理的方法、措施和控制要点专篇,以及对施工单位安全技术措施的检查方法,该专篇内容应针对工程特点及施工现场的实际情况,评估和分析现场施工安全风险。

(3)监理单位应督促并及协助建设单位查明、确定地下管线的分布情况,督促有关单位签署地下管线保护协议,审查施工单位编制的地下管线保护措施方案。未签署地下管线保护协议或未落实保护措施的,不予开工。

(4)监理单位应核查总包单位与分包单位的安全协议签订情况,督促平行分包单位及时划分安全责任与签订安全协议。

① 督促施工总承包单位对分包单位的安全生产工作实行统一管理,并督促施工总承包单位检查分包单位的安全生产制度和安全管理措施的落实情况。

② 对于未实行施工总承包的施工现场,监理单位应协助建设单位对多家施工单位进行协调管理,并明确指定一家主要施工分包单位统一负责施工现场的安全管理工作,按照协调意见督促各方落实安全责任。

(5)核查施工单位的安全生产保证体系。

① 核查施工单位的施工企业资质证书和安全生产许可证。施工承包单位应具备国家规定的安全生产资质证书,并在其等级许可范围内承揽工程;工程实行总承包的,应由总包单位对施工现场的安全生产负总责,总包单位应对分包工程的施工安全承担连带责任,分包单位应当服从总包单位的安全生产管理。

② 核查项目负责人的执业资格证书。施工承包单位的项目负责人应当由取得安全生产相应资质的人担任,在施工现场应建立以项目经理为首的安全生产管理体系,对项目的安全施工负责。

③ 核查单位负责人、项目负责人、专职安全生产管理人员等三类人员的安全生产考核合格证。

④ 审查专职安全生产管理人员的配备是否满足相关要求。施工承包单位应当在施工现场配备专职安全生产管理人员,负责对施工现场的安全施工进行监督检查。

⑤ 审核特种作业人员是否取得特种作业操作资格证书。

⑥ 核查施工单位施工现场的安全生产管理机构是否符合有关规定。施工承包单位应成立以企业法人代表为首的安全生产管理机构,依法对本单位的安全生产工作全面负责。

⑦ 核查施工单位是否具有健全的各项安全生产责任制度,其中主要包括安全管理制度、安全检查制度、安全生产资金保障制度、事故报告制度、安全教育制度和安全技术交底制度等。

(6)监理单位应审查施工单位编制的施工组织设计中的安全技术措施和危险性较大的分部分项工程安全专项施工方案,主要审查以下内容:

① 审查安全技术措施的内容是否符合工程建设强制性标准。

② 对危险性较大的分部分项工程的安全的专项施工方案进行审查,并要求做到:专项施工方案的编制、审核、批准签署齐全有效;专项施工方案的内容应符合工程建设强制性标准;应组织专家论证的,已有专家书面论证审查报告,论证审查报告的签署齐全有效;专项施工方案应根据专家论证审查报告中提出的结论性意见进行完善。

③ 审查冬期、雨期等季节性安全施工方案是否应符合规范要求。

④ 审查施工总平面布置是否符合有关安全生产、消防的要求,办公、宿舍、食堂、道路等临时设施及排水,防火措施是否符合工程建设强制性标准。

⑤ 按规定应审核的其他内容。

(7)审核督促检查施工单位安全生产相关的其他活动。

① 审核审查施工单位是否有针对工程特点和施工现场实际制定的应急救援预案。

② 审核施工单位应急救援预案费用和安全防护措施费用使用计划与落实情况。

(8)总监理工程师主持对施工组织设计中的安全技术措施或专项施工方案进行程序性、符合性、针对性审查。

① 程序性审查。施工组织设计中的安全技术措施或安全专项施工方案是否有编制人、审核人、施工单位技术负责人签认并加盖单位公章,专项施工方案须经专家认证、审查的,是否执行;不符合程序的应予退回。

② 符合性审查。施工组织设计中的安全技术措施或专项施工方案必须符合安全生产。

(9)安全监理交底应由总监理工程师主持,施工单位项目经理、技术负责人、安全生产负责人及有关的安全管理人员参加,项目部有关的监理人员也一并参加。

安全监理交底的内容有:

① 明确本工程适用的国家和本市有关工程建设安全生产的法律法规和技术标准;

② 阐明合同约定的参建各方安全生产的责任、权利和义务;

③ 介绍施工阶段安全监理工作的内容;

④ 介绍施工阶段安全监理工作的基本程序和方法;

⑤ 提出有关施工安全资料报审及管理要求。

项目监理部应编制施工安全监理交底会议纪要,并经与会各方会签后及时发出。

(10)审核开工条件。项目监理部核查开工条件时,安全监理人员应核查施工单位安全生产准备工作是否达到开工条件,并在“工程动工报审表”审查意见一栏中签署意见。

3. 装饰工程监理安全生产对施工承包单位的安全生产管理制度的检查

(1) 安全生产责任制。这是企业安全生产管理制度中的核心,是上至总经理下至每个生产工人对安全生产所应负的职责。

(2) 安全技术交底制度。施工前由项目的技术人员对有关安全施工的技术要求向施工作业班组、作业人员作出详细说明,并由双方签字落实。

(3) 安全生产教育培训制度。施工承包单位应当对管理人员、作业人员,每年至少进行一次安全教育培训,并把教育培训情况记入个人工作档案。

(4) 施工现场文明管理制度。

(5) 施工现场安全防火、防爆制度。

(6) 施工现场机械设备安全管理制度。

(7) 施工现场安全用电管理制度。

(8) 班组安全生产管理制度。

(9) 特种作业人员安全管理制度。

(10) 施工现场门卫管理制度。

7.2.2 建筑装饰工程施工阶段的安全控制

1. 施工过程中安全监理方法及要求

(1)日常巡视

监理人员每日对施工现场进行巡视时,应检查安全防护情况并做好记录;针对发现的安全问题,按其严重程度及时向施工单位发出相应的监理指令,责令其消除安全事故隐患。

(2)安全检查

① 安全监理人员应按安全监理方案定期进行安全检查,检查结果应写入监理日志。

② 项目监理部应要求施工单位每周组织施工现场的安全防护、临时用电、起重机械、脚手架、施工防汛、消防设施等安全检查，并派人参加。

③ 项目监理部应组织相关单位进行有针对性的安全专项检查，每月不少于一次。

④ 对发现的安全事故隐患，项目监理部应及时发出书面监理指令。

(3)监理例会

在定期召开的监理例会上，应检查上次例会有关安全生产决议事项的落实情况，分析未落实事项的原因，确定下一阶段施工安全管理工作的内容，明确重点监控的措施和施工部位，并针对存在的问题提出意见。

(4)安全专题会议

① 总监理工程师必要时应召开安全专题会议，由总监理工程师或安全监理人员主持，施工单位的项目负责人、现场技术负责人、现场安全管理人员及相关单位人员参加。

② 监理人员应做好会议记录，及时整理会议纪要。

③ 会议纪要应要求与会各方会签，及时发至相关各方，并有签收手续。

(5)监理指令

在施工安全监理工作中，监理人员通过日常巡视及安全检查，发现违规施工和存在安全事故隐患的，应立即发出监理指令。监理指令分为口头指令、工作联系单、监理通知、工程暂停令四种形式。

① 口头指令。监理人员在日常巡视中发现施工现场的一般安全事故隐患，凡立即整改能够消除的，可通过口头指令向施工单位管理人员予以指出，监督其整改，并在监理日志中记录下来。

② 工作联系单。如口头指令发出后施工单位未能及时消除安全事故隐患，或者监理人员认为有必要时，应发出"工作联系单"，要求施工单位限期整改，监理人员按时复查整改结果，并在监理日志中记录下来。

重要提示：

监理人员对其发出的监理指令在其监理日志中记录下来是十分必要的，使其具有可追溯性。教师对此应重点强调。

③ 监理通知。当发现安全事故隐患后，安全监理人员认为有必要时，总监理工程师或安全监理人员应及时签发有关安全的"监理通知"，要求施工单位限期整改并限时书面回复，安全监理人员按时复查整改结果。"监理通知"应抄报建设单位。

④ 工程暂停令。当发现施工现场存在重大安全事故隐患时，总监理工程师应及时签发"工程暂停令"，暂停部分或全部在施工程的施工，并责令其限期整改；经安全监理人员复查合格，总监理工程师批准后方可复工。

(6)监理报告

① 项目监理部应每月总结施工现场安全施工的情况，并写入监理月报，向建设单位报告。

② 总监理工程师在签发"工程暂停令"后应及时向建设单位报告。

③ 对施工单位拒不执行"工程暂停令"的，总监理工程师应向建设单位及监理单位报告；必要时应填写"安全隐患报告书"，向工程所在地建设行政主管部门报告，并同时报告建设单位。

④ 在安全监理工作中,针对施工现场的安全生产状况,结合发出监理指令的执行情况,总监理工程师认为有必要时,可编写书面安全监理专题报告,交建设单位或建设行政主管部门。

2. 施工阶段安全监理工作的主要内容

(1)检查施工单位现场安全生产保证体系的运行,并将检查情况记入项目监理日志。

① 每天检查施工单位专职安全生产管理人员到岗情况;

② 抽查特种作业人员及其他作业人员的上岗资格;

③ 检查施工现场安全生产责任制、安全检查制度和事故报告制度的执行情况;

④ 检查施工对进场作业人员的安全教育培训记录;

⑤ 抽查施工前工程技术人员对作业人员进行安全技术交底的记录。

(2)检查施工安全技术措施和专项施工方案的落实情况。

(3)检查施工单位执行工程建设强制性标准的情况。

(4)审查施工单位填报的"安全防护、文明施工措施费用支付申请表",签发"安全防护、文明施工措施费用支付证书"。

(5)施工现场发生安全事故时应按规定程序上报。

3. 危险性较大的分部分项工程的安全监理

① 项目监理部应指派专人负责危险性较大的分部分项工程的安全监理。

② 监理工程师应依据专项施工方案及工程建设强制性标准对危险性较大的分部分项工程进行检查。

③ 专业监理工程师或安全监理人员应按照安全监理实施细则中明确的检查项目和频率进行安全检查,每周不少于两次;监理员每日应重点进行巡视检查;监理人员应详细记录检查过程。

④ 监理人员对发现的安全事故隐患应及时发出监理指令并督促整改,必要时向总监理工程师报告。

4. 施工机械及安全设施的安全监理

① 施工现场起重机械拆装前,监理人员应核查拆装单位的企业资质、租赁合同、设备的定期检测报告及特种作业人员上岗证,并在相应的表格上签字;监理人员应检查其是否编制了专项拆装方案;安装完毕后监理人员应核查施工单位的安装验收手续,并在相应的验收表上签字。

② 监理工程师和安全监理人员应检查施工机械设备的进场安装验收手续,并在相应的验收表上签字。

③ 监理工程师和安全监理人员应参加施工现场模板支撑体系的验收并签署意见,对工具式脚手架、落地式脚手架、临时用电等安全设施的验收资料及实物进行检查并签署意见。

5. 安全用电

监理在施工过程中巡视检查用电线路的布置和防护,特别是各作业面的施工临时用电线路。所有开关必须有漏电保护装置,各作业面电线应全部使用电缆,电缆线路应采用埋地或架空敷设,严禁沿地面明设,并应避免机械损伤和介质腐蚀;特殊情况下无法架空或埋地布置的电缆可沿墙角地面敷设,但应采取防机械损伤和电火措施;所有用电设备均应有可靠接地。

施工现场临时用电线路用电设施的安装和使用必须符合《施工现场临时用电安全技术规范》(JGJ 46—2005)的要求和相关安全操作规程进行,施工现场临时用电设备在5台以上或设备总容量在50kW及以上时，应编制用电组织设计，报监理部审批后，要严格按照审批后用电组织设计中的走向和方式进行电力电缆的架设，严禁任意拉线接电，施工现场必须设有保证施工安全的夜间照明、危险潮湿场所的照明以及应急照明，手持照明灯具必须采用符合安全要求的电压。

6. 安全事故的处理程序

当现场发生重伤事故后，总监理工程师应签发“监理通知”，要求施工单位提交事故调查报告，提出处理方案和安全生产补救措施，经安全监理人员审核同意后实施，安全监理人员进行复查，并在“监理通知回复单”中签署复查意见，由总监理工程师签认。

当现场发生了死亡或重大死亡事故后，总监理工程师应签发“工程暂停令”，并向监理工程的所在地建设行政主管部门报告；监理单位应指定本单位主管负责人进驻现场，组织安全监理人员配合由有关主管部门组成的事故调查组的调查；项目监理部按照事故调查组提出的处理意见和防范措施建议，监督检查施工单位对处理意见和防范措施的落实情况；对施工单位填报的“工程复工报审表”，安全监理人员进行核查，由总监理工程师签批。

项目小结

安全控制应常抓不懈，它是监理工程师的头等大事，本项目训练学生从了解项目监理机构安全控制的内涵到掌握项目监理机构在施工准备阶段及施工阶段安全控制的具体实施方法，全面再现了安全监理员的岗位职责与工作过程。

项目评价

建筑装饰工程安全监理控制评价表

姓名：			学号：		
组别：			组内分工：		
评价标准					
序号	具体指标	分值	组内自评分	组外互评分	教师点评分
1	监理安全控制的内涵	20			
2	安全控制的特点	20			
3	安全控制任务和措施	20			
4	施工准备阶段安全控制	20			
5	施工阶段安全控制	20			
6	合计	100			

项目练习

一、单选题

1. 依照《中华人民共和国安全生产法》有关法律、法规的规定，国家实行生产安全事故责任追究制度，追究生产安全事故有关（　　）的法律责任。

A. 相关人员　　B. 主要负责人　　C. 责任人员　　D. 管理人员

2. 施工现场安全围挡的高度不低于（　　）m。

A. 2.1　　B. 2.5　　C. 1.8　　D. 1.5

3. 国家规定:施工单位应对管理人员和作业人员每(　　)至少进行一次安全生产教育培训。

A. 3 个月　　B. 半年　　C. 一年　　D. 两年

4. 在施工现场安装、拆卸施工起重机械,必须由具有相应(　　)的单位承担。

A. 资质　　B. 水平　　C. 能力　　D. 资格

5. 下列不是建筑装饰工程安全控制的特点的有(　　)。

A. 控制的动态性　　B. 控制的全面性

C. 控制的严谨性　　D. 控制系统交叉性

6. 夜间作业场所必须配备足够的照明设施。沟槽边、作业点、道路口必须设明显安全标志,夜间必须设(　　)。

A. 红色警示灯　　B. 黄色警示灯

C. 蓝色警示灯　　D. 红/黄色警示灯

7. 脚手架工程安装后,应由(　　)按照施工方案进行验收。

A. 施工人员　　B. 项目负责人　　C. 安全监督人员　　D. 技术负责人

8. 消防产品,是指专门用于(　　)、灭火救援和火灾防护、避难、逃生的产品。

A. 火灾预防　　B. 阻燃材料　　C. 易燃材料　　D. 单股铝线

9. 悬挑卸料平台承载面积不宜大于(　　),长宽比不应大于 1.5:1。

A. $10m^2$　　B. $15m^2$　　C. $20m^2$　　D. $25m^2$

10. 临时用电施工组织设计必须自(　　)编制技术负责人审核,并经主管部门批准后实施,临时用电工程图纸必须单曲绘制,并作为临时用电施工的依据。

A. 电工　　B. 电工工长

C. 电气工程技术人员　　D. 技术负责人

【参考答案】

1. C　2. B　3. C　4. A　5. B　6. A　7. D　8. A　9. C　10. C

二、案例分析题

施工人员在某公共建筑装饰工程屋面进行中央空调室外机安装施工,由于没有带工具,便返回取工具,路上误踏通风口盖板,下落 14.35m 至地面,造成 2 人死亡,3 人重伤。

问题:

1. 这是洞口防护不到位。要防护的洞口有哪几种?

2. 防护用的“三宝”是什么?

3. 这起事故的原因是什么?

4. 该单位应在 24 小时内写出书面报告,并按规定逐级上报。重大事故书面报告应包括哪些内容?

【参考答案】

1. 要防护的洞口有楼梯口、电梯井口、预留洞口、通道口。

2. “三宝”指安全帽、安全带、安全网。

3. 这起事故的原因如下:

工人的安全知识差;安全教育不到位;作业准备不够充分;

安装单位对洞口防护不到位;该工人缺乏安全标识。

4. 重大事故书面报告包括以下内容：

① 事故发生的时间、地点、工程项目、企业名称；

② 事故发生的简要经过，伤亡人数，直接经济损失的初步估计；

③ 事故发生原因的初步判断；

④ 事故发生后采取的措施和事故控制情况；

⑤ 事故报告单位。

知识补充

一、总监理工程师安全监理职责

① 总监理工程师是本项目监理部安全监理责任的第一责任人，全面负责监理项目安全监理工作。

② 负责建立健全本项目监理部的安全生产责任制、安全监理管理制度，根据监理项目特点，明确监理人员的安全监理职责。

③ 主持编制监理规划，审批专项安全监理实施细则。

④ 负责对施工组织设计中重大安全技术措施或危险性较大工程专项施工方案的安全性审查。

⑤ 组织审查施工单位的安全资质、职业健康安全管理体系、事故应急预案或措施，监督其运行。

⑥ 主持召开监理安全例会，定期分析和评估本监理项目的安全风险。

⑦ 负责对本项目监理部人员进行安全教育，加强本项目监理部人员的安全意识。

⑧ 负责督促重大安全隐患处理，及时向相关方报告。

⑨ 施工单位发生安全事故后，及时、如实向公司及有关部门报告，并协助相关部门进行安全事故的调查处理。

二、总监理工程师代表安全监理责任

① 总监理工程师代表（简称总监代表）在总监理工程师授予的权限内行使总监理工程师的部分职责和权力，并对总监理工程师负责。

② 协助总监理工程师做好安全监理工作，向总监理工程师提出改进安全监理措施的意见和建议。

③ 负责审查监理项目开工安全生产条件。

④ 组织定期和不定期的安全检查，发现问题及时发出整改通知，并监督施工单位进行整改，必要时发出临时停工整改通知。整改完毕后组织复查并向有关部门汇报。

⑤ 督促施工单位做好安全管理和文明施工，确保安全生产。

⑥ 发生安全事故后，及时上报，协助有关部门开展救援和事故调查。

三、安全监理工程师安全监理责任

① 贯彻落实安全生产方针、政策、法令及有关规章制度，编制安全监理细则（方案）。

② 经常检查施工单位安全生产条件的符合性。

③ 经常深入监理现场，对各专业的施工安全状况进行检查；检查中发现的问题，要责令其立即处理，及时消除安全隐患，重大隐患应及时向总监理工程师或总监代表报告。

④ 组织危险源调查及评审。

⑤ 检查施工单位现场三类人员、特种作业人员资格证书以及安全设施、特种施工设备验收注册登记手续。

⑥ 检查被监理方应急预案的落实情况。

⑦ 检查被监理方人员安全教育培训情况。

⑧ 做好本监理部监理人员劳动防护用品的日常管理,保护监理人员在监理作业活动中的安全与健康。

⑨ 组织本项目监理部员工进行安全知识学习,提高员工自我保护意识。

⑩ 负责对各专业监理工程师日常安全监理情况的收集、汇总和分析,并将其结果及时上报总监理工程师。

⑪ 负责安全监理资料的整理、收集。

四、专业监理工程师安全监理责任

① 在总监理工程师(或总监理工程师代表)的领导下,负责主管专业的安全监督和管理。

② 负责本专业内危险性较大工程专项监理实施细则及安全监理方案的编制,经安全监理工程师审查后报总监理工程师审批实施。

③ 审核施工组织设计(施工方案)中有关本专业的安全施工措施。

④ 审查并确认现场有关本专业的安全技术文件。

⑤ 负责对本专业内施工安全状况进行经常性检查,发现施工单位未落实施工组织设计及专项施工方案中安全施工措施的,有权责令其立即整改;对拒不整改或未按期限要求完成整改的,应当及时向建设单位和施工单位及总监理工程师报告,必要时责令其暂停施工。

⑥ 检查施工单位专职安全员进行现场监督,及时制止违规施工。

⑦ 指导监理员做好关键部位的检查。

⑧ 对安全检查及处理情况应当记录在案,并由检查人员和被检查单位的负责人签字确认。

⑨ 对本专业内施工安全状况应及时与安全监理工程师沟通。

⑩ 参加监理安全工作会议,分析本专业施工安全状况,提出改进建议或意见。

五、监理员安全监理责任

① 在本专业监理工程师的领导下,实施本专业日常安全监理。

② 负责进行经常性的巡视、旁站,跟班监督关键部位、关键工序执行施工方案及工程建设强制性标准情况。

③ 按规定做好监理日记,并在月底将监理日记报主管专业监理工程师审查。

④ 对存在的安全隐患和违章指挥、违章作业、违反劳动纪律的现象,要及时予以指出;情况较严重的,应立即向专业监理工程师和安全监理工程师汇报。

⑤ 参加安全检查,跟踪施工单位落实安全隐患整改情况。

⑥ 检查被监理方人员防护用品的使用情况。

⑦ 检查施工单位现场安检人员到岗、特殊工种人员持证上岗情况。

⑧ 检查施工单位进行安全技术交底和对新上岗人员进行“三级”安全教育培训情况。

⑨ 做好安全监理情况的记录。

六、安全目标管理制度

1. 目的

为了推进安全监理管理工作科学化、制度化、标准化,实现公司安全管理目标,特制订本制度。

2. 目标制定与分解

2.1 根据公司职业安全健康管理体系的管理方针和要求,结合公司总目标,确定年度安全管理目标。

2.2 将公司安全监理目标进行分解,与子(分)公司、项目监理部签订安全责任书。

3. 目标实施

3.1 公司总部目标管理

(1)公司各职能部门按照职业安全健康管理体系的要求,认真落实岗位安全监理责任。

(2)对项目监理部的监理规划、安全监理方案进行审核审批。

(3)对项目监理部人员准入资格、培训情况、岗位技能进行考核。

(4)对各子(分)公司、项目监理部的安全目标落实情况进行定期或不定期检查,发现问题及时纠偏。

3.2 项目监理部目标管理

(1)对项目监理部安全目标进行责任分解,总监作为项目部总负责人,按专业分解落实到每一位监理工程师。

(2)认真审核施工单位安全目标、安全机构、组织保证体系、安全管理制度、安全技术措施、劳动防护、人员准入等。

(3)定期对施工单位的目标进行预控分析,发现问题,及时采取措施,及时纠偏。

4. 考核奖罚

按照公司有关安全管理规定考核奖惩。

七、安全办公会议制度

1. 总则

1.1 为了落实上级安全工作部署和企业安全主体责任,及时研究解决安全工作中的重大问题,加强监理项目安全管控,制定本制度。

1.2 公司总部、项目监理部均应召开安全办公会议,及时解决监理过程中出现的各种问题。

2. 公司安全办公会议

2.1 主持人

安全办公会议由公司总经理主持,特殊情况,可委托公司党委书记、生产副总经理主持。

2.2 参加人员

公司领导、副总师、有关部门负责人及相关人员。

2.3 会议内容

(1)检查上次会议决议落实情况;

(2)听取安全管理部门的安全监理分析汇报;

(3)总结上季(月)的安全情况,研究下季(月)安全工作,对重要安全问题做出决议;

(4)研究生产安全事故监理责任追究;

(5)学习贯彻上级有关安全工作的指示、规定、指令,研究制定预防重大事故、搞好安全工作的措施。

2.4 会议时间

每月至少召开一次。

3. 项目部安全办公会

3.1　主持人

总监或总监代表。

3.2

参加人员

总监、总监代表、安全监理工程师、专业监理工程师和有关监理人员。

3.3　会议内容

(1)检查上次办公会决定的事项落实情况;

(2)听取安全管理人员的安全监理分析汇报;

(3)总结上月的安全情况,研究下月安全工作,制定整改措施;

(4)学习贯彻上级有关安全工作的指示、规定、指令。

3.4　会议时间

项目部每月至少召开一次安全办公会。

4. 会议记录

公司、项目监理部每次会议都有会议记录,并形成会议纪要,按要求保管。

八、安全教育培训制度

1. 目的

为加强职工安全教育培训工作,增强职工的安全意识,提升职工安全管理能力,防止生产安全事故的发生,实现安全生产,特制定本制度。

2. 教育培训机构及职责

2.1　人力资源部是安全教育培训的主管部门,负责全公司安全教育培训工作。

2.2　项目监理部总监负责项目监理部内部安全培训工作。

3. 培训人员范围

3.1　总经理、分管安全生产副总经理、总监理工程师和安全管理人员参加安全教育培训,按要求持证上岗。

3.2　其他管理人员按要求培训。

3.3　对新上岗职工进行上岗前教育培训。

4. 培训内容

4.1　公司机关总部管理人员培训内容包括:相关法律法规、标准规范、企业管理制度等进行培训。

4.2　项目监理部培训内容包括:公司及项目监理部管理制度;施工现场存在的主要危险危害因素及安全监理措施;事故应急救援等项内容。

5. 培训实施

5.1　公司人力资源部编制年度安全教育培训计划,经总经理批准后实施;项目监理部编制本项目的培训计划,经总监理工程师批准后实施。

5.2　安全教育培训要按照培训计划优选培训教材、教师,落实培训场地、资金,确保培训质量。

6. 考核

安全教育培训结束后及时进行考核,建立教育培训有记录。

项目 8　建筑装饰工程合同管理

项目要点

建筑装饰工程合同是指导施工全过程的最主要依据之一，因此合同管理也是监理单位的基本工作和主要任务之一，是确保合同正常履行，维护合同双方的正当权益，全面实现建设工程项目建设目标的关键性工作。本项目具体阐述某公共建筑装饰工程施工合同的相关管理内容及索赔管理。

任务 1　掌握装饰工程施工合同管理的内涵

任务介绍

乙建筑公司通过招投标取得某公共建筑装饰工程的施工任务，甲房地产开发公司与乙建筑公司签订了施工合同，本任务重点掌握建筑装饰工程施工合同示范文本的全部内容和条款。

任务目标

1. 知识目标

① 了解建筑装饰工程施工合同的内涵；

② 掌握建筑装饰工程施工合同示范文本的主要内容；

③ 掌握建筑装饰工程合同的常规管理。

2. 能力目标

掌握建筑装饰工程施工合同示范文本的全部内容和条款，特别是对其中专用条款的管理要格外认真地把握，同时培养合同常规管理的能力。

任务要求

① 学生分组组成的各监理项目部，由总监理工程师负责统筹安排，组织各专业监理工程师，协调工作，做到一人一岗，落实责任，掌握建筑装饰工程施工合同示范文本的全部内容和条款。

② 查阅《某公共建筑装饰工程施工合同》及《建设工程施工合同（示范文本）》（GF—1999—0201）等技术资料，特别是对其中专用条款的内容要格外认真体会，然后小组讨论合同的内涵，最后提交成果。

相关知识

8.1 建筑装饰工程施工合同与合同管理

8.1.1 建筑装饰工程施工合同

1. 合同

《合同法》规定,合同是平等主体的自然人、法人、其他组织之间设立、变更、终止民事权利义务关系的协议。

合同是一种法律行为,它的订立应当遵循平等、自愿、公平、诚实信用、合法的原则。

2. 建筑装饰工程施工合同

《合同法》规定,工程施工合同是承包人进行工程建设,发包人支付价款的合同。

建筑装饰工程施工合同实质上是一种诺成合同,合同订立生效后双方均应严格履行,同时它还是一种有偿合同,合同双方当事人在执行合同时,均享有各自的权利,也必须履行自己的应尽的义务,并承担相应的责任。

建筑装饰工程施工合同的特征主要表现为合同主体的严格性、合同客体的特殊性、合同履行的长期性及投资和施工程序的严格性。

3. 建筑装饰工程施工合同实例(仅供参考)

建设工程施工合同

第一部分 协议书

发包人(全称):

承包人(全称):

依照《中华人民共和国合同法》、《中华人民共和国建筑法》及其他有关法律、行政法规,遵循平等、自愿、公平和诚实信用的原则,双方就本建设工程实施工事项协商一致,订立本合同。

一、工程概况

工程名称:某公共建筑装饰工程

工程地点:XXX 区

工程内容:建筑装饰工程

群体工程应附承包人承揽工程项目一览表

工程立项批准文号:

资金来源:自筹

二、工程承包范围

承包范围:各系统的设计、设备选购、工程施工、调试、质量保证、培训及售后服务。

三、合同工期

开工日期:2012 年 7 月 31 日

竣工日期:2012 年 9 月 30 日

合同工期总日历天数 60 天。

四、质量标准

工程质量标准:合格

五、合同价款

金额(大写)：(暂估) 贰佰万元(人民币)

¥：　　(暂估)200 万元

六、组成合同的文件

组成本合同的文件包括：

1. 本合同协议书
2. 中标通知书
3. 投标书及其附件
4. 本合同专用条款
5. 本合同通用条款
6. 标准、规范及有关技术文件
7. 图纸
8. 工程量清单
9. 工程报价单或预算书

双方有关工程的洽谈、变更等书面协议或文件视为本合同的组成部分。

七、本协议书中有关词语含义与本合同第二部分《通用条款》中分别赋予它们的定义相同。

八、承包人向发包人承诺按照合同约定进行施工、竣工并在质量保修期内承担工程质量保修责任。

九、发包人向承包人承诺按照合同约定的期限和方式支付合同价款及其他应当支付的款项。

十、合同生效

合同订立时间：　　　年　　月　　日

合同订立地点：

本合同双方约定 签字盖章 后生效。

发包人：(公章)
住所：
法定代表人：
委托代理人：
电话：
传真：
开户银行：
账号：
邮政编码：

承包人：(公章)
住所：
法定代表人：
委托代理人：
电话：
传真：
开户银行：
账号：
邮政编码：

合同管理人员资格证号：

建设行政管理部门及其管理机构审查意见：

经办人(章)

(公章)

年 月 日

工商行政管理部门鉴证意见：

经办人(章)

鉴证机关(公章)

年 月 日

第二部分 通用条款(略)

第三部分 专用条款(略)

8.1.2 工程合同常规管理

1. 合同管理的主要任务

合同管理的主要工作任务是要求监理工程师从投资、进度、质量目标控制角度出发，依据有关政策、法律、技术标准和合同条款来处理合同问题。其主要任务：一是在施工招标阶段对招标文件进行认真审定；二是在签订施工承包合同后协助建设单位进行合同管理。

① 对每个工程合同的执行情况进行监督，负责处理合同范围内的质量、工程量审核、进度控制、工程协调等工作。

② 合同管理中，有时会因设计修改、自然灾害、施工情况的变更等引起合同中工程量的变化，此时应及时对合同进行调整。

③ 合同执行情况的分析，从投资控制、进度控制、质量控制的角度，分析合同执行过程中可能出现的问题和风险，以便及早预测和采取相应的对策。

④ 准确、及时地向建设单位提供咨询服务。当建设单位邀请组织专家进行技术咨询时，监理单位提供现场配合服务。

2. 合同管理的主要依据

① 依据《建设监理合同》和业主对监理工程师的授权，进行合同管理工作。

② 合同管理工作的依据为施工承包合同和国家有关政策、法律、法规、技术标准。

③ 已批准的有关文件。

> **重要提示：**
>
> 熟悉监理的合同管理主要工作内容及方法是北京市建筑工程监理员(工民建)培训考核大纲的要求。

3. 合同管理的主要内容

① 主持开工前的第一次工地会议和施工阶段的常规工地会议，并签发会议记录；有权参加承包人为实施合同组织的有关会议，协调工地各承包人(含指定分包人)的有关会议。

② 在开工日期之前,审查批准承包人提交的保险单和保险证明;审批承包人改变保险条款的要求。

③ 负责及时指示变更工作,督促承包人报告变更情况,主持变更处理会议,审查变更的必要性和适时性,审核相应报告并提出审核意见,按施工合同规定的变更范围,对工程或其任何部分的形式、质量、数量及任何工程施工程序做出变更的决定,确定变更工程的单价和价格,经业主书面确认后下达变更令,以及审查该项变更的技术方案、合同处理、计量与支付。

④ 对承包人提出的竣工期的延长或费用索赔,就其中申述的理由,查清全部情况,并根据合同规定程序审定延长工期或索赔的款项,经业主批准后发出通知。

⑤ 审查承包人的任何分包人的资格和分包合同及分包工程的类型、数量和价格,按合同规定程序和权限在得到业主同意后进行审批。

⑥ 审批承包人为临时工程或永久工程所设计的全部图纸。

⑦ 根据施工合同,审核承包人授权的常驻现场代表的资质,以及其他派驻到现场的主要技术、管理人员的资质;监督承包人进入本工程的主要技术、管理人员的构成、数量与合同所列名单是否相符;对不称职的主要技术、管理人员,监理工程师有权提出更换要求。

⑧ 对承包人进场的主要施工机械设备的数量、规格、性能按施工合同要求进行监督、检查。由于施工机械设备的原因影响工程的工期、质量的,监理工程师有权提出更换或停止支付费用。

⑨ 监督检查承包人有关施工安全和文明施工事宜及工程环保工作。

⑩ 受理合同事宜,作为土建施工合同的调解员,向业主提供有关索赔和争议事实的分析资料,提出监理单位意见,在得到业主批准后根据合同规定处理违约事件,协调争端;在仲裁过程中作证。

⑪ 督促业主及时妥善履行合同规定的各项责任和法定承诺。

⑫ 澄清承包人对施工合同的疑问。

⑬ 在工程现场意外发现的具有历史意义或重大价值或其他价值的任何物品时,发出相关处理指示。

⑭ 充分利用计算机工具软件,建立项目管理信息系统,进行项目信息分类与分析提取,如施工进度信息、工程投资控制信息、施工质量信息等。

⑮ 督促、检查承包人按工程管理部门和业主的要求编制竣工文件。

⑯ 协助业主准备工程进度报告、财务状况报告和工程最终报告。

4. 合同管理制度

(1)单位工程开工审核制度

① 开工前要求施工单位做好各项施工准备工作,满足工程连续施工作业、保证工程施工质量、安全、进度及投资目标的实施。

② 审查内容:

施工组织设计、专业施工组织设计、施工技术方案已经批准;

劳动力已按计划进场;

施工机具设备已进场,并布置就绪;

管理人员已全部到位;

开工所需施工图已经会审并进行了交底;

开工所需设备、材料满足连续施工需要；

开工前的各项手续已妥。

③ 当满足以上条件时，施工单位填写“单位工程开工报审表”，项目监理部经过审核后同意开工则在“单位工程开工报审表”中签署同意开工，项目监理部经过审核后不同意开工则在“单位工程开工报审表”中签署不同意开工并说明理由。当具备开工条件后，施工单位再次报送“单位工程开工报审表”，申请单位工程开工。

(2)施工质量检验项目划分表报审制度

① 施工单位在工程开工前，编制完成“施工质量检验项目划分表”报送项目监理部。

② 项目监理部接到报审表后，组织有关专职监理人员进行审查，经与设计、施工单位研究后行文报送建设单位，由建设单位送质监站进行审定工作，审定通过，报审工作完成。

(3)施工图纸会审与设计交底制度

① 施工图纸是施工和工程验收的主要依据。为使施工人员充分领会设计意图熟悉，设计内容，正确地按图施工，保证工程质量，监理和施工单位在工程开工前必须进行施工图纸审核，对图纸中的问题在设计交底时进行会审解决。

② 设计交底分工程项目综合交底和专业设计交底两类，由项目法人单位组织与主持设计交底会议。

工程项目综合交底，在工程项目开工前由项目法人单位组织，请设计单位本项目设计总工程师和项目负责人向施工、项目法人、监理等单位进行设计交底。设计单位交底说明后，组织有关单位与设计单位进行讨论，交换意见，把问题搞清楚。会议组织单位根据会议情况印发会议纪要，明确有关问题。

专业设计交底是在该专业工程施工前，结合施工图纸会审，对专业设计的有关问题做进一步的详细说明交底，项目法人、监理、施工单位的人员深入了解掌握设计意图、特点与施工要求。

③ 所有的施工图纸在施工前都应经过会审，对图纸中的问题明确解决后才能依据图纸施工，施工图纸会审是质量预控的主要环节，没有经过会审的图纸不能施工。遇有特殊原因不能事先组织图纸会审时，也须经驻现场设计代表签认，才可施工。

④ 施工图纸会审前，主持单位应事前通知参加人员熟悉图纸，并将图纸中的问题整理出书面资料，送交主持单位。

⑤ 会审过程中，对图纸中存在的问题要逐项研究讨论，明确解决的办法，凡需要修改原图时，均需履行变更手续，“图纸会审会议纪要”不能取代设计变更手续。

⑥ 图纸会审的主持单位，应将图纸会审结果整理印发“图纸会审会议纪要”，发送给各参加会议单位。

(4)施工技术措施审核制度

① 施工单位对工程项目的施工必须编制施工组织设计及专业施工技术措施，并在该项目及专业工程施工前填报“工程技术文件报审表”送项目监理部审核。

② 项目监理部收到施工组织设计或施工技术文件报审表后，由总监理工程师及时组织有关监理工程师审核提出审核意见。经审核，施工组织设计或施工技术措施须修改补充时，要督促施工单位按审核意见进行补充修改。

③ 施工单位在施工前应向施工人员进行施工技术措施的交底，对于重要和关键的施工项目，应通知监理人员参加。

④ 监理人员在日常现场巡视检查中,发现未进行措施交底就开始施工或施工人员未按措施执行或违反措施施工,监理人员应及时要求施工人员改正。当影响工程质量或存在有重大安全隐患,口头说服无效时,应向总监理工程师汇报,必要时签发监理通知,要求及时改正,情节严重影响工程质量时,可签发停工通知。

(5)分包单位资质审核制度

① 工程项目总承包单位对其承包的工程进行分包时,应报项目监理部对分包施工单位的资质进行审核。

② 资质审核的主要内容如下:

工程所在地建设行政主管部门核发的注册登记证明;

分包单位的资质等级证书及营业执照;

分包单位的现场组织机构、技术管理人员配备、技术工种等级、人数和特殊工种上岗证书、质量保证体系及技术管理制度;

分包单位施工机械、施工设备的情况;

分包单位承包工程的业绩情况。

③ 总承包单位引进分包单位前,应填报"分包单位资质报审表"送项目监理部,项目监理部接到申报后由总监理工程师及时组织有关监理工程师进行审核。必要时通知总、分包单位咨询有关情况,然后将对分包单位资质的审核意见报项目法人单位批准。

④ 总承包单位对分包单位进入现场后的施工活动负责,监理人员发现分包单位在施工中的有关问题及时向总承包单位提出并要求解决。

⑤ 施工中发现分包单位由于技术能力差,管理混乱,不能胜任分包工程的,报告建设单位批准后通知总承包单位采取措施改进或更换分包单位。为保证工程质量,必要时项目监理部可发出停工通知。

(6)测量仪表、计量器具审验制度

① 项目监理部对施工单位及其委托的试验室要进行审核,审核内容如下:

试验室的资质等级证书;

试验室人员的上岗证书;

试验室设备、仪器仪表的计量等级,器具检定的有效期;

试验室的管理制度。

② 工程施工中下列工作范围使用的计量器具,应进行定期检验,施工单位报送项目监理部,由项目监理部查验:

对现场混凝土搅拌站的磅秤、量斗和电子计量系统;

施工测量使用的经纬仪、水准仪、测距仪、钢卷尺(30m 以上);

对于施工质量检验使用的钢尺、靠尺、角尺、塞尺、水平尺,使用前应检查一次。

国务院颁发的《强制检定的工作计量器具明细表录》中规定的计量器具,应检查施工单位贯彻执行的有关管理办法。

5. 合同管理的措施

(1)预先调查、进行风险性分析

在施工阶段,合同管理工程师的首要任务是熟悉国家及地方有关政策法规,熟悉合同条款及施工承包合同和监理合同，深入了解设计意图，结合现场情况分析在合同执行期间可能出现的风险，并通知有关监理人员采取预防措施，尽量避免出现不必要的纠纷。

（2）跟踪调查、及时协调纠偏

在合同执行过程中，合同管理工程师应经常深入工地现场，掌握第一手情况，及时发现存在问题并通告有关监理人员，必要时可向建设单位报告。针对已出现的问题，应及时处理，督促违约方纠正违约行为。

（3）计算机辅助合同管理

在合同管理的过程中，尤其是索赔的处理中，我们将尽可能使用计算机辅助进行。利用计算机的网络计划手段分析索赔和变更发生前后网络工期的不同来确定合理的工期补偿，或通过资源投入前后的不同来确定赶工的费用等。

计算机辅助管理的另一方面就是充分利用"联网"建立本监理部信息渠道，并充分利用网上获得的各种资源，提供变更、索赔等必要资料。

（4）合同执行状况的动态分析

① 将工程变更分类整理，包括设计变更、地质条件变化的变更、工程量变化超过限额所引起的变更、外界环境所引起的变更、现场变更等类型，然后进行分析。

② 将索赔分类整理，包括建设单位原因或建设单位的风险引起的索赔，社会或监理工程师引起的索赔等类型，然后进行分析。

③ 工程进度滞后原因分析。

④ 工程投资完成额超出或少于计划投资原因分析。

6. 工程变更

由于不可预见的原因，工程发生在形式、质量、数量或内容上变动，依据业主、设计单位、有关部门的指示，向承包人发布变更通知，并指示承包人实施工程变更。当承包人提出变更要求或项目监理认为需要变更时，需报请业主或有关方面批准后办理有关手续。在处理变更的过程中我们将注意：资料搜集、费用评估、协商价格、颁发变更令等工作。

① 因设计单位原因需修改设计图纸、文件的称为设计变更，由设计单位提出"设计变更通知单"。

② 因项目法人单位原因需修改设计图纸、文件的称为变更设计，由项目法人单位或设计单位提出"变更设计通知单"。

③ 因施工单位原因需修改设计图纸、文件的称为工程洽商，由施工单位提出"工程洽商单"。

④ 项目监理部对设计变更、变更设计、工程洽商的审批权限，应按监理合同规定进行。但是，无论审批权限如何划分，为了便于履行监理职责，各种通知单都须送项目监理部，向有关监理工程师通报或签认。

⑤ 设计变更、变更设计、工程洽商的管理程序如图 8-1 所示。

重要提示：

熟悉项目监理机构对工程变更的管理是北京市建筑工程监理员（工民建）培训考核大纲的要求。

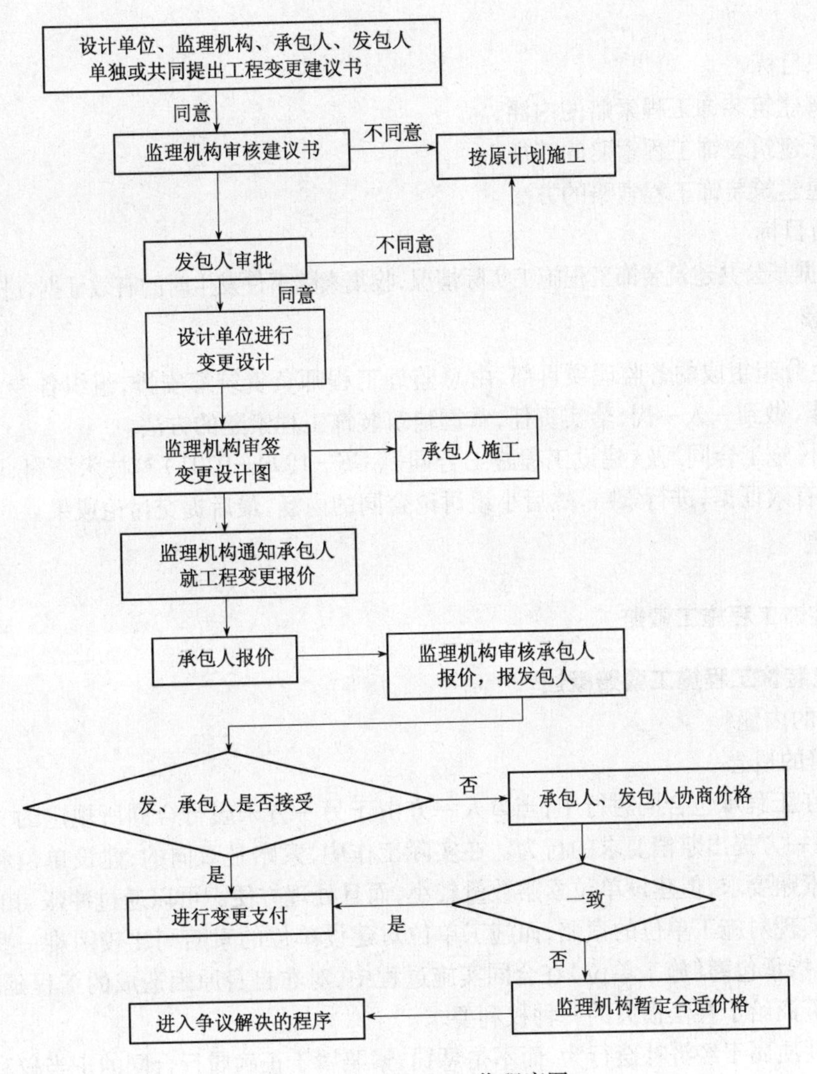

图8-1　变更监理工作程序图

任务2　掌握项目监理机构处理索赔的方法

任务介绍

索赔是合同管理的重要组成部分，公正、公平、依法处理索赔事件、维护各方的合法权益是监理工程师的职责所在。当一方向另一方提出索赔时，要有正当索赔理由、且有索赔事件发生时的有效证据，本任务要求掌握项目监理机构处理索赔的方法。

> **重要提示：**
> 了解合同争议的解决与常见的索赔种类、内容及处理程序是北京市建筑工程监理员（工民建）培训考核大纲的要求。

任务目标

1. 知识目标

① 了解建筑装饰工程索赔的内涵;

② 熟悉建筑装饰工程索赔的特征;

③ 掌握建筑装饰工程索赔的方法。

2. 能力目标

能够根据某公共建筑装饰工程施工实际情况,收集索赔事件发生时的有效证据,进行索赔。

任务要求

① 学生分组组成的各监理项目部,由总监理工程师负责统筹安排,组织各专业监理工程师,协调工作,做到一人一岗,落实责任,掌握建筑装饰工程索赔的方法。

② 查阅《施工合同》及《建设工程施工合同》(GF—1999—0201)等技术资料,收集索赔事件发生时的有效证据,进行索赔,然后小组讨论合同的内涵,最后提交讨论成果。

相关知识

8.2 建筑装饰工程施工索赔

8.2.1 建筑装饰工程施工索赔概述

1. 索赔的内涵

(1)索赔的概念

索赔是在工程承包合同履行中,当事人一方由于另一方未履行合同所规定的义务而遭受损失时,向另一方提出赔偿要求的行为。在实际工作中,索赔是双向的,建设单位和施工单位都可能提出索赔要求,但建设单位索赔数量较小,而且处理方便。可以通过冲账、扣拨工程款、扣保证金等实现对施工单位的索赔;而施工单位对建设单位的索赔则比较困难一些。通常情况下,索赔是指承包商(施工单位)在合同实施过程中,对非自身原因造成的工程延期、费用增加而要求投资商给予补偿损失的一种权利要求。

索赔的性质属于经济补偿行为,而不是惩罚,索赔属于正确履行合同的正当权利要求。索赔方所受到的损害,与索赔方的行为并不一定存在法律上的因果关系。导致索赔事件的发生,可以是一定行为造成,也可能是不可抗力事件引起,可以是对方当事人的行为导致的,也可能是任何第三方行为所导致。索赔在一般情况下都可以通过协商方式友好解决,若双方无法达成妥协时,争议可通过仲裁解决。

(2)索赔成立的条件

① 与合同相比,已经造成了实际的额外费用增加或工期损失。

② 造成的费用增加或工期损失的原因不是由于自身的过失造成的。

③ 这种经济损失或权利损害也不是应由自身应承担的风险所造成的。

④ 在合同规定的期限内提交了书面的索赔意向通知和索赔文件。

这四个条件必须同时具备,索赔才能成立。

2. 索赔的原因

(1)施工方向建设方索赔的原因

① 建设方违约:比如建设方未按合同规定的时间提供施工图纸、未提供施工场地、提供水

电、提供应由建设方供应的材料与设备,使施工方不能及时开工;建设方未按合同规定及时支付工程款;提供错误信息、下达错误指令;在施工期间,由于非施工方原因造成未完或已完工程的破坏。

② 监理工程师的原因:常见的有监理工程师发出的指令与通知有误,影响施工的正常进度;监理工程师未按合同规定及时提供必须由其发出的指令或未及时履行其必须履行的义务。

③ 合同文件的错误、缺陷与合同变更。

(2)建设方向施工方索赔的原因

① 由于施工方原因导致工程延期。施工方无合法的理由延长工期,而又不能按时竣工,建设方向施工方可以索赔因延期违约而造成的经济损失。

② 由于施工方原因导致施工缺陷。施工方的原因导致施工质量不符合技术规范的要求,或使用的建筑材料、设备质量不能满足要求,建设方向施工方索赔。

③ 由于施工方原因导致其他损失。施工方在运输材料设备过程中,因施工方应承担的责任,损坏了公共设施。建设方因此受到政府职能部门的罚款后,可以向施工方索赔;对施工方不合格材料或设备进行的重复检验费用可以向施工方索赔;因施工方的原因,需加班赶工时所增加的管理服务费用,可以向施工方索赔。

(3)因不可抗力导致的费用及延误的工期由双方按以下方法分别承担

① 工程本身的损害、因工程损害导致第三人人员伤亡和财产损失以及运至施工场地用于施工的材料和待安装的设备的损害,由发包人承担;

② 发包人承包人人员伤亡由其所在单位负责,并承担相应费用;

③ 承包人机械设备损坏及停工损失,由承包人承担;

④ 停工期间,承包人应工程师要求留在施工场地的必要的管理人员及保卫人员的费用由发包人承担;

⑤ 工程所需清理、修复费用,由发包人承担;

⑥ 延误的工期相应顺延。

3. 索赔的程序

发包人未能按合同约定履行自己的各项义务或发生错误以及应由发包人承担责任的其他情况,造成工期延误和(或)承包人不能及时得到合同价款及承包人的其他经济损失,承包人可按下列程序以书面形式向发包人索赔:

① 索赔事件发生后28天内,向监理工程师发出索赔意向通知。

② 发出索赔意向通知后28天内,向工程师提出延长工期和(或)补偿经济损失的索赔报告及有关资料;索赔的证据材料包括招标文件、施工合同文件及附件,其他各种签约;双方的往来信件;各种会谈纪要;施工进度计划和具体的施工进度安排;施工现场的有关文件;工程照片;气象资料;工程检查验收报告和各种技术鉴定报告;工程中停水、停电的记录和证明;官方的物价指数、工资指数;各种核算资料;建筑材料的采购、订货、运输、进场、使用方面的凭据;国家有关法律、法令、政策文件。

③ 监理工程师在收到承包人送交的索赔报告和有关资料后,于28天内给予答复,或要求承包人进一步补充索赔理由和证据。

④ 监理工程师在收到承包人送交的索赔报告和有关资料后28天内未予以答复或未对承包人作进一步要求,视为该索赔已经认可。

⑤ 当该索赔时间持续进行时,承包人应当阶段性向工程师发出索赔意向,在索赔事件终了后28天内,向监理工程师送交索赔的有关资料和最终索赔报告。索赔答复程序与③、④规定相同。

索赔管理程序图,如图8-2所示。

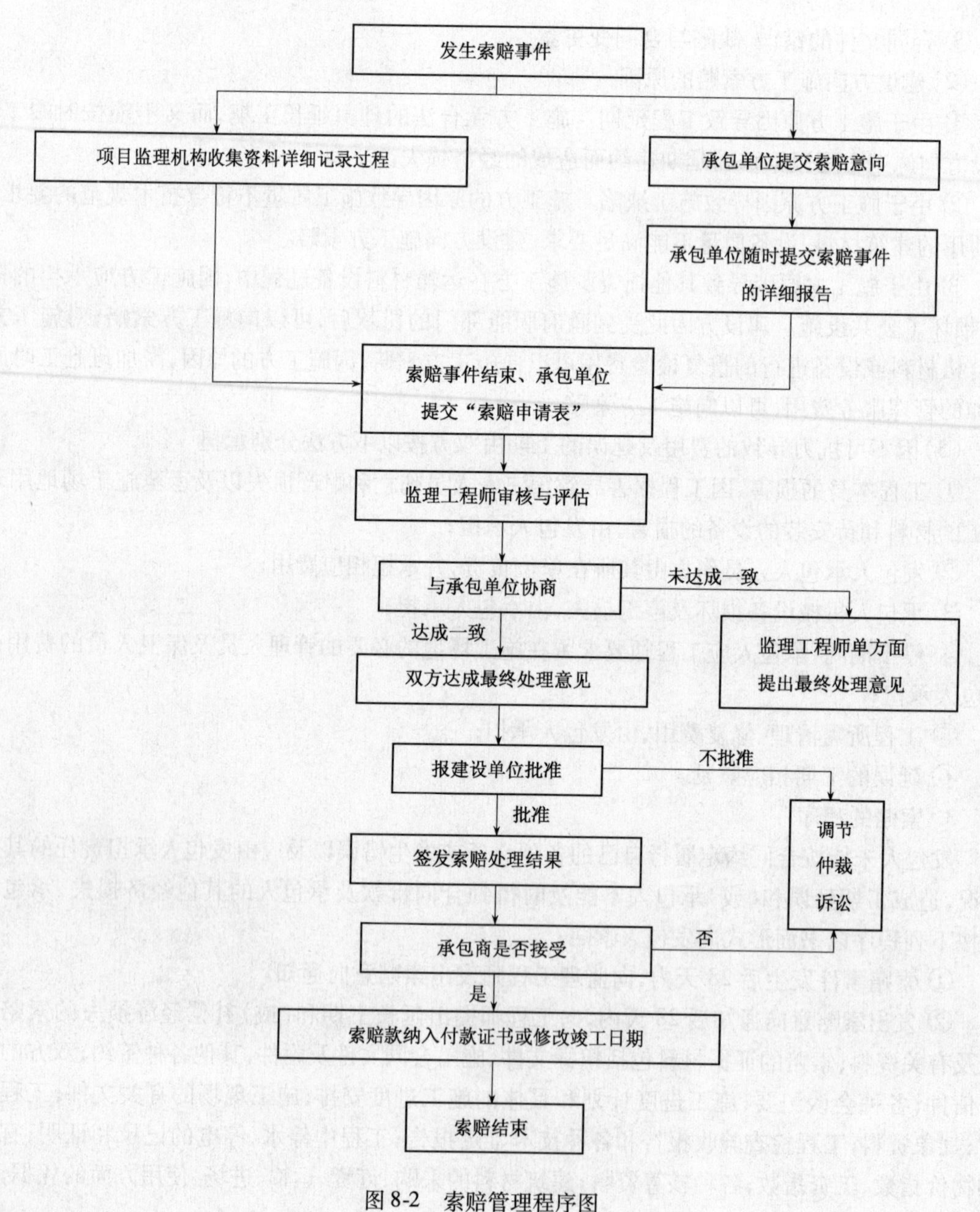

图8-2 索赔管理程序图

8.2.2　建筑装饰工程施工索赔的处理

1. 索赔处理

工程中由于不可预见因素、业主原因、监理工程师责任，发生索赔事件是不可避免的，监理方将遵守公正性、科学性、独立性的原则，依据合同条款进行工作。分析研究和评价承包人可能提出的索赔要求，完成分析、建议报告的编制，研究并做出索赔的评估报告。

2. 索赔处理的原则

监理方既受委托于建设方进行工程监理，同时他又是第三方，不属于施工合同的任何一方，因此在行使合同赋予的权力，进行索赔时必须遵循如下原则：

(1)尽可能将争执解决于签合同之前

监理方在签订施工合同前，对合同中的漏洞进行预测和分析，未雨绸缪，减少索赔事件发生的机率。

(2)公平合理

由于建设方与施工方之间的目的与经济利益不一致，监理方在行使权力时应站在公正的立场上，正确处理双方利益，调整双方的经济关系。

(3)与建设方和施工方协商一致

监理方在处理索赔事件时，应充分与建设方和施工方协商，做到两头兼顾，使之尽早达成一致。

(4)实事求是

在处理索赔事件时，监理方应以合同、法律法规为准绳，以事实为依据，实事求是，如实反映实际情况。

(5)迅速、及时地处理问题

监理方在行使自己的权力、处理索赔事件时，需果断、迅速行事，在合同规定时间内，或在认为合理时间内履行自己的职责，避免使许多问题累积起来，造成处理上的混乱。

3. 索赔费用的组成

1)分部分项工程量清单费用

(1)人工费

可索赔的人工费举例：

① 完成合同之外的额外工作所花费的人工费用。

② 由于非承包商责任的工效降低所增加的人工费用。

③ 超过法定工作时间加班费用。

④ 法定人工费增长以及非承包商责任工程延误导致的人员窝工费和工资上涨费等。

(2)材料费

可索赔的材料费举例：

① 由于索赔事项材料实际用量超过计划用量而增加的材料费。

② 由于客观原因材料价格大幅度上涨。

③ 由于非承包商责任工程延误导致的材料价格上涨和超期储存费用。

(3)施工机械使用费

可索赔的施工机械使用费举例：

① 由于完成额外工作增加的机械使用费。

② 非承包商责任功效降低增加的机械使用费。

③ 由于业主或监理工程师原因导致的机械停工的窝工费。窝工费的计算，如系租赁设备，一般按实际租金和调进调出费的分摊计算；如系承包商自有设备，一般按台班折旧费计算，而不能按台班费计算，因台班费中包括了设备使用费。

(4)企业管理费

企业管理费的索赔费用是指承包商完成额外工程、索赔事项工作以及工期延长期间发生的管理费。

(5)利润

索赔利润的款额计算通常与原报价单中的利润率保持一致。

2)措施项目费

因分部分项工程量清单漏项或非承包人原因的工程变更，引起措施项目发生变化，可进行措施项目费用索赔，计算原则同前述“工程变更价款的确定方法”。

3)其他项目费用

4)规费与税金

非承包人原因的工程内容变更或增加的情况下，可以对增加的规费和税金进行索赔，费率应与原报价单中的费率保持一致。其他情况一般不能索赔。

4. 索赔费用的计算

(1)实际费用法

实际费用法是工程索赔计算时最常用的一种方法。这种方法的计算原则是，以承包商为某项索赔工作所支付的实际开支为根据向业主要求费用补偿。

用实际费用法计算时，在直接费的额外费用部分的基础上，再加上应得的间接费和利润，即是承包商应得的索赔金额。由于实际费用法所依据的是实际发生的成本记录或单据，所以在施工过程中，系统而准确地积累记录资料是非常重要的。

(2)总费用法

总费用法是一种最简单的估算方法。它的基本思路是把固定总价合同转化为成本加酬金合同，并按成本加酬金的方法计算索赔值。这种计算方法不容易被业主和仲裁人认可，所以较少使用，只有在难以采用实际费用法时才应用。其计算公式为

索赔金额 = 实际总费用 - 投标报价估算总费用

(3)修正的总费用法

修正的总费用法是对总费用法的改进。修正的内容如下：

① 将计算索赔款的时段局限于受到外界影响的时间，而不是整个施工工期。

② 只计算受影响时段内的某项工作所受影响的损失，而不是计算该时段内所有施工工作所受的损失。

③ 与该项工作无关的费用不列入总费用中。

④ 对投标报价费用重新进行核算：按受影响时段内该项工作的实际单价进行核算，乘以实际完成的该项工作的工程量，得出调整后的报价费用。

按修正后的总费用计算索赔金额的公式如下：

索赔金额 = 某项工作调整后的实际总费用一该项工作的报价费用

修正的总费用法与总费用法相比，有了实质性的改进，它的准确程度已接近于实际费用法。

8.2.3　建筑装饰工程索赔实例

索赔报告

甲房地产开发公司：

某公共建筑装饰工程精装修工作由我方负责施工，在我方接到精装修图纸时，我方曾提出大堂回字形吊顶现场无法施工，后在设计交底会、图纸会审、各方生产协调会上我方也多次强调此事，且在我方8月21日给贵方及监理方的发文中，我方也明确提及此事。后经与贵方、监理方、设计方协商，达成如下协议：我方暂时按照设计图纸加工制作一个回字形吊顶样板并安装，如若可行则继续施工，如若不可行，则设计另行出图，期间加工安装样板损失的费用由贵方承担。9月3日我方加工完成样板，并邀请贵方及设计方现场勘测，认为此方案不可行，由设计方修改此吊顶方案，9月4日将设计修改图发与我方。现将钢架制作、安装费用（表8-1～表8-3）报于贵方，请贵方尽快予以确认。

1. 90根6m长的50×50×4方钢管；
2. 90根方钢管全部进行除锈处理并涂刷防锈漆；
3. 焊接成3个产品钢架；
4. 焊接钢架消耗人工6个；
5. 焊接切断配料消耗人工6个；
6. 材料倒运至工作面消耗人工3个；
7. 焊缝打磨消耗人工3个；
8. 钢架位置放线消耗人工2个；
9. 吊杆打眼消耗人工2个；
10. 拆除已焊好钢架及清理工作面消耗人工5个；
11. 樟子松木板购买2张（1200×2400），3330元/张；
12. 樟子松木板开条（每条200×2400），开条60元/张；
13. 樟子松木板开条后每条双面烤漆（透明聚酯漆），烤漆费50元/m；
14. 厂家采购板材及送货运输费用300元。

注明：由于精装修人工单价远远高于普通装修人工单价，经市场咨询，精装修中特殊工种300元/工日，普通工种200元/工日。

顺颂商祺！

乙建筑公司　　2012年9月5日

丙监理公司　　2012年9月5日

甲房地产开发公司　　2012年9月5日

表8-1　附件1　单位工程投标报价汇总表

工程名称：某公共建筑装饰工程　　内容：回字形吊顶样板钢架

序号	项目名称	金额	其中：暂估价（元）
一	分部分项工程	29287.51	
二	措施项目	930.26	
2.1	安全文明施工费	930.26	
三	其他项目		–

续表

序号	项目名称	金额	其中:暂估价(元)
3.1	暂列金额		–
3.2	专业工程暂估		–
3.3	计日工		–
3.4	总承包服务费		–
四	规费	1907.49	–
五	税金	1095.47	–
招标控制价合计 = 1 + 2 + 3 + 4 + 5		33220.73	0

注:本表适用于单位工程招标控制价或投标报价的汇总,如无单位工程划分,单项工程也使用本表汇总

表 8-2　附件 2　分部分项工程量清单与计价表

工程名称:某公共建筑装饰工程　　内容:回字形吊顶样板钢架

序号	项目编码	项目名称	项目特征描述	计量单位	工程量	金额(元)		
						综合单价	合价	其中:暂估价
1	AB001	50×50×4 黑方钢管支架制作安装 50×50×4 黑方钢管 90 根,每根长 6 米,全部防锈处理完	50×50×4 黑方钢管支架制作安装 50×50×4 黑方钢管 90 根,每根长 6 米,全部防锈处理完	t	3.002	5551.22		
2	AB004	钢架刷防锈漆二遍	措施项目	t	3.002	923.56		
3	AB002	钢架焊工焊成三个钢架	安全文明施工费	工日	6	349.30		
4	AB003	钢架配料	其他项目	工日	6	232.86		
5	AB004	材料倒运、钢架位置放线	暂列金额	工日	5	232.86		
6	AB005	钢架安装吊杆打眼、焊缝打磨	专业工程暂估	工日	5	232.86		
7	AB006	拆除成品钢架及倒运出工作面	计日工	工日	5	232.86		
8	AB0017	樟子松板材 2 张 1.2×2.4,按要求开成条状 0.2×2.4	总承包服务费	张	2	419.16		

续表

序号	项目编码	项目名称	项目特征描述	计量单位	工程量	金额（元）		
						综合单价	合价	其中：暂估价
9	AB008	樟子松板条双面烤漆，透明聚酯漆	规费	m	28.8	58.22		
10	AB009	樟子松板材开条烤漆运费	税金	项	1	349.30	349.30	
		分部小计					29287.51	
本页小计							29287.51	
合计							29287.51	

注：根据建设部、财政部发布的《建筑安装工程费用组成》（建标［2003］206号）的规定，为记取规费等的使用，可以在表中增设其中：“直接费”、“人工费”或“人工费＋机械费”

表8-3　附件3　措施项目清单与计价表

工程名称：某公共建筑装饰工程　　内容：回字形吊顶样板钢架

序号	项目名称	基数说明	费率（%）	金额（元）
1	安全文明施工费	分部分项合计＋技术措施项目直接费	2.728	930.26
2	夜间施工费			
3	二次搬运费			
4	冬雨季施工			
5	大型机械设备进出场及安拆费			
6	施工排水			
7	施工降水			
8	地上、地下设施、建筑物的临时保护设施			
9	已完工程及设备保护			
10	混凝土、钢筋混凝土模板及支架			
11	脚手架			
12	垂直运输机械			
合计				930.26

注：1. 本表适用于以“项”计价的措施项目。

2. 根据建设部、财政部发布的《建筑安装工程费用组成》（建标［2003］206号）的规定，“计算基础”可为：“直接费”、“人工费”或“人工费＋机械费”。

项目小结

本项目重点培养学生熟悉建筑工程施工合同的主要内容,掌握施工合同管理的方法,不断提高处理索赔事件的能力。

项目评价

建筑装饰工程合同管理评价表

姓名:			学号:		
组别:			组内分工:		
评价标准					
序号	具体指标	分值	组内自评分	组外互评分	教师点评分
1	熟悉建筑工程施工合同	20			
2	熟悉施工合同管理制度	20			
3	掌握施工合同管理的方法	20			
4	对工程变更的管理的能力	20			
5	处理索赔事件的能力	20			
6	合计	100			

项目练习

一、单选题

1. 依据设计合同示范文本规定,下列有关设计错误后果责任的说法中,不正确的是(　　)。

A. 由于设计人错误造成损失应免收直接受损部分的设计费

B. 损失严重的应向发包人支付赔偿金

C. 累计赔偿总额不应超过设计费用总额

D. 赔偿责任按工程实际损失的百分比计算

2. 按照施工合同示范文本规定,“发包人供应材料设备一览表”应当列在(　　)中。

A. 协议书　　B. 通用条款　　C. 专用条款　　D. 技术文件

3. 某工程开工前,承包人已办理运输手续的主要施工机械,由于铁路部门集中运输抗震救灾物资而未能按时运到工地,影响了工程按时开工。承包商在合同约定开工日期前7天,向工程师提交了申请延期开工报告,提出顺延合同工期和费用补偿的要求。工程师对延期开工报告的处理,正确的是(　　)。

A. 同意延期开工,并顺延合同工期,但不批准费用补偿

B. 同意延期开工,但不批准顺延工期和费用补偿要求

C. 同意延期开工报告中的要求

D. 不同意延期开工报告的要求

4. 按照施工合同示范文本规定,下列事项中,属于发包人应承担的义务是(　　)。

A. 提供监理单位施工现场办公房屋

B. 提供夜间施工使用的照明设施

C. 提供施工现场的工程地质资料

D. 提供工程进度计划

5. 对于施工合同约定由发包人提供的图纸，如果承包人要求增加图纸套数，则下列关于图纸的复制人和复制费用承担的说法中，正确的是(　　)。

A. 应由承包人自行复制，复制费用自行承担

B. 应由承包人自行复制，复制费用由发包人承担

C. 应由发包人复制，复制费用由发包人承担

D. 应由发包人复制，复制费用由承包人承担

6. 按照施工合同示范文本规定，下列关于发包人供应的材料设备运至施工现场后的保管及保管费用的说法中，正确的是(　　)。

A. 应当由发包人保管并承担保管费用

B. 应当由发包人保管，但保管费用由承包人承担

C. 应当由承包人保管并承担保管费用

D. 应当由承包人保管，但保管费用由发包人承担

7. 某施工合同履行中，工程师进行了合同约定外的检查试验，影响了施工进度。如检查结果表明该部分的施工质量不合格，则(　　)。

A. 检查试验的费用由承包人承担，工期不予顺延

B. 检查试验的费用由承包人承担，工期给予顺延

C. 检查试验的费用由发包人承担，工期给予顺延

D. 检查试验的费用由发包人承担，工期不予顺延

8. 施工合同履行中，发包人另行发包的设备安装工程开始施工，合同中没有规定土建承包人有配合安装的义务。工程师为避免施工的交叉干扰发出暂停部分土建施工指示，导致土建承包人的损失，由(　　)。

A. 发包人承担，批准顺延工期

B. 发包人承担，不批准顺延工期

C. 承包人承担，可以顺延工期

D. 承包人承担，工期不可顺延

9. 依据监理合同示范文本规定，下列职权中，不属于监理人的是(　　)。

A. 工程规划设计的建议权

B. 工程款支付审核和签认权

C. 工程项目设计标准的认定权

D. 协调工程项目有关协作单位的主持权

10. 如果施工索赔事件的影响持续存在，承包商应在该项索赔事件影响结束后的28日内向工程师提交(　　)。

A. 索赔意向通知　　B. 索赔报告

C. 施工现场的记录　　D. 索赔依据

【参考答案】

1. C　2. C　3. A　4. C　5. D　6. D　7. A　8. A　9. C　10. B

二、案例分析题

某公共建筑装饰工程，业主分别与土建施工单位和外门窗安装单位签订了主体结构、门窗安装施工合同。两个承包商均编制了相互协调的进度计划，且已得到批准。主体结构施工完

毕后，即进行外门窗的安装施工。在安装门窗附框时，发现已加工完毕的附框尺寸与主体结构门窗洞口尺寸不符，经检测发现，主体结构门窗洞口尺寸上下不顺直，尺寸偏差过大，无法安装附框，须返工处理。安装单位因而工期滞后，于是提出索赔要求。

问题：

1. 安装单位的损失应由谁负责？为什么？

2. 安装单位提出的索赔要求，监理工程师应如何处理？

【参考答案】

1. 安装单位的损失应由业主负责。

理由：安装单位与业主之间具有合同关系，业主没有能够按照合同约定提供安装单位施工的工作条件，使得安装单位不能够按照计划进行，业主应承担由此引起的损失。而安装单位与土建施工单位之间无合同关系，虽然安装工作受阻是由于土建施工单位质量问题引起的，但不能直接向土建施工单位索赔。业主可以根据合同的规定，再向土建施工单位提出赔偿要求。

2. 对于安装单位提出的索赔要求，监理工程师应该按照如下程序处理：

(1)审核安装单位的索赔申请；

(2)进行调查、取证；

(3)判定索赔成立的原则，审查索赔成立的条件，确定索赔是否成立；

(4)分清责任，认可合理的索赔额；

(5)与承包人协商补偿额；

(6)提出自己的“索赔处理决定”；

(7)签发索赔报告，并将处理意见抄送发包人批准；

(8)若批准额度超过工程师权限，应报请发包人批准；

(9)若业主提出对土建施工单位的索赔，监理工程师应提供土建施工单位违约证明。

知识补充

一、合同变更及设计变更管理制度

1. 总则

为了规范合同变更及设计的变更的管理，便于工程量的准确计量，根据《建设工程监理规范》的规定，特制定本制度。

2. 变更程序

2.1　提出变更要求的一方应填写变更申请表（书）提交项目监理部，说明变更的理由及对项目的影响。

2.2　监理工程师审查提交的变更申请表（书），专业监理工程师负责审查涉及本专业的变更；特别是对另一方的权利、义务有较大影响的变更，必须查明影响程度的大小。监理工程师要向总监理工程师提出审查报告。

2.3　合同变更前，双方应通过协商，达成一致，切忌单方面盲目地提出变更导致发生争议。

2.4　涉及设计变更的，应由设计单位确定后才有效。

2.5　当工程变更涉及安全、环保等内容时，应按规定经有关部门审定。

2.6　涉及其他内容变更的，应由双方当事人确定后才有效。

2.7　重大事项的变更,应征得建设单位的同意。

2.8　项目监理部只行使审核职责,无权对变更做最后确定。

2.9　办理变更时,应执行变更审签制度。确定手续应采用书面形式形成变更文件作为补充合同文件,任何变更均应由项目监理部总监理工程师签发变更通知书后方可执行。

2.10　对于重大或复杂的工程变更,监理工程师监督有关部门采用设计变更图纸,并监督承包单位按其变更施工。

2.11　所有的变更资料均需妥善保管,备案待查。

二、索赔管理制度

1. 总则

1.1　为了规范索赔的管理,根据《建设工程监理规范》及相关文件的规定,特制定本制度。

1.2　监理部由总监理工程师负责处理索赔事项,未经总监理工程师审查同意而实施的变更工程,监理部不给此工程予计量。

2. 索赔原则

2.1　承包商在索赔事由发生后一定期限内,向业主或监理工程师递交索赔意向通知。业主向承包商发出索赔意向通知也照此办理。

2.2　索赔方应在发出索赔通知后的规定期限内,及时提交索赔报告。

2.3　监理工程师对承包商的索赔请求和依据,进行核实确认。

2.4　根据违约情况提出相应的索赔处理意见,并与业主、承包商进行沟通,双方经友好协商,消除分歧,达成赔偿协议。

2.5　赔偿协商不能达成协议,双方根据仲裁协议,申请仲裁机构仲裁。

2.6　所有的索赔资料及原始凭证材料均需妥善保管,备案待查。

项目9　建筑装饰工程监理资料编制

项目要点

建筑装饰工程监理资料是监理单位在装饰工程建设监理活动过程中所形成的全部资料。它能够真实反映工程质量的实际情况，具有可追溯性，因此工程监理资料必须与施工同步。建筑装饰工程监理资料的收集、整理及编制，特别是编制是监理工作的一个重点，本项目结合某公共建筑装饰工程的监理工作，编制监理常规性文件和总结性文件。

重要提示：

在编写监理资料时一定要保证与施工同步，严禁事后补填，无法真实地反映现况，这一点在现场一般情况下做得不到位，要提醒学生。

任务1　编写监理日志

任务介绍

丙监理单位在执行某公共建筑装饰工程的监理工作中，依据《建设工程监理规程》(DBJ 01—41—2002)，结合施工现场具体情况，编写监理工作日志。

重要提示：

掌握监理日记的作用、主要内容及填写要求是北京市建筑工程监理员(工民建)培训考核大纲的要求。

任务目标

1. 知识目标

① 掌握监理日志的作用；

② 掌握监理日志的编写内容。

2. 能力目标

依据《建设工程监理规程》(DBJ 01—41—2002)，具有编写监理工作日志的能力。

任务要求

① 学生分组组成的各监理项目部，由总监理工程师负责统筹安排，组织各专业监理工程

师，协调工作，做到一人一岗，落实责任，特别是资料监理工程师的岗位职责，编写装饰监理工作日志。

② 查阅《建设工程监理规程》（DBJ 01—41—2002）及《建筑装饰装修工程质量验收规范》（GB 50210—2001）等技术资料，编写监理工作日志，小组讨论初稿，修订整改，最后提交成果。

相关知识

9.1　建筑装饰工程监理常规性文件

9.1.1　监理日志

1. 监理日志的作用

监理日志是监理工作的真实写照，是记录监理工程师日常工作的原始资料之一，起着记录工程质量、进度、投资控制的重要作用。它是建筑工程整个施工阶段的施工组织管理、施工技术等有关施工活动和现场情况变化的真实的综合性记录，也是处理施工问题的备忘录和总结施工管理经验的基本素材。工程结束后，一个好的监理日志，可以看出工程施工全过程情况。

2. 施工日志的编写要求

① 施工日记应按单位工程填写。

② 记录时间：从开工到竣工验收时止。

③ 逐日记载不许中断。

④ 按时、真实、详细记录，中途发生人员变动，应当办理交接手续，保持施工日志的连续性、完整性。

3. 施工日志的内容

（1）基本内容

① 准确记录日期、星期、气象、平均温度。平均温度可记为XX ~ YY℃，气象按上午和下午分别记录。

② 施工部位。施工部位应将分部、分项工程名称和轴线、楼层等写清楚。

③ 出勤人数、操作负责人。出勤人数一定要分工种记录，并记录工人的总人数。

（2）工作内容

① 当日施工内容提要及实际完成情况。

② 施工现场有关会议的主要内容。

③ 有关领导、主管部门或各种检查组对工程施工技术、质量、安全方面的检查意见和决定。记录时不能只记录工程进度和存在问题，发现问题是监理人员经验和观察力的表现，解决问题是监理人员能力和水平的体现。所以要记录发现的问题、解决的方法以及整改的过程和程度；因为安全直接影响操作工人的情绪，进而影响工程质量。关心安全文明施工管理，做好安全检查记录。

④ 建设单位、监理单位对工程施工提出的技术、质量要求、意见及采纳实施情况。监理人员在书写监理日志前，必须做好现场巡视，增加巡视次数，提高巡视质量，巡视结束后按不同专业，不同施工部位进行分类整理，最后工整书写监理日志，并做记录人的签名

工作;另记录时要真实、准确、全面地反映与工程相关的一切问题(包括四控制、二管理、一协调)。

⑤ 书写工整、规范用语、内容严谨。要多熟悉图纸、规范,提高技术素质,积累经验,掌握写作要领,严肃认真地记录好监理日志。

(3)检验内容

① 隐蔽工程验收情况。应写明隐蔽的内容、楼层、轴线、分项工程、验收人员、验收结论等。

② 试块制作情况。应写明试块名称、楼层、轴线、试块组数。

③ 材料进场、送检情况。应写明批号、数量、生产厂家以及进场材料的验收情况,以后补上送检后的检验结果。

3. 编写监理日志的注意事项

① 注意问题的交圈,即将发现的问题提出后记录在日记里,整改完成检查合格后也应该在日志中反映出来。

重要提示:

在编写监理日志时这一点很重要,否则问题的整改结果易引起异议,导致日志不交圈。

② 监理日志按专业分期,一个专业设立一本。有利于资料查找,有利于建设单位了解监理工作的服务内容与监理工作业绩。

③ 书写好监理日志后,及时交总监审查,以便及时沟通和了解,从而促进监理工作正常有序地开展。

4. 监理施工日志实例(表9-1)

表9-1　监理日志

<table>
<tr><td>日期:2012 年 9 月 7 日</td><td>天气:　多云</td><td>气温:　18/25(℃)</td></tr>
<tr><td colspan="3">监理人员动态:以总监为领导的监理项目部成员全部到岗</td></tr>
<tr><td colspan="3">材料进场与试验、使用情况:C20 细石混凝土,在浇筑地点检测坍落度,符合设计要求</td></tr>
<tr><td colspan="3">监理工作情况:
1. 二层地面浇筑细石混凝土 C20 垫层,坍落度 180mm;首层北侧吊顶工程的吊杆安装;南侧轻钢龙骨隔墙施工;外立面幕墙工程保温岩棉铺贴施工。
2. 垫层混凝土连续浇筑,施工方法及浇筑顺序与施工方案一致。留置一组标养试块,见证(有影像资料),一组同条件试块;吊杆间距 800mm,符合要求;外立面幕墙工程保温岩棉直接铺贴在混凝土主体结构上,未按设计要求先铺设 0.8mm 镀锌钢板(有影像资料),已下发联系单,要求整改到位。
3. 施工人员进场一律佩戴胸卡,佩戴好安全帽,高空作业系好安全带;焊接作业由持有上岗证的焊工操作,开具当天有效的动火证,并设看火人,配备有效的灭火器。
4. 13:30 召开监理例会,打印会议记录。
5. 16:00 监理在巡视中发现,外立面幕墙工程保温岩棉铺设施工已全部整改到位,先铺设 0.8mm 镀锌钢板后铺设岩棉(有影像资料)</td></tr>
<tr><td>记录人:XXX</td><td colspan="2">总监理工程师:XXX</td></tr>
</table>

任务2 整理图纸会审纪录

任务介绍

丙监理单位在执行某公共建筑装饰工程的监理工作中，在工程施工前，依据《建设工程监理规程》(DBJ 01—41—2002)，进行图纸会审，整理图纸会审纪录。

任务目标

1. 知识目标

① 熟悉图纸会审的作用；

② 掌握图纸会审纪录的内容。

2. 能力目标

依据《建设工程监理规程》(DBJ 01—41—2002)，具有整理图纸会审记录的能力。

任务要求

① 学生分组组成的各监理项目部，由总监理工程师负责统筹安排，组织各专业监理工程师，协调工作，做到一人一岗，落实责任，特别是资料监理工程师的岗位职责，组织图纸会审及整理图纸会审纪录。

② 查阅《建设工程监理规程》(DBJ 01—41—2002)及《建筑装饰装修工程质量验收规范》(GB 50210—2001)等技术资料，整理图纸会审纪录，小组讨论初稿，修订整改，最后提交成果。

相关知识

9.1.2 图纸会审及记录

1. 图纸会审的作用

图纸会审是指监理单位组织施工单位以及建设单位、材料、设备供货等相关单位，在收到审查合格的施工图后，在设计交底前进行的全面细致熟悉图纸和审查施工图的活动。

目前由于装修工程的设计并没有像建筑工程设计那么规范，相当一部分装修图纸还不能完全指导施工，例如由于深化设计与原设计之间未恰当的衔接或是各专业之间交叉的节点未协调等原因，因此图纸会审的作用是显而易见的。

总的来讲其作用有两个：

① 使施工单位和各参建单位熟悉图纸，了解工程特点与设计思路，找出需要解决的技术难点，并制定解决方案。

② 为了解决图纸中存在的问题，减少图纸的差错，将图纸中的质量隐患消灭在萌芽状态。

图纸会审应由监理单位整理会议记录，与会各方会签。图纸会审纪录一经各方签认，即成为施工和监理的依据。

2. 图纸会审实例(表9-2)

表9-2　图纸会审

图纸会审记录 表 C2-2				资料编号	00-00-C2-001
工程名称	某公共建筑装饰工程			日期	2012年8月1日
地点	建设方会议室			专业名称	建筑
序号	图号	图纸问题		图纸问题交底	
1		B轴与E轴3.15m高处有夹层梁,与二次结构墙面有坎台。精装要求平面是否包石膏板处理平面		B轴墙面湿润甩毛,抹灰时压入钢丝网保证墙面不出现开裂现象,抹灰找平后刮耐水腻子,贴壁纸。B轴墙面湿润甩毛,抹灰时压入钢丝网找平。B轴二次结构墙上部出坎以上采用单层轻钢龙骨单面双层12mm厚石膏板封闭找平。E轴夹层梁处不做处理,等设计出变更图纸	
2		2、4、6/A、D轴内排水雨水管在柱包外侧影响外观,如何处理		内排雨水管露在柱外,包柱不变,按原设计施工	
3		卫生间墙砌3.15m高,上部如何封闭		上部挂轻钢龙骨石膏板封闭	
4		楼梯面与夹层进口暂时砌块封闭,由于厚度不一出现坎台。是否轻钢龙骨找平封面		出坎处抹灰补厚找平	
5		首层2轴、4轴有暖气片与精装墙饰面木方通冲突,是否可以暂不做暖气片		暖气片先做,饰面木方通待设计出变更	
6		首层吊顶剖面图中吊顶下灯槽三条线(各50)是什么意思		三条线为石膏板线,施工时做出棱角效果	
7		3cm厚水曲柳浮雕板应是厂家成品现场安装,包括喷漆也是厂家做(现场困难)。由于高度较高,应该考虑竖向两块板的接缝如何处理,多宽		3cm厚水曲柳浮雕板等待我方提供厂家成品效果图及色板,由设计确认。两块板的接缝为3cm的实木条。浮雕板排版的详图及节点图等设计图,配合我方确定浮雕板的加工尺寸	
签字栏	建设单位	监理单位		设计单位	施工单位

任务3　编写监理例会记录及专题会议记录

任务介绍

丙监理单位在执行某公共建筑装饰工程的监理工作中,依据《建设工程监理规程》(DBJ 01—41—2002),结合施工现场具体情况,编写监理例会记录及专题会议记录。

任务目标

1. 知识目标

① 熟悉监理例会及专题会议的作用；

② 掌握监理例会记录及专题会议记录的编写内容。

> **重要提示：**
> 掌握监理例会、专题监理会议的作用、程序和主要内容是北京市建筑工程监理员（工民建）培训考核大纲的要求。

2. 能力目标

依据《建设工程监理规程》（DBJ 01—41—2002），具有编写监理例会记录及专题会议记录的能力。

任务要求

① 学生分组组成的各监理项目部，由总监理工程师负责统筹安排，组织各专业监理工程师，协调工作，做到一人一岗，落实责任，特别是资料监理工程师的岗位职责，编写装饰监理例会记录及专题会议记录。

② 查阅《建设工程监理规程》（DBJ 01—41—2002）及《建筑装饰装修工程质量验收规范》（GB 50210—2001）等技术资料，编写监理例会记录及专题会议记录，小组讨论初稿，修订整改，最后提交成果。

相关知识

9.1.3　监理例会及专题会议纪要

1. 监理例会的作用

监理例会就是在施工合同实施过程中，由总监理工程师组织和主持，由合同有关方代表参加的会议。它是履行各方沟通情况、交流信息、协调处理、研究解决合同履行中存在的各方面问题的主要协调方式。

本项目每周五 13：30 在施工方会议室准时召开监理例会。在开会前各施工单位和监理单位应该把这一周的发生的事，有关质量、进度和一些需要解决的问题准备好，在会上提出来，针对这些事及时解决。

2. 监理例会的内容

会议上首先各施工单位提前把本周的施工和计划进度上报监理单位，然后监理针对进度进行和监理自己制订的计划进度相对比，看施工进度是超前还是滞后。针对施工进度，监理在安排下周的工作，如果是滞后，可以采取措施补回工期。

然后再说质量上的问题，监理在检查过程中发现哪些质量问题，当面或口头上说的没有整改落实，再一次的要求施工单位落实到位，必须整改合格后，再报监理验收。检查中发现哪些地方做的不到位，会上可以告知施工单位，并及时改正。在施工过程中遇到哪些困难，解决不了的，需要监理解决地及时提出来，监理当场解决不了的，向建设单位或上级有关部门反映。要做到及时的交流沟通，把进度争取在工期前完工。

在协调方面，尤其是装修工程，施工单位多，交叉作业多，避免同时施工发生冲突，带来不必要的麻烦或耽误工期。这就需要通过监理这个中枢纽带，来互相交流信息，合理安排施工计划，避免发生施工冲突，这方面监理例会起到至关重要的作用。因为在施工期间各施工单位没有机会在一块交流，施工安排难免会发生冲突，还可能会因此而产生冲突。

在配合方面，有好些施工部位是按照顺序施工的，例如外墙外保温、卷帘门、窗户安装等都施工，要按顺序是先外墙保温，窗户、卷帘门，顺序就不能颠倒，如果是外保温还没有做，窗户就安装上了，那这外保温就很难做了。所以就需要通过监理例会来交流信息，互相配合施工，根据各自的情况再合理安排施工计划。

3. 监理例会纪要实例

某公共建筑装饰工程监理例会（第XX次）

会议地点：建设方会议室

时　　间：2012.09.07　13：30

主 持 人：XXX

参会人员：

建设单位：XXX、XX

承包单位：XXX、XX

监理单位：XXX、XX

会议内容：

一、施工方

① 精装修北侧首层吊顶石膏板直接顶到幕墙主龙骨，导致层间防火无法施工，会后现场查验，再制定措施。

② 南立面窗副框未验收，上下、水平均不在同一直线，要求9月5日整改完毕。

③ 外保温施工东西立面已完毕，南立面进行基层处理，9月9日南立面外保温施工完毕。

④ 外墙涂料6家施工方已做样板。

⑤ 外窗副框9月10日施工完毕。

⑥ 卫生间、楼梯间的地砖已按设计要求选型，明天厂家送样，周日左右供应。

⑦ 卫生间防水、楼梯栏杆、扶手尽快施工。

⑧ 柱上、墙上的消防箱需外做木饰面的小门。

二、监理方

① 距离10月1日还有20天，要求施工方科学合理地安排施工，倒排工期，在确保工程质量及安全的情况下，达到建设方的工期目标。

② 幕墙各项隐蔽工程未验收，强行安装玻璃面板。

③ 外保温施工要严格按规范标准施工。

④ 脚手架下面要及时将杂物清理干净；脚手板需满铺，高空作业系好安全带。

⑤ 电焊作业时要配备足够数量的灭火器，且要有效，焊接作业需下设接火斗。

⑥ 吊顶施工封闭前通风、电气、消防等部门要做好调试与验收工作，同时确定吊顶封闭时间。

三、建设方

① 幕墙施工方的进度较慢，所有资料未报验，焊缝问题较突出，窗副框要及时整改到位，并上报进度计划。

② 现场施工总进度较慢,要求10月1日投入使用。

③ 外加工的材料尽快确定。

建设单位项目负责人(签字):

施工单位项目负责人(签字):

监理单位项目负责人(签字):

丙监理公司(盖章)

2012-09-07

任务4　编写旁站监理记录

任务介绍

丙监理单位在执行某公共建筑装饰工程的监理工作中,依据旁站监理方案和监理实施细则,结合施工现场具体情况,编写旁站监理记录。

任务目标

1. 知识目标

① 熟悉旁站监理的作用;

② 掌握旁站监理记录的编写内容。

2. 能力目标

依据旁站监理方案和监理实施细则,具有编写旁站监理记录的能力。

任务要求

① 学生分组组成的各监理项目部,由总监理工程师负责统筹安排,组织各专业监理工程师,协调工作,做到一人一岗,落实责任,特别是资料监理工程师的岗位职责,编写旁站监理记录。

② 查阅旁站监理方案、监理实施细则及《建筑装饰装修工程质量验收规范》(GB 50210—2001)等技术资料,编写旁站监理记录,小组讨论初稿,修订整改,最后提交成果。

相关知识

9.1.4　旁站监理记录

1. 旁站监理的作用

旁站监理就是监理人员在工程施工中对关键部位或关键工序施工质量,实施全过程现场跟班监督活动。

就建筑工程而言,每个工程项目施工过程中都存在影响工程质量和使用安全功能的关键部位和关键工序,对这些特殊部位和工序的质量控制,直接关系到工程的整体质量是否能达到设计要求和建设方期望的关键所在。尤其在建筑市场不规范、施工人员素质低、质量意识差的情况下,旁站监理更显得尤为重要。

2002年,建设部针对当前普遍反映的房屋建筑的施工质量问题和现状,出台了《房屋建筑工程施工旁站监理管理办法》,要求监理企业切实加强施工过程的旁站监理工作,建设行政主管部门应加强对旁站监理的监督检查,并对不按照本办法实施旁站监理以及由此发生工程质量事故的明确处罚规定。这个管理办法的颁布,进一步明确了旁站监理工作范围,旁站监理工作从此也得到了严格的规范。项目监理部根据事先编制的旁站监理方案和监理实施细则，对关键部位和关键工序开展旁站监督活动，一方面监督施工单位严格按施工方案措施和施工工艺进行施工；另一方面可即时发现施工过程质量问题或违反强制性标准行为督促施工单位采取有效措施予以整改。这样可避免工程留下质量安全隐患，最终保证工程质量达到设计和规范要求。假如对关键部位和工序没有严格认真的旁站监理，工程质量就得不到保证，甚至会导致质量安全事故发生，给国家和人民造成生命财产重大损失。

从监理企业自身利益角度考虑，旁站监理所形成的记录又是监理工程师依法行使有关签字权的重要依据，也是避免或减少工程质量责任风险的有效手段之一。这便是旁站监理的重要作用意义所在。因此，项目监理部对旁站监理工作必须引起足够重视、认真策划、严格实施，把旁站监理工作看成可有可无的思想是十分危险的。

2. 旁站监理记录的要求

① 旁站监理记录应封闭，即将发现的问题提出后记录在旁站监理记录里，然后在处理意见一栏内应明确整改措施与方法。

重要提示：

在编制旁站监理记录时这一点很重要，否则问题整改与否以及整改结果易引起疑议，可追溯性差。

② 旁站监理记录应真实、准确、及时，记录完毕后要履行签字手续。

3. 旁站监理记录实例（表 9-3）

表 9-3　旁站监理记录

旁站监理记录表 B8		资料编号	002
工程名称	某公共建筑装饰工程	日期及气候	2012. 09. 15 晴 13/27℃
旁站监理的部位或工序：首层地面混凝土垫层			
旁站监理开始时间：10：00		旁站监理结束时间：14：20	
施工情况： 10：00 – 14：20　某公共建筑装饰工程首层地面浇筑细石混凝土 C20，坍落度 180mm，混凝土共计 24m³。两台平板式振捣器，施工人数 6 人（含电工 1 人）施工机械运转正常，连续浇筑，施工方法及浇筑顺序与施工方案一致。留置一组标养试块，见证，一组同条件试块			
监理情况： 经查现场试验员、质检员均到岗；预埋管线的隐检工作已报验完成，检查“预拌混凝土运输单”，混凝土已按预拌混凝土标准进行了出厂和交货检验，资料齐全，浇筑符合工程建设强制性标准；冲洗用稀水泥浆倒入沉淀池。及时养护			
发现问题： 局部管线存在被踩变形的现象			
处理意见：现场水电工及时调整，调整到位后再浇筑混凝土			
备注： 提示施工单位施工中混凝土浇筑完毕后采取养护措施			
承包单位名称：乙建筑公司 质检员（签字）： 日　期：2012 年 9 月 15 日		监理单位名称：丙监理公司 旁站监理人员（签字）： 日　期：2012 年 9 月 15 日	

任务5　编写监理方工作联系单

任务介绍

丙监理单位在执行某公共建筑装饰工程的监理工作中，依据《建设工程监理规程》（DBJ 01—41—2002）和监理规划，结合施工现场具体情况，编写监理方工作联系单。

任务目标

1. 知识目标

① 熟悉监理方工作联系单的作用；

② 掌握监理方工作联系单的编写内容。

> **重要提示：**
> 掌握监理通知、监理工作联系单的作用、主要内容及签发权限和程序是北京市建筑工程监理员（工民建）培训考核大纲的要求。

2. 能力目标

依据《建设工程监理规程》（DBJ 01—41—2002）和监理规划，具有编写监理方工作联系单的能力。

任务要求

① 学生分组组成的各监理项目部，由总监理工程师负责统筹安排，组织各专业监理工程师，协调工作，做到一人一岗，落实责任，特别是资料监理工程师的岗位职责，编写装饰监理方工作联系单。

② 查阅《建设工程监理规程》（DBJ 01—41—2002）和监理规划等技术资料，编写监理方工作联系单，小组讨论初稿，修订整改，最后提交成果。

相关知识

9.1.5　监理方工作联系单

1. 监理方工作联系单的作用

监理工程师联系单是项目监理机构就工程有关事项与工程参建各方进行联络或回复的用表。监理联系单，可以就一些职责内的工作以建议性的语气提出的，也可对职责内的工作提出告知、提醒或转发一些与项目工作有关的重要文件和通知。

监理是工程建设参与主体，是建设方与施工方之间的纽带。监理在工程建设过程中，必然会涉及各种情形，如检查施工单位的施工过程时，对不符合图纸设计和国家等有关规范标准的现象，项目监理部将及时以联系单、通知单或指令单的形式，要求施工单位加以整改，从而达到工程建设质量标准。作为监理人员签发文件时必须做到有根有据，既然发现了问题，肯定违反了某种标准或规定。因此签发往来文件时，笔者认为分三步骤走，第一，指出问题，也即通常所说的毛病；第二，指出它的根源，即违反了何种标准、规范以及有关合同等（包括强制性条文）；第三，限定施工单位何时整改完成。如不同金属转换件连接处个别部位未设置绝缘垫片，严重影响使用,这个问题已违反了建筑装饰装修工程质量验收规范(GB 50210—2001)中9.1.17条款,要求承包商在两个小时内整改完成,必要时附图片加以证实。

如建设方的行为违反了合同文件第几款或有关法律、法规等,也通过联系单等形式解决。此时监理应站在公正的立场上,不能因为监理是建设方请的,在某些方面就可以纵容。尤其在建设方提供的建设材料上,某些建设方往往会降低成本,采用低劣材料,监理部必须以充足的证据说服建设方,必要时以备忘录的形式送有关建设行政主管部门。对于建设方需要增加某方面的内容,必须要求建设方以书面的形式签发给监理部,由监理部以联系单的形式发给承包商实施,千万不能以口头的形式进行接受,否则将会带来不必要的麻烦。

2. 监理方工作联系单实例(表9-4)

表9-4 监理方工作联系单

工作联系单表 B10		资料编号	004
工程名称	某公共建筑装饰工程	日 期	2012年9月10日

致:乙建筑公司XXX项目部
事由:关于幕墙施工的相关事宜:
内容:
监理在巡视中发现:
1. 玻璃、铝板的面板安装施工,固定点数量严重不足,且固定不牢固,同时大部分固定点未固定在龙骨上,造成较大的安全隐患;
2. 幕墙分隔玻璃接缝横不平竖不直,缝宽不均匀,严重影响观感质量;
3. 1-2/A-B轴处副龙骨焊接不到位,且药皮未敲掉;
4. 不同金属转换件连接处个别部位未设置绝缘垫片,严重影响使用;
5. 焊接作业人员无上岗证、未开具有效的动火证、无看火人,且周边未采取任何灭火措施。
为确保施工质量和安全,要求施工方:
1. 玻璃、铝板的面板安装施工一定要到位;
2. 不同金属转换件连接处要设置绝缘垫片;
3. 提交各项相关报验资料文件;
4. 对隐蔽工程报验,验收合格后方可进行下一道工序施工;
5. 特殊工种必须持证上岗,动火前开具有效的动火证、设看火人,灭火器要配齐。

抄送:甲房地产开发公司XXX项目部
发出单位名称:丙监理公司XXX项目部
单位负责人:

任务6 编写监理通知

任务介绍

丙监理单位在执行某公共建筑装饰工程的监理工作中,依据《建设工程监理规程》(DBJ 01—41—2002),结合施工现场具体情况,编写监理通知。

任务目标

1. 知识目标

① 熟悉监理通知的作用;

② 掌握监理通知的编写内容。

2. 能力目标

依据《建设工程监理规程》(DBJ 01—41—2002)和监理规划,具有编写监理通知的能力。

任务要求

① 学生分组组成的各监理项目部,由总监理工程师负责统筹安排,组织各专业监理工程师,协调工作,做到一人一岗,落实责任,特别是资料监理工程师的岗位职责,编写装饰监理通知。

② 查阅《建设工程监理规程》(DBJ 01—41—2002)和监理规划等技术资料,编写监理通知,小组讨论初稿,修订整改,最后提交成果。

相关知识

9.1.6　监理通知

1. 监理通知的作用

监理通知是监理工程师在工程建设过程中向承包单位签发的指令性文件。监理工程师在检查承包单位在施工过程中发现的问题后,用监理通知这一书面形式通知承包单位并要求其进行整改,主要针对影响工程安全、功能和质量等方面的内容,整改后再报监理工程师复查。

其目的是督促承包单位按照国家有关法律法规、合同约定、施工规范和设计文件进行工程施工,保证工程建设中出现的问题(不符合设计要求、施工技术标准、合同约定等)能得到及时纠正。监理通知单具有强制性、针对性、严肃性的特点。监理通知一旦签发,承包单位必须认真对待,在规定期限内按要求进行落实整改,并按时回复。

善于运用和签发监理通知是监理有所作为的体现。它能督促承包单位及时进行整改,促进工程建设的有效进行,有效地维护建设单位的利益。同时,签发监理通知也是考核监理如何行使手中权力的一个指标,是对监理业务能力和管理水平的一种检验。

2. 监理方工作联系单与监理通知的区别

对于两者的区别主要在于:

① 监理通知主要是正对施工单位的,属下行文,可抄送建设单位;而联系单可以对建设单位,也可以对施工单位;属于平行文。

② 联系单针对的是一般问题,可要求承包单位回复或者不做要求,主要起到告知要求,也是为监理免责的一项工作。

③ 通知针对的事情性质比较严重,例如施工单位违反施工程序,未经报验擅自施工(隐蔽工程等),存在重大质量问题或者隐患等,承包商必须回复。

④ 在事前控制阶段,为预防施工中可能遇到的问题,监理为事先提醒承包单位,此时应使用"监理工作联系单",这样可以提醒对方在施工中引起足够的注意和重视,并采取相应的预防措施,避免问题的发生。但是,如果施工过程中承包单位违反了监理工作联系单中的内容,则应立即签发监理通知予以指出。

3. 监理通知的编写注意事项

在编写监理通知时,一方面要坚持原则,分清责任,既要提出问题所在,还要提出解决问题的要求和应当达到的目标;另一方面,内容应准确、完整、条理性强、表达清晰且要符合一定的格式要求。监理通知单的撰写和签发要注意下列要点和事项:

① 监理通知单在用词上,要区别对待。对要求严格程度不同的用词,应分别采用“必须”、“严禁”、“应”、“不应”、“不得”或“宜”、“可”、“不宜”等。

② 存在问题部位的表述应具体。如问题出现在北京市某公共建筑装饰工程三层楼板某梁的具体部位时应注明:“北京市某公共建筑装饰工程三层楼板⑥轴、(A)~(B)列 L5 梁”。

③ 用数据说话,详细叙述问题存在的违规内容。一般应包括监理实测值、设计值、允许偏差值、违反规范种类及条款等,如:“落地窗距地净高 900mm 之内必须全部采用安全玻璃,今监理方实测落地窗距地净高 700mm,未采用安全玻璃,违反《住宅建筑门窗应用技术规范》(DBJ01—79—2004)4.5.1 条款的有关规定”。对吃不准的问题,监理应在内部切磋商量,查找相关标准规范后予以判断。

④ 要求承包单位整改时限应叙述具体,如:“在 24 小时内”。

⑤ 要求承包单位在监理通知单回复时,针对提出问题深刻分析问题产生的原因,并阐述整改采取的措施、整改经过和整改结果等。

⑥ 要求承包单位采取预防措施,防止类似问题的再次发生。

⑦ 注明承包单位申诉的形式和时限,如“如对本监理通知单内容有异议,请在 24 小时内向监理提出书面报告”。

⑧ 总/专业监理工程师签名栏应亲笔手签,坚持“谁签发、谁签字、谁负责”的原则。

⑨ 签发和签收时间应具体,宜详细到分钟,如:“2005 年 3 月 10 日上午 9:30 监理签发,上午 9:35 承包单位负责人签收”。

⑩ 反映的问题如果能用照片予以记录,应附上照片。

⑪ 监理通知单应及时抄送建设单位。

⑫ 作为监理,通知也不能乱发,一是考虑到关闭问题,二也要真正体现监理工程师的水平。

4. 监理通知实例(表 9-5)

表 9-5　监理通知

监理通知表 B1		资料编号	001
工程名称	某公共建筑装饰工程	日期	2012 年 9 月 02 日

致:乙建筑公司 XXX 项目部

事由:关于幕墙施工的相关事宜

针对幕墙施工分包单位的施工组织设计等技术资料至今有的不报验,有的报验不合格,昨天监理方已下发工程暂停令,要求完善报验手续,方可进行下一道工序施工。今天监理在巡视中发现,幕墙分包单位在未提交任何资料且未提交复工申请的前提下,擅自施工。

为确保工程质量和安全,责令施工方:

立即停工整改,完善到位后方可施工,如擅自施工,监理方拒绝验收,所有资料,监理方拒绝签字。

抄送:甲房地产开发公司 XXX 项目部

监理单位名称:丙监理公司

总监理工程师:XXX

监理通知应由总监理工程师签署,监理单位,有关单位各存一份。

任务6　编写监理月报

任务介绍

丙监理单位在执行某公共建筑装饰工程的监理工作中，依据《建设工程监理规程》(DBJ01—41—2002)，结合施工现场具体情况，编写监理月报。

任务目标

1. 知识目标

① 熟悉监理月报的作用；

② 掌握监理月报的编写内容。

2. 能力目标

依据《建设工程监理规程》(DBJ 01—41—2002)，具有编写监理月报的能力。

任务要求

① 学生分组组成的各监理项目部，由总监理工程师负责统筹安排，组织各专业监理工程师，协调工作，做到一人一岗，落实责任，特别是资料监理工程师的岗位职责，编写装饰监理月报。

② 查阅《建设工程监理规程》(DBJ 01—41—2002)及《建筑装饰装修工程质量验收规范》(GB 50210—2001)等技术资料，编写监理月报，小组讨论初稿，修订整改，最后提交成果。

相关知识

9.2　建筑装饰工程监理总结性文件

9.2.1　监理月报

1. 监理月报的作用

正在监理的工程项目，每月应编制“监理月报”报送建设单位及有关部门。监理月报的作用有四：

① 向建设单位通报本工程项目本月份各方面的进展；

② 向建设单位汇报项目监理组本月份做了哪些工作，收到什么效果；

③ 项目监理组向监理公司领导汇报本月份在工程质量进度控制、质量控制、投资控制、合同管理、信息管理及协调建设各方之间的各种关系中所做的工作，存在的问题及其经验教训；

④ 项目监理组通过编制月报总结本月份工作，为下一阶段工作定出计划。

监理月报的编写周期为上月26日至本月25日，由项目总监理工程师组织编写，由总监理工程师签认，在下月5日之前报送建设单位和中正监理公司。一般在收到承包单位项目经理部报送来的工程进度与工、料、机动态表，汇总了本月已完工程量和本月计划完成工程量的工程量表、工程款支付申请表等相关资料后，在最短的时间内编写完成。月报所陈述的问题仅指已存在的或将对工程费用、质量及工期产生实质性影响的事件，报告使建设方及上级监理部门能对工程现状有一个比较清晰的了解。

2. 监理月报的内容

(1)月报封面包括

月报封面包括监理月报编号、工程名称、月报报告期、总监理工程师签名、项目监理机构名称、编写月报时间。

(2)目录

分列正文所述几项内容的标题。

(3)工程概述

包括工程名称、工程地点、建设单位、承包单位、勘察单位、设计单位、质检单位、建筑类型、建筑面积、檐口高度、结构类型、层数、总平面示意图等。

(4)施工基本情况

记述本月开展施工作业的分项分部工程的主要施工内容。

(5)承包单位项目组织系统

承包单位的组织结构图与分包单位承担分包工程的情况。

(6)工程进度

① 工程总体进度及主要工程项目的实际进度和计划进度。

② 对本月的实际进度与计划进度进行比较,确定完成计划进度的百分率。对本月施工进度计划的实施情况和控制状况进行叙述,特别要注意叙述施工过程中的干扰因素和影响。

③ 本月工、料、机动态。

④ 进度分析:着重分析本月实际进度状况(超前或滞后)对阶段性进度目标和总进度目标的影响程度,并对实现进度目标存在的问题和风险因素进行分析和预测,避免更多潜在问题的出现。

⑤ 进度措施、对策建议:提出应对措施和对策建议作为下一步进度控制的改进根据。进度措施包括:下达监理指令、工地例会、各种层次的专题协调会以及组织、技术、经济和合同措施等。

⑥ 本月在施部位工程照片。

(7)工程质量

① 本月工程质量及质量控制情况。记述本月工程测量核验、工程材料/构配件/设备进场核验、涉及结构安全和使用功能的试块(试件)及有关见证取样检测、工程隐蔽验收等情况,可采用分类列表说明;记述本月工程国家强制性标准条文执行情况,对人员、机械、材料、施工方法及工艺或操作以及施工环境条件是否均处于良好状态;同时对质量控制措施、手段、方法、效果等作出阐述。

② 工程验收情况:对本月工程项目检验批、分项、分部(子分部)工程检查验收情况说明。

③ 主要试验情况(如幕墙所用后置埋件的现场拉拔强度检测等)

④ 质量分析:主要对本月施工中存在的问题以及今后有可能影响质量的隐含因素进行分析,重点指出风险因素,为下一步质量控制提出改进措施和建议。

⑤ 本月采取的措施及效果。

(8)工程计量与工程款支付

① 本月工程量审核情况,包括现场核实工程量签证办理情况说明,并与合同工程量进行比较。

② 工程款审批情况及月支付情况,主要对本月各单位工程投资完成情况及工程价款审批情况作出说明,其中包括合同外项目、设计变更项目及索赔项目等,应分别对合同总金额、本月支付金额和月末累计结算金额进行统计及对照,以反映投资完成情况及价款结算态势。

③ 投资分析:主要对本月实际投资情况和原计划投资进行对比分析,并预测资金支付态势,对有可能影响投资控制目标的风险因素进行预测和分析,为建设单位制订或调整投资计划提供依据。

④ 投资控制采取措施、效果,对提出合理化建议等所节约投资情况加以说明,同时对本月投资控制中出现的问题进行对比分析,并提出具体处理措施或建议,预计下月可能完成的工程量和工程的发生费用金额。

(9)构配件与设备

① 采购、供应、进场及质量情况。

② 对供应厂家资质的考察情况。

(10)工程合同管理

① 合同执行情况:主要对本月合同双方执行合同的情况进行说明,并做出是否正常的评价。

② 工程变更事项,包括设计变更、施工条件变更以及原招标文件和合同工程量清单中没有包括的新增工程,同时对工程变更发生的原因,处理情况进行阐述。

③ 工程延期和费用索赔事项:对本月索赔项目的发生原因,处理依据,协调过程,索赔金额和承包单位对索赔处理意见,工程延期审批情况进行说明。

④ 天气对施工影响的情况(影响天数及部位)。

⑤ 合同管理分析:对合同履行过程中存在的问题进行说明,分析问题产生原因,提出解决问题的举措。同时对以后合同管理中有可能对工程建设产生不利的影响,甚至可能导致重大损失的风险因素进行预测和分析,以便进行预测和采取防范措施。

(11)项目监理部组成与工作统计

① 项目监理部组织结构图。

② 监理工作统计。应记述本月项目监理部开展各项审核工作情况,各类文件的签发情况,开展见证取样、巡视、旁站、实测实量工作情况以及有关工地会议情况等。

(12)工程安全文明施工管理

对本月施工现场的安全施工状况和安全监理工作作出评述,包括施工单位资质及安全生产许可证、施工单位专职安全员及特殊工种作业人员资格证件审核情况、施工单位的施工机械、安全设施的验收、备案情况、专项安全施工方案、安全交底情况以及监理通过旁站、巡视检查施工现场安全生产情况并提出问题和问题解决情况等进行说明。摘要载入过程中记录施工现场安全生产重要情况和施工安全隐患的影像资料。说明安全文明施工措施费的使用情况。如发生工程事故,应对事故的性质、发生的原因和时间,所造成的危害及损失,对本工程建设的影响程度,处理依据、方法等进行叙述。对重大事件具体情况作出详细阐述。

(13)监理工作小结

① 对本月监理在“四控两管一协调”等方面情况进行综合评价。

② 对有关工程的意见和建议。

③ 本月监理工作的主要内容。

④ 下月监理工作重点。

3. 监理月报实例

某公共建筑装饰工程

监理月报

二零一二年九月份

此处应附有一张工程位置图，图中应清晰地标明工程的具体位置。

总监理工程师：XXX

丙监理公司
2012 年 9 月

监理月报目录

一、工程概况

1. 工程基本情况

2. 施工基本情况

二、承包单位项目组织系统

总承包单位组织框图及主要负责人

三、工程进度

1. 工程实际完成情况与总进度计划比较

2. 本月实际完成情况与进度计划比较

3. 本月工、料、机动态（表9-6）

四、工程质量

1. 分项工程验收情况

2. 分部工程验收情况（表9-7）

3. 工程质量问题

4. 工程质量情况分析

5. 主要施工试验情况（表9-8）

五、工程计量与工程款支付

1. 工程量审批情况

2. 工程款审批及支付情况（表9-9）

六、配件与设备

1. 采购、供应、进场及质量情况

2. 对供应厂家资质的观察情况

七、合同其他事项的处理情况

1. 设计变更、洽商

2. 工程延期

3. 费用索赔

八、天气对施工影响的情况（表9-10）

九、项目监理部组成与工程统计

1. 项目监理部组织框图

2. 监理工作统计（表9-11）

十、本月监理工作小结

一、工程概况

1. 工程基本情况

（略）

2. 施工基本情况

（略）

二、承包单位项目组织系统

1. 略

2. 主要分包单位承担分包工程的情况（略）

三、工程进度

1. 工程实际完成情况与总进度计划比较（略）：由施工单位上报

2. 本月实际完成情况与进度计划比较（略）

3. 本月工、料、机动态（表 9-6）

表 9-6 本月工、料、机动态

(9)月工、料、机动态表 表 C1－7	资料编号	00－00－C1－002
工程名称	某公共建筑装饰工程	
日期	2012－9－25	

人工	工种	木工	钢筋工	油工	架子工	瓦工	电水暖工	砼、杂	电梯工	设备安装	防水工	项目部	合计
	人数	10	10	10	10	10	20	11	9	5	5	20	120
	持证人数						15		8				23

主要材料	名称	单位	上月库存量	本月进场量	本月消耗量	本月库存量
	钢筋	吨	53	22	54	21
	混凝土	立方	0	430	430	0
	架子管	吨	0	218	218	0
	扣件	套	0	20000	20000	0
	加气块	立方	0	50	50	0
	空心砌块	立方	0	1900	1900	0
	砂浆	吨	0	117	117	0
	水泥	吨	0	200	200	0
	砂子	立方	0	460	460	0
	碎石	立方	0	300	300	0
	线槽	M	1000	0	1000	0
	JDG 管	M	1500	0	1500	0
	镀锌管	M	2650	0	2650	0
	PVC110	M	700	0	700	0
	BV2.5	M	16000	0	16000	0

续表

	名　称	生产厂家	规格型号	数　量
主要机械	钢筋调直机	北京		1
	钢筋切断机	北京	40型	1
	切断无齿锯	北京		4
	钢筋弯曲机	北京		1
	电焊机	北京	500A	3
	施工电梯	/	双笼	4
	材料运输车	/	解放、东风大货	2
	铲车	/	50	1
	挖掘机	/	65型	1

附件：

施工单位名称：　　乙建筑公司XXX项目部　　项目经理(签字)：

本月在施部位工程照片(略)。

四、工程质量

1. 分项工程验收情况(略)

2. 分部工程验收情况(表9-7)

表9-7　分部工程验收情况

序号	分部(子分部)工程名称	本月		累计	
		合格项数	合格率%	合格项数	合格率%

3. 工程质量问题

略。

4. 工程质量情况分析

略。

5. 主要施工试验情况(表9-8)

表9-8　主要施工试验情况

名称	(报告)(试验)编号	试验内容	施工部位	试验结论	监理结论

五、工程计量与工程款支付

1. 工程量审批情况(本月未发生)

2. 工程款审批及支付情况(表9-9)

表9-9 工程款审批及支付汇总表　　单位:万元

序号	项目名称	至上月累计		本月		至本月累计	
		申报款	核定款	申报款	核定款	申报款	核定款

六、配件与设备

1. 采购、供应、进场及质量情况:水泥、钢筋、大模板等。

2. 对供应厂家资质的考察情况:无。

七、合同其他事项的处理情况

1. 洽商、变更(略)

2. 工程延期(本期无)

3. 费用索赔款(本期无)

八、天气对施工影响的情况(表9-10)

表9-10 气象记录表

日期	天气情况	气温(℃)	施或停	日期	天气情况	气温(℃)	施或停
8.26	晴	20/29	施	9.11	多云	16/25	施
8.27	阴	21/27	施	9.12	晴	13/24	施
8.28	晴	22/32	停	9.13	晴	11/24	施
8.29	晴	22/35	施	9.14	晴	12/26	施
8.30	晴	22/34	施	9.15	晴	13/27	施
8.31	多云	22/32	停	9.16	晴	13/27	施
9.1	多云	22/30	停	9.17	晴	14/28	施
9.2	雨	23/27	施	9.18	晴	15/29	施
9.3	晴	14/26	施	9.19	晴	14/27	施
9.4	晴	15/26	施	9.20	晴	19/29	施
9.5	晴	17/26	施	9.21	晴	17/27	施
9.6	晴	17/24	施	9.22	多云	14/25	施
9.7	晴	18/25	施	9.23	晴	13/26	施
9.8	晴	17/28	施	9.24	多云	14/26	施
9.9	晴	17/29	施	9.25	多云	16/26	施
9.10	多云	20/27	施				

九、项目监理部组成与工作统计

1. 项目监理部组织框图(图9-1)

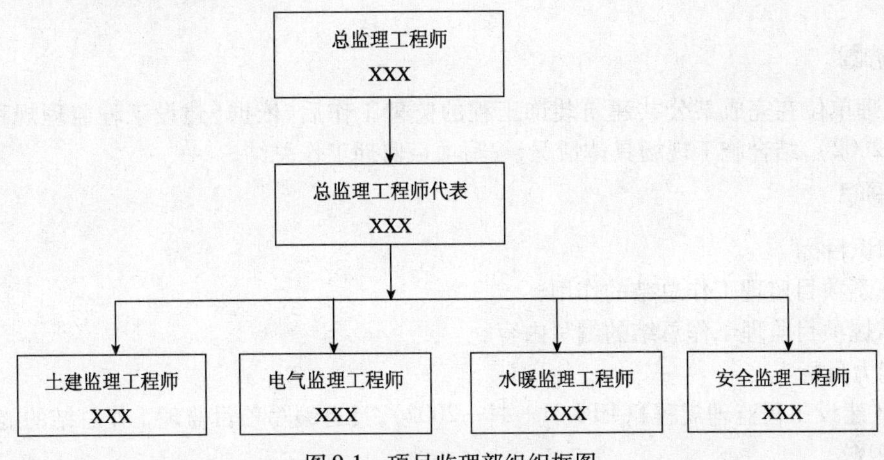

图9-1　项目监理部组织框图

2. 监理工作统计(表9-11)

表9-11　监理工作统计

序号	项　目　名　称	单位	本　年　度		开工以来总　计
			本　月	累　计	
1	监理会议	次	4	0	4
2	审批施工进度计划(年、月)	次	4	0	4
3	发出监理通知及工作联系单	次	8	0	8
4	原材料审批	次	4	0	4
5	构配件审批	次	0	0	0
6	分项工程质量验收	次	0	0	0
7	分部工程质量验收(基础验收)(结构验收)	次	0	0	0
8	不合格项处理	次	0	0	0
9	监理抽检、复试	次	4	0	4
10	监理见证取样	次	8	0	8

十、本月监理工作小结

略

丙监理公司

2012年9月25日

任务7　编写项目监理工作总结

任务介绍

丙监理单位在完成某公共建筑装饰工程的监理工作后，依据《建设工程监理规程》(DBJ 01—41—2002)，结合施工现场具体情况，编写项目监理工作总结。

任务目标

1. 知识目标

① 熟悉项目监理工作总结的作用；

② 掌握项目监理工作总结的编写内容。

2. 能力目标

依据《建设工程监理规程》(DBJ 01—41—2002)，具有编写项目监理工作总结的能力。

任务要求

① 学生分组组成的各监理项目部，由总监理工程师负责统筹安排，组织各专业监理工程师，协调工作，做到一人一岗，落实责任，特别是资料监理工程师的岗位职责，编写项目监理工作总结。

② 查阅《建设工程监理规程》(DBJ 01—41—2002)及《建筑装饰装修工程质量验收规范》(GB 50210—2001)等技术资料，编写项目监理工作总结，小组讨论初稿，修订整改，最后提交成果。

相关知识

9.2.2　项目监理工作总结

1. 项目监理工作总结的内容

在工程结束后，监理工程师应提交项目监理工作总结，报业主和上级主管部门。报告内容一般为：

① 工程基本概况；

② 监理组织机构及监理人员和投入的监理设施；

③ 监理合同的履行情况；

④ 监理工作成效；

⑤ 施工过程中出现的问题及其处理情况和建议；

⑥ 工程照片或录像。

2. 项目监理工作总结实例

一、工程概况

我监理公司于2012年8月承接了某公共建筑装饰工程的监理任务。该工程是由甲房地产开发公司投资建设。工程地处XX区，计有X个子分部工程，建筑面积分别为XXm^2。

二、监理概况

1. 项目监理部组织机构

我公司根据委托监理合同规定的监理范围和控制目标，并结合考虑监理人员的年龄层次、专业水平等条件，组建了一支精干的监理队伍进驻现场开展监理工作。项目监理部共有6名成员，组织形式如下：

总监：XXX，专业监理工程师：XXX

2. 监理工作制度

略。

3. 项目部内部管理制度

① 监理部办公室墙上嵌挂“总监、监理工程师岗位责任制”、“监理工程师职业道德守则”、“质量控制程序”、“进度控制程序”等制度提板，用以指导监理人员有序工作。设公告栏，专人负责将各项规章制度、工程相关人员通讯录、各项通知等工程信息列入栏内。

② 项目部所有监理人员进入现场工作时，统一着带有公司标志的安全帽。

三、项目监理部工作方法及原则

略。

四、监理合同履行情况

略。

五、监理工作小结

① 受甲房地产开发公司的信任和委托，监理有限公司于2012年7月20日进驻某公共建筑装饰工程施工现场。进驻现场的监理部人员深感肩上责任的重大，两个月来，监理人员在现场监理过程中，始终秉着“守法、诚信、公正、科学”执业准则，牢记“安全重于泰山、质量高于一切、进度就是效益”的现场管理宗旨，认真、细致做好质量、进度、信息与合同的控制与管理工作。如今通过监理公司全面协调现场各方面工作及施工现场各家施工单位的共同努力，最终促使监理合同范围内的所有工程均能一次性通过竣工验收。

② 我公司所监理的某公共建筑装饰工程的监理工作已按业主委托的“监理合同”全面完成。下一阶段，我公司将依据业主委托“监理合同”中约定的工程质量保修期的监理工作。在承担质量保修期监理工作时，监理公司安排监理人员对业主提出的工程质量缺陷进行检查和记录，对承包单位进行修复的工程质量进行验收，合格后予以签认，同时对工程质量缺陷原因进行调查分析并确定责任归属，对非承包单位原因造成的工程缺陷，监理公司予以现场证实，同时将实际情况及时上报业主，确保工程质量保修工作的全面开展，圆满完成某公共建筑装饰工程的各项监理任务。

3. 回顾两个月的现场监理工作，在监理公司总部的正确指引下，在项目总监理工程师的正确领导下，经过项目部的全体人员的共同努力，在某公共建筑装饰工程项目上，监理项目部的现场监理工作取得了一定的成效，同时在工程建设中发挥了较大的作用，总结监理工作成绩的取得，是和甲房地产开发公司的正确指挥与支持分不开的。为此，以项目总监为首的项目监理部全体人员向业主诸位领导及全体同仁的大力支持和帮助表示深深的谢意！

4. 随着基本建设事业的蓬勃发展，下一阶段，我项目监理部将会继续贯彻执行“创行业性、有公信力的名牌监理企业、做自律有为的监理人”的企业方针，进一步努力提高监理工作水平，增强监理企业综合实力，为我国基本建设多创精品工程尽献一份力量。

任务8　编写工程质量评估报告

任务介绍

丙监理单位在完成某公共建筑装饰工程的监理工作后，依据《建设工程监理规程》(DBJ 01—41—2002)，结合施工现场具体情况，编写工程质量评估报告。

任务目标

1. 知识目标

① 熟悉工程质量评估报告的作用;

② 掌握工程质量评估报告的编写内容。

2. 能力目标

依据《建设工程监理规程》(DBJ 01—41—2002),具有编写工程质量评估报告的能力。

任务要求

① 学生分组组成的各监理项目部,由总监理工程师负责统筹安排,组织各专业监理工程师,协调工作,做到一人一岗,落实责任,特别是资料监理工程师的岗位职责,编写工程质量评估报告。

② 查阅《建设工程监理规程》(DBJ 01—41—2002)及《建筑装饰装修工程质量验收规范》(GB 50210—2001)等技术资料,编写工程质量评估报告,小组讨论初稿,修订整改,最后提交成果。

相关知识

9.2.3 工程质量评估报告

1. 工程质量评估报告

监理单位在完成某公共建筑装饰工程的监理工作后,为便于及时办理工程验收、计量等交接手续,应对已完工程进行质量评估,形成工程质量评估报告。

工程质量评估报告由专业监理工程师编写,总监理工程师审核,监理单位负责人批准签字并加盖公章。

工程质量评估报告一式四份,经批准后,上报质量监督站、建设方、本监理单位和监理项目部各一份。

2. 工程质量评估报告的内容

监理单位应对所评估的分部、分项工程有个确切的意见。监理工程师可以根据对分项工程旁站检查及等级抽查情况评估分项、分部工程的质量等级。单位工程竣工后,监理工程师应根据主体、装饰工程质量等级评定、质量保证资料的审查、观感质量评定评估工程的结构安全、重要使用功能及主要质量情况,并应有确切的质量评估结论性意见。

其中质量评估依据有设计文件;建筑安装工程质量检验评定标准、施工验收规范及相应的国家、地方现行标准;国家、地方现行有关建筑工程质量管理办法、规定等。

一般地,工程质量评估报告内容一般应包括以下几个部分:

① 工程概况。应说明工程所在地理位置、建筑面积、设计、施工、监理单位,建筑物功能、结构形式、装饰特色等。

② 施工基本情况。主要阐述施工方法、分部分项工程的质量状况以及施工中发生过的质量问题、原因分析和处理结果。

③ 监理过程。

④ 工程质量的综合评估意见。

2. 工程质量评估报告实例

某公共建筑装饰工程

质量评估报告

监理单位负责人:XXX
总监理工程师:XXX
编制人:XXX

丙监理公司
日期:二〇一二年十月

一、工程概况

略。

二、施工基本情况

略。

三、监理过程

1. 2012 年 8 月份按照业主的要求，我们进行了某公共建筑装饰工程施工的全过程建设监理，监理内容是"质量控制、安全控制、进度控制和投资控制并且进行合同管理、信息管理及协调现场施工中的参建各方关系"，即"四控两管一协调"。监理部实行总监负责制，对业主和监理公司总经理负责，在工程建设期间，受到了业主的理解、信任、关心和支持，得到了设计、施工等单位的全面配合，使得该工程项目达到了预想的结果。在施工期间由监理部组织参建单位多次召开了专题安全会议 、专题进度会议和专题质量会议。

2. 建立和健全监理部的质量保证体系和落实质量保证措施是我们一直在不断追求和提高改进的重点工作，我们按照我公司制定并下发的工程项目监理部统一的各项工程管理制度和监理部的质量保证体系文件，作为企业标准贯彻落实；在此基础上，我们监理部又进一步补充并完善了监理规划、监理实施细则和各级监理人员的岗位责任制，监理部对每个监理工程师都有明确的监理项目分工，总监要求每个监理工程师必须对所审批的施工措施、方案、验收及签证等都要承担监理责任，从而提高了监理人员的管理意识和质量责任感，我们没有因审批的施工措施不当和监理不到位造成工程质量和安全事故。

3. 协助施工单位建立和健全质量保证体系和完善相应地质量管理制度，按照监理的要求，配备了称职的质量专业管理人员，使现场处于严格管理和有效的受控状态，从而保证了自开工建设以来工程质量验收合格率 100%，所有关键和重要工序都进行了旁站，经过严格管理本项目验收合格。

4. 抓好施工图纸的审查和会审工作，是保证工程顺利进行和安全生产的重要环节。监理部监理人员，能及时地对所有提交的设计图纸认真审核、严格把关，及时地提出监理意见，纠正设计图纸的遗漏和错误，以会审纪要的方式通知设计人员及时修改并对有异议不能修改的部分及时进行意见反馈，做到了本工程所能提供的施工图纸一册不漏地及时审核确认，各参建单位在施工中遇到问题及时协商，减少了施工期间的返工现象。

5. 严格对原材料的采购及进场的质量管理，对承包单位的原材料抽查复检；对本项目设施设备数量进行全程跟踪检查，对设施按报验程序进行检查，使所有采购进场的材料和设施都能合格进场。

6. 严格施工管理、控制开工程序，履行开工审批制度。监理和业主对开工的单位工程、严格要求按照规定的开工程序规定办理开工审批手续，对专业施工组织设计（或方案、施工措施），施工作业指导书等作业文件，监理都做到了严格审核把关，有针对性不强的、不切合实际的问题及时地与施工单位沟通，指出问题的弊端，要求进一步的修改和完善，特别是对重要工序、关键项目、材料运输，主要隐蔽工程项目等更要严格审查，必要时组织专题会议反复论证，做到万无一失，不能出现任何问题，还要经业主领导和监理部总监批准把关，施工过程中监理进行旁站监督实施。

7. 强化施工过程的控制和管理，严格隐蔽工程和重要工序的检查监督，对施工单位的自检，项目部的复检，都严格履行其职责，特别是对需要监理旁站见证的项目，监理人员能及时到达现场并跟踪监督检查，按照设计规范要求及强制性标准条文检查每一个施工过程，做到了监理随时在现场、一切方便施工。

8. 认真落实监理的岗位责任，对施工单位的实验室设备、人员、监测和测量仪器等按照规定，监理部都切实地进行了检查确认，对特殊工种严格要求持证上岗，对焊工在现场施焊过程中随时跟踪核查，防止漏焊、虚焊及焊接工艺达不到要求的现象发生，从而保证了工程管理的有效运行。

四、结论

施工方已完成施工合同约定的各项内容，工程质量符合有关法律、法规和工程建设强制性标准及设计要求，工程质量满足设计和验收规范标准要求，施工资料及监理资料完整、真实、有效，工程符合完工验收要求，请组织验收。

监理单位负责人：

总监理工程师：

监理单位公章：

2012 年 10 月

项目小结

本项目依据《建设工程监理规程》（DBJ 01—41—2002），训练学生在监理各个岗位中初步编写某公共建筑装饰工程监理工作的常规性文件和总结性文件，使学生具有编制监理方资料的能力，通过真实的工程为背景，调动了学生学习的积极性与主动性，体现在“做中学，学中做”符合北京市建筑工程监理员（工民建）培训考核大纲的要求。

项目评价

建筑装饰工程监理资料管理评价表

姓名：			学号：		
组别：			组内分工：		
评价标准					
序号	具体指标	分值	组内自评分	组外互评分	教师点评分
1	编写监理日志	20			
2	编写监理例会及专题会议纪要	20			
3	编写监理通知	20			
4	编写监理月报	20			
5	编写监理工作总结性文件	20			
6	合计	100			

项目练习

不定项选择题(每题有一个或一个以上正确答案)

1. 下列不属于建设工程文件的是(　　)。

A. 项目可行性研究报告与评估文件

B. 勘察设计单位提交业主的成果资料

C. 监理文件

D. 法律法规文件

2. 建设工程文件档案资料(　　)。

A. 是指工程建设过程中形成的各种形式的信息记录

B. 是指工程活动中直接形成的具有归档保存价值的各种形式的信息记录

C. 由建设工程文件和建设工程档案组成

D. 由建设工程文件、建设工程档案和建设工程资料组成

3. 若某一案卷内建设工程档案的保管期限有短期和长期两种,密级有机密和秘密两种,则该案卷(　　)。

A. 保管期限为长期,密级为机密

B. 保管期限为长期,密级为秘密

C. 保管期限为短期,密级为机密

D. 保管期限为短期,密级为秘密

4. 下列监理文件档案资料中,应当由建设单位和监理单位长期保存并送城建档案管理部门保存的是(　　)。

A. 监理会议纪要中有关质量问题的部分

B. 工程开工/复工暂停令

C. 设计变更、洽商费用报审与签认表

D. 工程竣工总结

E. 工程竣工决算审核意见书

5. 建设工程监理表格体系中,属于承包单位用表的有(　　)。

A. 工程暂停令

B. 工程临时延期审批表

C. 工程款支付申请表

D. 费用索赔审批表

E. 工程开工/复工报审表

6.《建设工程监理规范》规定,在施工过程中,工地例会的会议纪要由(　　)负责起草,并经与会各方代表会签。

A. 项目监理机构　　　　B. 建设单位

C. 专业监理工程师　　　　D,施工单位

7.《建设工程监理规范》中的施工阶段监理工作的基本表式 C 类表是(　　)。

A. 建设单位用表　　　　B. 承包单位用表

C. 监理单位用表　　　　D. 各方通用表

8. 由项目监理机构的专业监理工程师编写，并经总监理工程师批准实施的监理文件是(　　)。

A. 监理大纲　　B. 监理规划

C. 监理实施细则　　D. 监理合同

9. 监理月报的编写周期为(　　)。

A. 本月1日至本月30日　　B. 上月15日至本月14日

C. 上月5日至本月4日　　D. 上月26日至本月25日

10. 图纸会审纪录一经各方签认，即成为(　　)的依据。

A. 施工和监理　　B. 施工。

C. 监理　　D. 设计

【参考答案】

1. D　2. C　3. A　4. ABD　5. CE　6. A　7D　8. C　9. D　10. A

知识补充

1. 对外行文签发制度

① 为了规范监理部对外行文和签发，保证监理部各种文件的严肃性、正确性、时效性，根据《建设工程监理规范》及有关规定，结合公司监理工作的具体情况，制定本制度。

② 监理部对外发文必须由总监理工程师签字后才能发出。

③ 文件的起草撰写必须认真，要经过相关人员的校对，内容和文字、语法正确，语言规范。

④ 会议纪要的审签。

监理会议纪要经总监理工程师审阅，由与会各方代表会签。

⑤ 工程质量评估报告。

工程质量评估报告由项目总监理工程师撰写，由项目总监理工程师及公司技术负责人签认，加盖公司公章。

⑥ 监理总结报告的审批。

监理工作总结由项目总监理工程师组织编写。

⑦ 竣工移交证书由项目总监理工程师及建设单位代表共同签署，并加盖公司和建设单位公章。

2. 资料管理制度

① 为了规范监理部的资料、文件及档案管理工作，保证监理部各种资料、文件及档案的收集、使用和安全，根据《建设工程监理规范》、《建设工程文件归档整理规范》及有关规定，结合公司监理工作的具体情况，制定本制度。

② 专业监理工程师负责本专业监理资料的收集、汇总及整理。工程竣工后，由总监主持按有关要求进行整理。

③ 总监指定专人负责往来文件、资料的收发、整理。收发文登记采用统一的收发文本，按收发文日期顺序登记填写，发文必须由发往单位的有关人员签收。

④ 监理资料管理要求"及时完整、真实有效、填写齐全、标识无误、交圈对口、归档有序"。

⑤ 监理档案应按《建筑安装工程资料管理规程》要求进行整理，分类立卷装订，每卷要有目录。

⑥ 监理资料文字材料应为A4幅面，不足的应进行粘/补贴。资料使用复印件时，加盖红色印章。

⑦ 资料分类存放、盒柜排放整齐。在保存期内，监理档案资料不得丢失、损坏，要有防盗、防虫鼠、防水、防火、防霉变的措施。

⑧ 档案资料要保持其真实性，不得涂改，字迹要清楚，填写完整，签名齐全，保持有可追溯性。

⑨ 监理文件资料应按《建设工程文件归档整理规范》的规定内容整理三份，两份交建设单位（其中一份由建设单位交市城建档案馆，无此要求时可取消），一份竣工资料交公司工程管理部。

⑩ 档案资料借阅及保密规定：监理档案文件应划分保密级别，原则上不得外借，特殊情况，需经总监或授权的监理工程师同意后办理借阅手续和登记。

⑪ 监理竣工资料的档案资料移交：项目监理部在工程竣工后三个月内，总监理工程师组织人员进行监理资料系统的整理、编审和装订工作，由总监理工程师签字后向相关部门移交，并办理移交手续。

⑫ 档案资料保管期限：根据档案文件的内容，监理档案的保管期限一般为1~3年，少数档案文件可定为永久保存。

项目 10　建筑装饰工程信息管理

项目要点

建筑装饰工程信息管理是监理工程师进行目标控制的基础，监理单位接受装饰工程业主的委托，在明确监理信息流程的基础上，通过监理组织机构，对装饰工程监理信息进行收集、加工、存储、传递、分析和应用。本项目详细介绍了装修工程信息和信息管理的基本概念、装饰工程监理文件档案资料的形成和管理等基本问题及装修工程监理表格。

任务 1　了解项目监理机构信息管理的方法

任务介绍

甲房地产开发公司就某公共建筑装饰工程，与乙建筑公司签订了施工总承包合同，并通过招投标委托丙监理公司实施施工阶段的监理。工程施工准备阶段，总监理工程师召集了有关监理人员布置了加强监理文件档案资料管理工作，并设专人负责监理文件档案资料管理工作。

任务目标

1. 知识目标

① 了解工程信息和信息管理的基本概念；

② 熟悉装饰工程监理文件档案资料构成和管理的基本问题。

2. 能力目标

① 理解监理文件资料管理的内容和组织；

② 区分工程项目各方建筑装饰工程文件档案资料管理职责；

③ 熟知建筑装饰工程文件档案资料形成流程。

任务要求

学生分组组成的各监理项目部，由总监理工程师负责统筹安排，组织各专业监理工程师，协调工作，做到一人一岗，落实责任，查阅《建设工程监理规范》(GB 50319—2000)，结合工程特点，了解项目监理机构信息管理的方法，小组讨论，提交成果。

相关知识

10.1　工程信息管理

10.1.1　工程信息管理概述

1. 建设工程项目信息的构成

由于建设工程信息管理工作涉及多部门、多环节、多专业、多渠道，工程信息量大，来源广泛，形式多样，主要信息形态有下列形式：

(1)文字图形信息

文字图形信息包括勘察、测绘、设计图纸及说明书、计算书、合同、工作条例及规定、施工组织设计、情况报告、原始记录、统计图表、报表、信函等信息。

(2)语言信息

语言信息包括口头分配任务、作指示、汇报、工作检查、介绍情况、谈判交涉、建议、批评、工作讨论和研究、会议等信息。

(3)新技术信息

新技术信息包括通过网络、电话、电报、电传、计算机、电视、录像、录音、广播等现代化手段收集及处理的一部分信息。

监理工作者应当捕捉各种信息并加工处理和运用各种信息。

2. 工程信息管理

(1)信息管理的概念

信息管理是指对信息的收集、加工整理、储存、传递与应用等一系列工作的总称。信息管理的目的就是通过有组织的信息流通，使决策者能及时、准确地获得相应的信息。为了达到信息管理的目的，就要把握好信息管理的各个环节，并要做到：

① 了解和掌握信息来源，对信息进行分类；

② 掌握和正确运用信息管理的手段；

③ 掌握信息流程的不同环节，建立信息管理系统。

(2)工程信息管理的作用

① 控制的基础。监理工程师实施控制的基础控制的主要任务是把计划执行情况与计划目标进行比较，找出差异，对比分析，采取措施纠偏。执行情况和计划值都是信息，监理工程师就是利用这些信息进行工作。

② 监理决策的依据。监理决策正确与否，取决于各种因素，其中最重要的因素之一就是信息。如果没有可靠的、充分的信息作为依据，正确的决策是断然不能做出的。例如，对承包单位的支付决策，监理工程师也只有在了解有关承包合同的规定及施工的实际情况等信息后，才能决定是否支付等。

③ 协调工程建设各参与方的重要媒介。工程项目的建设涉及众多的单位，如何使这些单位有机地联系起来呢？就是用信息把它们组织起来，处理好他们之间的联系，协调好他们之间的关系。

总之，建设监理信息渗透到监理工作的每一方面，它是监理工作不可缺少的要素。

(3)建设监理信息管理的主要内容

监理信息的管理可以说是个系统工程，因为其原始数据来源分散、信息量大、情况复杂，其收集、整理涉及与项目建设有关的各个单位，这需要外部各相关部门的协调一致；就是在监理企业内部，也需要资料员、监理工程师、总监、公司管理人员的密切配合才能做好。

① 建设单位的信息：建设单位通过召集会议、下发通知、在工地例会上发表意见和各方有关人员谈话等方式传递出信息，监理工程师必须及时记录、整理分类并落实，凡函件往来均需签收(发)。建设单位的信息不仅对指导现场三控工作有实际意义，也反映出对监理工作的评价和意见，监理机构应从中吸取营养，提高服务水平，树立自身良好形象。

② 施工单位的信息:在现场施工单位的信息俯拾即是,但主要是通过工地例会、监理巡视、旁站、抽检、施工技术资料、各种申报表反映出来。这些信息是三控的基础,而这些信息的收集整理在很大程度上是依靠施工单位的材料员、试验员、资料员、施工员完成的。因此,监理工程师进场后必须对他们提出要求(一般情况下总监理工程师在监理交底时应交代清楚),必须有工作责任心,要按要求将施工技术资料和工程进度同步整理好,并及时上报监理部审查。在此要强调的是,由于有些施工单位技术力量尚显薄弱,对资料的整理往往达不到要求,时常出现错填、误报、不及时、不闭合等现象,因此监理工程师应给予帮助。因为监理资料的编制,很大程度上受施工单位技术资料的影响,其检查、汇总施工资料的过程,往往也是帮助其发现问题、不断纠正错误的过程。要求施工单位及时收集现场信息,力求齐全无遗漏,对资料要仔细检查、签署完整、真实可信、不留隐患。

③ 监理企业信息:建设监理信息管理中的重点工作监理不但应有专人(兼职也可)负责信息的收集工作,还要保证自上而下或自下而上或相关单位之间横向的信息流的通畅。

10.1.2　建筑装饰工程监理文件档案资料

1. 建筑装饰工程文件档案资料概念与特征

建筑装饰工程文件和档案组成建设工程文件档案资料。

(1)建筑装饰工程文件概念

建筑装饰工程文件指在建筑装饰工程建设过程中形成的各种形式的信息记录,包括工程准备阶段文件、监理文件、施工文件、竣工图和竣工验收文件,也可简称为工程文件。

① 工程准备阶段文件,工程开工以前,在立项、审批、征地、勘察、设计、招投标等工程准备阶段形成的文件。

② 监理文件,监理单位在工程设计、施工等阶段监理过程中形成的文件。

③ 施工文件,施工单位在工程施工过程中形成的文件。

④ 竣工图,工程竣工验收后,真实反映建设工程项目施工结果的图样。

⑤ 竣工验收文件,建设工程项目竣工验收活动中形成的文件。

(2)建筑装饰工程档案概念

建筑装饰工程档案指在建筑装饰工程建设活动中直接形成的具有归档保存价值的文字、图表、声像等各种形式的历史记录,也可简称工程档案。

(3)建筑装饰工程文件档案资料载体

① 纸质载体:以纸张为基础的载体形式。

② 缩微品载体:以胶片为基础,利用缩微技术对工程资料进行保存的载体形式。

③ 光盘载体:以光盘为基础,利用计算机技术对工程资料进行存储的形式。

④ 磁性载体:以磁性记录材料(磁带、磁盘等)为基础,对工程资料的电子文件、声音、图像进行存储的方式。

(4)建筑装饰工程文件档案资料特征

建筑装饰工程文件档案资料有以下方面的特征:分散性和复杂性 、继承性和时效性、全面性和真实性、随机性、多专业性和综合性。

2. 建筑装饰工程文件档案资料管理职责

建筑装饰工程档案资料的管理涉及建设单位、监理单位、施工单位等以及地方城建档案管理部门。对于一个建筑装饰工程而言,归档有三方面含义:

① 建设、设计、施工、监理等单位将本单位在工程建设过程中形成的文件向本单位档案管理机构移交；

② 设计、施工、监理等单位将本单位在工程建设过程中形成的文件向建设单位档案管理机构移交；

③ 建设单位按照现行《建设工程文件归档整理规范》(GB/T 50328—2001)要求，将汇总的该建设工程文件档案向地方城建档案管理部门移交。

(1)各参建单位通用职责

① 工程各参建单位填写的建设工程档案应以施工及验收规范、工程合同、设计文件、工程施工质量验收统一标准等为依据。

② 工程档案资料应随工程进度及时收集、整理，并应按专业归类，认真书写，字迹清楚，项目齐全、准确、真实，无未了事项。表格应采用统一表格，特殊要求需增加的表格应统一归类。

③ 工程档案资料进行分级管理，建设工程项目各单位技术负责人负责本单位工程档案资料的全过程组织工作并负责审核，各相关单位档案管理员负责工程档案资料的收集，整理工作。

④ 对工程档案资料进行涂改、伪造、随意抽撤或损毁、丢失等，应按有关规定予以处罚，情节严重的，应依法追究法律责任。

(2)监理单位职责

① 应设专人负责监理资料的收集、整理和归档工作，在项目监理部，监理资料的管理应由总监理工程师负责，并指定专人具体实施，监理资料应在各阶段监理工作结束后及时整理归档。

② 监理资料必须及时整理、真实完整、分类有序。在设计阶段，对勘察、测绘、设计单位的工程文件的形成、积累和立卷归档进行监督、检查；在施工阶段，对施工单位的工程文件的形成、积累、立卷归档进行监督、检查。

③ 可以按照委托监理合同的约定，接受建设单位的委托，监督、检查工程文件的形成积累和立卷归档工作。

④ 编制的监理文件的套数、提交内容、提交时间，应按照现行《建设工程文件归档整理规范》(GB/T 50328—2001)和各地城建档案管理部门的要求，编制移交清单，双方签字、盖章后，及时移交建设单位，由建设单位收集和汇总。监理公司档案部门需要的监理档案，按照《建设工程监理规范》(GB 50319—2000)的要求，及时由项目监理部提供。

3. 建筑装饰工程资料的形成流程

建筑装饰工程监理资料的形成流程如图 10-1 所示。

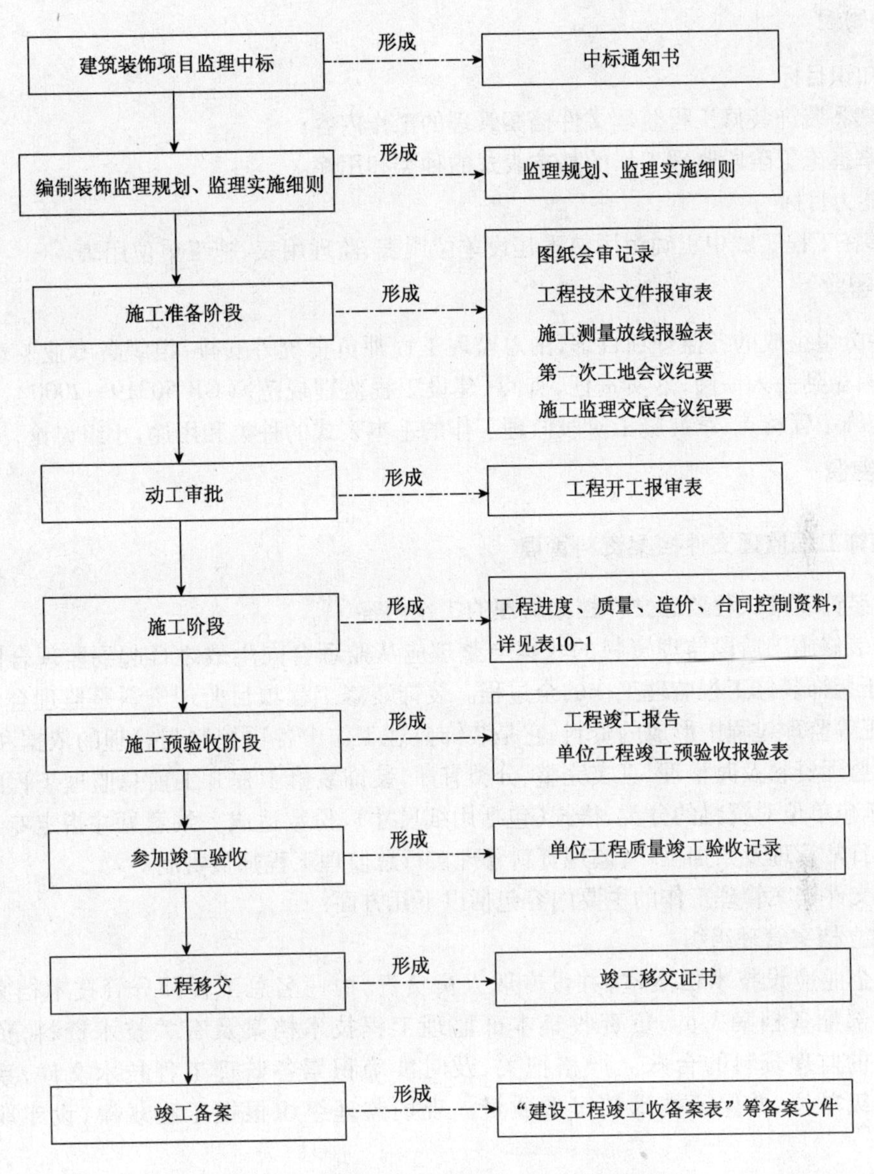

图10-1　建筑装饰工程监理资料的形成流程

任务2　了解项目监理机构资料管理的方法

任务介绍

甲房地产开发公司就某公共建筑装饰工程项目，与乙建筑公司签订了施工总承包合同，并通过招投标委托丙监理公司实施施工阶段的监理。工程进入竣工验收阶段，监理机构对所形成资料进行整理、归档，并及时组织预验收检查施工单位档案资料检查工作。

任务目标

1. 知识目标

① 熟悉装饰装修工程监理文件档案管理的工作内容；

② 掌握施工阶段监理工作的基本表式的种类和用途。

2. 能力目标

能够在工程实践中正确运用熟悉建设单位用表、监理用表、施工单位用表。

任务要求

学生分组组成的各监理项目部，由总监理工程师负责统筹安排，组织各专业监理工程师，协调工作，做到一人一岗，落实责任，查阅《建设工程监理规范》(GB 50319—2000)，结合某公共建筑装饰工程特点，掌握施工阶段监理工作的基本表式的种类和用途，小组讨论，提交成果。

相关知识

10.2 装饰工程监理文件档案资料管理

10.2.1 装饰装修工程监理文件档案管理的工作内容

装饰装修施工阶段监理资料的收集与整理应从监理合同生效之日起到监理合同完成时止，贯穿于装饰装修工程监理工作的全过程。装饰装修工程项目监理资料是监理企业在项目设计、施工等监理过程中形成的资料，它是装饰监理工作中各项控制与管理的依据和凭证，为保证装饰监理资料及时整理、真实完整、分类有序，装饰装修工程开工前总监理工程师应与建设单位、承包单位对资料的分类、格式(包括用纸尺寸)、份数达成一致意见并指定专人进行监理资料的日常管理及归档工作，监理资料管理实行总监理工程师负责制。

监理文件档案管理工作的主要内容包括以下几方面：

1. 建立档案管理组织

监理企业应设技术档案室，并设专职人员负责，由一名总工程师分管技术档案的领导工作。各部配备档案人员，负责收集本部监理工程技术档案及有关技术资料，负责建立登记有关的监理资料的台账。严格把关，及时准确积累各监理工程技术文件，系统整理立卷交上级单位，并保证技术档案的质量。现场监理组织根据工程规模，设专职或兼职档案员。

现场档案员负责收、发、保管日常工作中的往来文件、通知、报表。负责保管与工程有关的图样文件，按月整理日志、会议记录及有关技术资料，在工程竣工前整理单位工程监理档案资料。

2. 建立档案管理制度

(1)保管期规定

监理工程档案的保管期一般为两年，重点工程保存期一般为五年或长期保存。

(2)归档制度

① 在装修监理工程竣工后一定时间内，项目总监理工程师负责汇编完整的单位工程装修监理档案资料，并交档案员。

② 档案员负责审查单位工程装修监理档案资料，整理齐全经有关负责人验收合格后，交公司技术档案室保存。

③ 凡是交公司技术档案室保存的技术档案一律在监理工程款结算后规定的时间内整理归档,并履行移交手续。质量不符合要求的,或项目不全的,不予验收归档。

(3)借阅制度

借阅技术档案必须履行手续,不得遗失、改换。

3. 装修监理档案资料的整理

装修监理资料的组卷及归档,各地区各部门有不同的要求。因此,项目开工前,项目监理组应主动与当地档案部门进行联系,明确具体要求。竣工资料要求,应与建设单位、质监站取得共识,以使资料管理符合有关规定和要求。

监理资料的整理应满足如下要求:

① 监理档案应按单位工程和施工的时间先后顺序整理,分类、分册编目装订归档,以便于跟踪管理。

② 工程开工前,项目监理机构应主动与当地档案部门进行联系,明确装饰监理资料组卷及归档的具体要求后进行收集整理。对于竣工资料的要求,装饰项目监理机构应与建设单位协商一致,并使资料管理符合有关规定。

③ 开展装饰监理工作时的工程用表,对于《建设工程监理规范》中已有标准表式的,监理过程中应按要求填写;对于没有相应表式的,开工前,装饰项目监理机构应与建设单位、承包单位进行协商,根据工程特点、质量标准、竣工及归档组卷要求,协商一致后制订相应的表式。

④ 归档文件必须完整、准确、系统,能够反映装饰装修工程活动的全过程。对与装饰装修工程建设有关的重要活动、记载装饰装修工程主要过程和现状、具有保存价值的各种载体的文件,均应收集齐全,整理立卷后归档。

⑤ 一个装饰装修工程由多个单位工程组成时,工程文件应按单位工程组卷。立卷应遵循工程文件的自然形成规律,保持卷内文件的有机联系,便于档案的保管和利用。

⑥ 装饰装修工程档案编制质量要求与组卷/方法。装饰装修工程档案编制质量要求与组卷方法,应该按照《建设工程文件归档整理规范》(GB/T 50328—2001)国家标准,此外,尚应执行《科学技术档案案卷构成的一般要求》(GB/T 1822—2008)、《技术制图复制图的折叠方法》(GB 10609. 3—2009)等规范或文件的规定及各省、市地方相应的地方规范执行。

10. 2. 2　装饰监理文件档案资料的组成

在建筑装修施工阶段,监理资料是监理工程师进行"四控、两管、一协调"活动的记载。监理资料是监理工作的载体,是监理企业的最终产品,是核定工程质量等级、工程延期、索赔、处理安全事故、分析事故原因及追究责任的重要凭证,也是工程技术人员和各有关部门(如建设单位、审计部门、监督部门等)实施工程管理的重要依据资料。因此,必须按照国家和地方的有关建筑法规、规范和技术标准收集、填写、整理、编制归档。由监理企业的技术负责人对工程监理资料的总体质量负领导责任,要做到齐全、准确、真实、可信。

建筑装修施工阶段的监理资料分类及性质如表10-1所示。

表 10-1 建筑装修工程资料分类及性质

工程资料名称	形成阶段	性质
1. 施工合同文件及委托监理合同	监理合同签订后，项目监理部已成立	监理工作依据，由建设单位无偿提供（数量在委托监理合同中约定），项目监理部应予以保管
2. 设计合同		
3. 监理规划	项目监理部进场后一个月内编制完成	上交建设单位
4. 监理实施细则		
5. 分包单位资格报审表	施工准备阶段，监理部进场后立即做的工作记载	预先控制； 开工前准备阶段的监理实务
6. 设计交底与图纸会审会议纪要		
7. 施工组织设计（方案）报审表		
8. 测量核验资料		
9. 工程开工/复工报审表及工程暂停令		
10. 工程进度计划		
11. 工程材料、构配件、设备的质量证明文件	施工阶段质量、进度、投资的事中控制记载	监理工程师最主要的工作内容，由施工方报审、监理工程师或总监理工程师审批，应与工程实际进度同步完成并分类编码存档保存
12. 检查试验资料		
13. 工程变更资料		
14. 隐蔽工程验收资料		
15. 报验申请表		
16. 分部工程、单位工程等验收资料		
17. 质量缺陷与事故处理文件		
18. 工程计量单和工程款支付凭证		
19. 索赔文件资料		
20. 竣工结算审核意见书		
21. 工程项目施工阶段质量评估报告等专题报告	竣工后，关于质量和投资的结论性资料	按上级有关部门要求格式填报
22. 监理工作总结		监理公司上交建设单位资料
23. 会议纪要	监理部经常性内业工作记载文件	监理单位保存
24. 来往信函		
25. 监理日记		
26. 监理月报		
27. 监理工程师通知单	监理单位与建设单位联系	有关造价、质量、进度的监理通知单建设单位、监理单位长期保存
28. 监理工作联系单	各方联系使用	

10.2.3 监理常用表格

建筑装饰监理工作中，报表文件的体系化、规格化、标准化是监理工作有序进行的基础工作，也是监理信息科学化的一种重要内容。在实践工程项目中，不同类型的项目需要的报表并不完全一样，监理工程师需根据建筑装饰监理项目的具体情况来设计适合该项目监理工作需要的各种报表。根据《建设工程监理规范》(GB 50319—2000)，施工阶段监理工作的基本表式分为A、B、C三类，如表10-2所示。

A类表共10个表，A1～A10，为承包单位用表，是承建单位与监理单位之间的联系表，由承建单位填写，向监理单位提交申请或回复。

B类表共6个表，B1～B6，为监理单位用表，是监理单位与承建单位之间的联系表，由监理单位填写，是向承建单位发出的指令或批复。

C类表共2个表，C1、C2为各方通用表，是工程项目承建单位、监理单位、建设单位等有关单位的联系表。

表10-2　施工阶段监理工作基本表格

A类表(承包单位用表)	B类表(监理单位用表)	C类表(各方通用表)
A1 工程开工/复工报审表 A2 施工组织设计(方案)报审表 A3 分包单位资格报审表 A4 ______报验申请表 A5 工程款支付申请表 A6 监理工程师通知回复单 A7 工程临时延期申请表 A8 费用索赔申请表 A9 工程材料/构配件/设备报审表 A10 工程竣工报验单	B1 监理工程师通知单 B2 工程暂停令 B3 工程支付款证书 B4 工程临时延期审批表 B5 工程最终延期审批表 B6 费用索赔审批表	C1 监理工作联系单 C2 工程变更单

项目小结

建筑装修工程监理是对装修工程实施四大目标控制，因此工程项目运转过程中一切与质量、进度、投资、安全有关的实务的表征都构成监理信息，它反映了施工现场及参建各方的与本工程有关的事物状况及动态信息，对它的管理是监理工程的工作任务之一。本项目详细介绍了建筑装修工程信息和信息管理的基本概念，装饰装修工程监理文件档案资料的形成和管理基本问题及装饰装修工程监理表格。

项目评价

建筑装饰工程信息管理评价表

姓名:			学号:		
组别:			组内分工:		
评价标准					
序号	具体指标	分值	组内自评分	组外互评分	教师点评分
1	了解项目监理机构信息管理	20			
2	掌握监理文件档案资料	20			
3	了解项目监理机构资料管理的方法	20			
4	掌握装饰监理文件档案资料的组成	20			
5	掌握监理常用表格	20			
6	合计	100			

项目练习

不定项选择题(每题有一个或一个以上正确答案)

1. 在工程建设过程中形成的各种形式的信息记录称为(　　)。

A. 建设工程文档　　B. 建设工程文件

C. 建设工程档案　　D. 建设工程资料

2. 建设工程档案是指(　　)。

A. 在工程设计、施工等阶段形成的文件

B. 工程竣工验收后,真实反映建设工程项目施工结果的图样

C. 在工程立项、勘察、设计、招标等工程准备阶段形成的文件

D. 工程建设活动中直接形成的具有归档保存价值的文字、图表、声像等各种形式的历史记录

3. 对施工单位工程文件的形成、积累、立卷归档工作进行监督、检查是(　　)的职责。

A. 建设单位和施工总承包单位

B. 监理单位和施工总承包单位

C. 建设单位和监理单位

D. 地方城建档案管理部门

4. 监理文件档案的更改应由原制定部门相应责任人执行,涉及审批程序,由(　　)审批。

A. 监理公司技术负责人　　B. 总监理工程师

C. 原审批责任人　　D. 档案管理责任人

5. 下列单位中,不能使用工程变更单的是(　　)。

A. 建设单位　　B. 监理单位　　C. 施工单位　　D. 检测单位

6. 下列监理单位用表中,可由专业监理工程师签发的是(　　)。

A. 工程临时延期审批表　　B. 工程最终延期审批表

C. 监理工作联系表　　D. 工程变更单

7. 参与工程建设各方共同使用的监理表格有(　　)。

A. 工程暂停令　　B. 工程变更单

C. 工程支付款支付证书　　D. 监理工作联系单

E. 监理工程师通知回复单

8. 在工程施工中,施工单位需要使用____报验申请表的情况表有(　　)。

A. 工程材料、设备、构配件报验　　B. 隐蔽工程的检查和验收

C. 单位工程质量验收　　D. 施工放样报验

E. 工程竣工验收

9. 监理单位应在工程(　　)将工程档案按合同或协议规定的时间、套数移交给建设单位,办理移交手续。

A. 竣工验收前　　B. 竣工验收后 1 个月

C. 竣工验收时　　D. 竣工验收后 3 个月

10. 某监理公司承担了某工程项目施工阶段的监理任务,在施工实施期,监理单位应收集的信息是( )。

A. 建筑材料必试项目有关信息

B. 建设单位前期准备和项目审批完成情况

C. 当地施工单位管理水平、质量保证体系

D. 产品预计进入市场后的市场占有率、社会需求量等

【参考答案】

1. B 2. D 3. C 4. C 5. D 6. C 7. BD 8. BCD 9. A 10. A

知识补充

1. 什么是建设工程文件?什么是建设工程档案?建设工程文件档案资料有何特征?

答:(1)建设工程文件:在工程建设过程中形成的各种形式的信息记录,包括工程准备阶段文件、监理文件、施工文件、竣工图和竣工验收文件,也可简称为工程文件。

(2)建设工程档案:在工程建设活动中直接形成的具有归档保存价值的文字、图表、声像等各种形式的历史记录,也可简称工程档案。

(3)建设工程文件档案资料的特征:分散性和复杂性,继承性和时效性,全面性和真实性,随机性,多专业性和综合性。

2. 建设单位、施工单位、监理单位、城建档案馆各自对建设工程文件档案资料的管理职责有哪些?

答:(1)建设单位职责:

① 在工程招标及与勘察、设计、监理、施工等单位签订协议、合同时,应对工程文件的套数、费用、质量、移交时间等提出明确要求;

② 收集和整理工程准备阶段、竣工验收阶段形成的文件,并应进行立卷归档;

③ 负责组织、监督和检查勘察、设计、施工、监理等单位的工程文件的形成、积累和立卷归档工作;

④ 收集和汇总勘察、设计、施工、监理等单位立卷归档的工程档案;

⑤ 在组织工程竣工验收前,应提请当地的城建档案管理机构对工程档案进行预验收;未取得工程档案验收认可文件,不得组织工程竣工验收;

⑥ 对列入城建档案馆(室)接受范围的工程,工程竣工验收3个月内,向当地城建档案馆(室)移交一套符合规定的工程文件;

⑦ 必须向参与工程建设的勘察设计、施工、监理等单位提供与建设工程有关的原始资料,原始资料必须真实、准确、齐全;

⑧ 可委托总承包单位、监理单位组织工程档案的编制工作;负责组织竣工图的绘制工作,也可委托总承包单位、监理单位、设计单位完成,收费标准按照所在地相关文件执行。

(2)施工单位职责:

① 应加强施工文件的管理工作,实行技术负责人负责制,逐级建立、健全施工文件管理岗位责任制,配备专职档案管理员,负责施工资料的管理工作。工程项目的施工文件应设专门的部门(专人)负责收集和整理;

② 建设工程实行总承包的,总承包单位负责收集、汇总各分包单位形成的工程档案,各分

包单位应将本单位形成的工程文件整理、立卷后及时移交总承包单位。建设工程项目由几个单位承包的，各承包单位负责收集、整理、立卷其承包项目的工程文件，并应及时向建设单位移交，各承包单位应保证归档文件的完整、准确、系统，能够全面反映工程建设活动的全过程；

③ 可以按照施工合同的约定，接受建设单位的委托进行工程档案的组织、编制工作；

④ 按要求在竣工前将施工文件整理汇总完毕并移交建设单位进行工程竣工验收；

⑤ 负责编制的施工文件的套数不得少于地方城建档案部门要求，但应有完整施工文件移交建设单位及自行保存，保存期可根据工程性质以及地方城建档案部门有关要求确定。如建设单位对施工文件的编制套数有特殊要求的，可另行约定。

(3)监理单位职责：

① 应加强监理公司资料的管理工作，并设专人负责监理资料的收集、整理和归档工作，在项目监理部，监理资料的管理应由总监理工程师负责，并指定专人具体实施，对本工程的文件应单独立卷归档；

② 监理资料必须及时整理、真实完整、分类有序。在设计阶段，对勘察、测绘、设计单位的工程文件的形成、积累和立卷归档进行监督、检查；在施工阶段，对施工单位的工程文件的形成、积累、立卷归档进行监督、检查；

③ 可以按照监理合同的协议要求，接收建设单位的委托，监督、检查工程文件的形成、积累和立卷归档工作；

④ 监理资料应在各阶段监理工作结束后及时整理归档；

⑤ 编制的监理文件的套数、提交内容、提交时间，应按照建设工程文件归档整理规范和各地城建档案部门要求，编制移交清单，双方签字、盖章后，及时移交建设单位，由建设单位收集和汇总。监理公司档案部门需要的监理档案，按照建设工程监理规范的要求，及时由项目监理部提供。

(4)城建档案馆职责：

① 负责接收和保管所辖范围应当永久和长期保存的工程档案和有关资料；

② 负责对城建档案工作进行业务指导，监督和检查有关城建档案法规的实施；

③ 列入向本部门报送工程档案范围的工程项目，其竣工验收应有本部门参加并负责对移交的工程档案进行验收。

3. 建设工程档案资料编制质量有哪些要求？

答：(1)归档的工程文件应为原件；

(2)工程文件的内容及其深度必须符合国家有关工程勘察、设计、施工、监理等方面的技术规范、标准和规程；

(3)工程文件的内容必须真实、准确，与工程实际相符合；

(4)工程文件应采用耐久性强的书写材料，如碳素墨水、蓝黑墨水，不得使用易退色的书写材料，如红色墨水、纯蓝墨水、圆珠笔、复写纸、铅笔等；

(5)工程文件应字迹清楚，图样清晰，图表整洁，签字盖章手续完备；

(6)工程文件中文字材料幅面尺寸规格宜为 A4 幅面(297mm ×210mm)。图纸宜采用国家标准图幅；

(7)工程文件的纸张应采用能够长期保存的韧力大、耐久性强的纸张。图纸一般采用蓝晒图，竣工图应是新蓝图。计算机出图必须清晰，不得使用计算机的复印件；

(8)所有竣工图均应加盖竣工图章;

(9)利用施工图改绘竣工图,必须标明变更修改依据;凡施工图结构、工艺、平面布置等有重大改变,或变更部分超过图面1/3的,应当重新绘制竣工图;

(10)不同幅面的工程图纸应按《技术制图复制图的折叠方法》(GB/T 10609.3—2009)统一折叠成A4幅面,图标栏露在外面;

(11)工程档案资料的缩微制品,必须按国家缩微标准进行制作,主要技术指标(解像力、密度、海波残留量等)要符合国家标准,保证质量,以适应长期安全保管;

(12)工程档案资料的照片(含底片)及声像档案,要求图像清晰,声音清楚,文字说明或内容准确;

(13)工程文件应采用打印的形式并使用档案规定用笔,手工签字,在不能够使用原件时,应在复印件或抄件上加盖公章并注明原件保存处。

4. 工程竣工验收时,档案验收的程序是什么?重点验收内容是什么?

答:(1)工程档案验收程序:

① 列入城建档案馆(室)档案接受范围的工程,建设单位在组织工程竣工验收前,应提请城建档案管理机构对工程档案进行预验收。建设单位未取得城建档案管理机构出具的认可文件,不得组织工程竣工验收。

② 国家、省市重点工程项目或一些特大型、大型的工程项目的预验收和验收会,必须有地方城建档案馆参加验收。

③ 为确保工程档案资料的质量,各编制单位、监理单位、建设单位、地方城建档案部门、档案行政管理部门等要严格进行检查、验收。编制单位、制图人、审核人、技术负责人必须进行签字或盖章。对不符合技术要求的,一律退回编制单位进行改正、补齐,问题严重者可令其重做。不符合要求者,不能交工验收。

④ 凡报送的工程档案资料,如验收不合格将其退回建设单位,由建设单位责成责任者重新进行编制,待达到要求后重新报送。检查验收人员应对接收的档案负责。

⑤ 地方城建档案部门负责工程档案资料的最后验收。并对编制报送工程档案资料进行业务指导、督促和检查。

(2)重点验收内容是:

① 工程档案齐全、系统、完整;

② 工程档案的内容真实、准确地反映工程建设活动和工程实际状况;

③ 工程档案已整理立卷,立卷符合《建设工程文件归档整理规范》的规定;

④ 竣工图绘制方法、图式及规格等符合专业技术要求,图面整洁,盖有竣工图章;

⑤ 文件的形成、来源符合实际,要求单位或个人签章的文件,其签章手续完备;

⑥ 文件材质、幅面、书写、绘图、用墨、托裱等符合要求。

5. 根据《建设工程文件归档整理规范》如何对建设工程档案进行分类?

答:按照规范分为:工程准备阶段文件、监理文件、施工文件、竣工图、竣工验收文件五大类。

(1)工程准备阶段文件,包括立项文件;建设用地、征地拆迁文件;勘察、测绘、设计文件;招投标及合同文件;开工审批文件;财务文件;建设、施工、监理机构及负责人七大类。

(2)监理文件,包括:监理规划;监理月报中有关的质量问题;监理会议纪要中有关质量问题;进度控制(开工/复工审批表、暂停令);质量控制(不合格项目通知、质量事故报告及处理意见）；造价控制（预付款、月付款的报审与支付，设计变更、洽商费用的报审与签认，工程竣工决算审核意见书），分包资质；监理通知共八类。

（3）施工文件，分为建筑安装工程和市政基础设施工程两大类，建筑安装工程包括土建（建筑与结构）工程；电气、给排水、消防、采暖、通风、空调、燃气、建筑智能化、电梯工程；室外工程三类；市政基础设施工程包括施工技术准备；施工现场准备；设计变更、洽商记录；原材料、成品、半成品、构配件、设备出厂质量合格证及试验报告；施工试验记录；施工记录；预检记录；隐蔽工程检查（验收）记录；功能性试验记录；质量事故及处理记录；竣工测量资料十二类。

（4）竣工图：分为建筑安装工程竣工图和市政基础设施工程竣工图两大类。

竣工验收文件：包括工程竣工总结；竣工验收记录；财务文件；声像、缩微、电子档案四大类。

6. 建设工程监理文件档案如何进行分类？

答：从三方面进行：

（1）按照规范：建设工程项目竣工后，监理单位向建设单位移交的监理文件，对其中的文件，分别在地方城建档案馆、建设单位、监理单位三处归档保存，保存期分为永久、长期、短期。送地方城建档案馆长期保存的监理文件有：监理规划、监理实施细则；监理月报和监理会议纪要中有关质量问题；工程开工/复工审批表、暂停令；不合格项目通知；质量事故报告及处理意见；工程竣工决算审核意见；工程延期报告及审批；合同争议、违约报告及处理意见；合同变更材料；工程竣工总结；质量评价意见报告，共十四类。送建设单位永久保存的监理文件有：工程延期报告及审批；合同争议、违约报告及处理意见，共两类。送建设单位长期保存的有：监理规划、监理实施细则；监理总控制计划等；监理月报和监理会议纪要中有关质量问题；工程开工/复工审批表、暂停令；不合格项目通知；质量事故报告及处理意见；设计变更、洽商费用报审与签认；工程竣工决算审核意见；分包单位资质材料；供货单位资质材料；试验等单位资质材料；有关进度控制的监理通知；有关质量控制的监理通知；有关造价控制的监理通知；费用索赔报告及审批；合同变更材料；专题总结；月报总结；工程竣工总结，质量评价意见报告，共二十三类；建设单位短期保存的有：预付款报审与支付；月付款报审与支付两类。

（2）按照建设工程项目监理部在监理实践中使用的监理文件，进行分类，可以分为：合同文件；勘察、设计文件；监理工作指导文件；施工工作指导文件；资质管理文件；工程进度管理文件；工程质量管理文件；工程造价管理文件；会议纪要；监理报告；监理工作函件；工程验收文件；监理日记；监理工作总结；监理工作记录；建设工程管理往来函件；监理内部文件，共十七大类。

（3）监理公司建立的档案：公司内部管理文件；项目监理管理文件；政府相关管理文件；招投标、经营管理文件；财务文件；人员管理文件；设备管理文件，共七大类。

7. 监理工作基本表式有哪几类？使用时应注意什么？

答：根据《建设工程监理规范》规定：监理报表体系有三大类：

（1）承包单位用表（A 类表，A1 ~ A10）：工程开工/复工报审表；施工组织设计（方案）报审表；承包单位资格报审表；报验申请表；工程款支付申请表；监理工程师通知回复单；工程临时延期申请表；费用索赔申请表；工程材料/构配件/设备报审表；工程竣工报验单；

(2)监理单位用表(B 类表,B1 ~ B6):监理工程师通知单;工程暂停令;工程款支付证书;工程临时延期审批表;工程最终延期审批表;费用索赔审批表;

(3)各方通用表(C 类表,C1、C2):监理工作联系单;工程变更单;

使用时要注意:(1)所使用的表应该由何方填写,什么时间填写,什么情况下填写,报送给谁,抄送给谁;(2)相关附件有哪些;(3)收件单位在什么时间内必须回复;对有明确表态的表必须给出明确结论;谁审批,谁签字确认。

参考文献

[1] 中国建设监理协会. 建设工程投资控制(全国监理工程师培训考试教材)[M]. 北京:知识产权出版社,2011.

[2] 中国建设监理协会. 建设工程监理概论(全国监理工程师培训考试教材)[M]. 北京:知识产权出版社,2011.

[3] 中国建设监理协会. 建设工程质量控制(全国监理工程师培训考试教材)[M]. 北京:中国建筑工业出版社,2011.

[4] 中国建设监理协会. 建设工程进度控制(全国监理工程师培训考试教材)[M]. 北京:中国建筑工业出版社,2011.

[5] 孙占国,杨卫东. 建设工程监理[M]. 北京:中国建筑工业出版社,2005.

[6] 杨晓东. 装饰工程监理基础与实务[M]. 北京:机械工业出版社,2009.

[7] 建筑装饰装修工程质量验收规范(GB 50210—2001)[S]. 北京:中国建筑工业出版社,2002.

[8] 北京市建设工程安全质量监督总站,北京市建设监理协会,北京市城建档案馆. 建筑工程资料管理规程(JGJ/T 185—2009)[S]. 北京:中国建筑工业出版社,2010.

[9] 何亚伯. 建筑装饰装修施工工艺标准手册[M]. 2 版. 北京:中国建筑工业出版社,2010.

[10] 张元勃,杨嗣信. 北京建筑工程资料编制指南[M]. 北京:中国轻工业出版社,2010.

[11] 何姣姣. 建筑装饰装修工程监理[M]. 北京:中国建筑工业出版社,2003.

[12] 周兰芳. 建筑装饰装修工程监理[M]. 北京:中国建筑工业出版社,2009.

[13] 刘宪文,吴琼 ,刘冀英. 建设工程监理案例解析 300 例[M]. 北京:机械工业出版社, 2008.

[14] 建设工程监理规范(GB 50319—2000) [S]. 北京:中国建筑工业出版社,2000.